建筑工程实用新技术操作指南

李向阳　主　　编
陕西建工第五建设集团有限公司　组织编写

中国建材工业出版社
北　　京

图书在版编目（CIP）数据

建筑工程实用新技术操作指南/李向阳主编；陕西建工第五建设集团有限公司组织编写．--北京：中国建材工业出版社，2024.9

ISBN 978-7-5160-4096-6

Ⅰ.①建… Ⅱ.①李… ②陕… Ⅲ.①建筑工程一工程施工一指南 Ⅳ.①TU71-62

中国国家版本馆 CIP 数据核字（2024）第 058616 号

建筑工程实用新技术操作指南

JIANZHU GONGCHENG SHIYONG XINJISHU CAOZUO ZHINAN

李向阳　主编

陕西建工第五建设集团有限公司　组织编写

出版发行：中国建材工业出版社

地　　址：北京市西城区白纸坊东街 2 号院 6 号楼

邮　　编：100054

经　　销：全国各地新华书店

印　　刷：北京雁林吉兆印刷有限公司

开　　本：889mm×1194mm　1/16

印　　张：21

字　　数：460 千字

版　　次：2024 年 9 月第 1 版

印　　次：2024 年 9 月第 1 次

定　　价：80.00 元

本社网址：www. jccbs. com，微信公众号：zgjcgycbs

请选用正版图书，采购、销售盗版图书属违法行为

版权专有，盗版必究。本社法律顾问：北京天驰君泰律师事务所，张杰律师

举报信箱：zhangjie@tiantailaw. com　　举报电话：(010)63567684

本书如有印装质量问题，由我社事业发展中心负责调换，联系电话：(010)63567692

《建筑工程实用新技术操作指南》

编 委 会

主　编：李向阳

副主编：王建刚　王　骞　完永军　高　策　段宇民　吕　琨

编　委（按姓氏笔画排列）：

马瑞鹏　马　腾　王　鹏　白利军　刘　凤　闫　迪
安明明　许碧娟　孙　涛　纪云锋　李小勇　李许逯
李沙沙　李建周　李　荣　李　曦　杨步荣　杨宏东
杨　涛　吴东方　汪晴楼　宋瑞琨　张少斌　张　网
张　军　张　进　张　斌　张　磊　陈小鹏　陈文辉
陈　宇　陈阳阳　赵阳兴　胡立朋　胡蒙蒙　段剑垄
施豪杰　袁鑫鹏　党　星　郭兆华　黄　凯　曹世杰
梁鹏伟　葛　磊　董发哲　韩志鹏　惠　义　蒙双磊
雷　靖　雒小刚　谭重岳　虢文刚　穆海龙

序

博观而约取，厚积而薄发。《建筑工程实用新技术操作指南》一书从酝酿筹备、资料收集、集中修改到汇编定稿，凝聚了职能部门、一线职工大量的智慧和心血。在此，我代表集团公司向辛勤付出的单位以及编写人员一并表示感谢。

进入新时代以来，建筑行业工业化、数字化、绿色化“三化”融合进程加速，为施工组织模式和建造方式带来深刻变革。作为施工企业要适应这种形势变化，做到时时总结、持续学习、加快创新，这就需要建立起一套适合企业实际的知识管理机制，实现以组织智慧给个体赋能，达到避免组织失忆、减少重复劳动、提高组织智慧的目的。

2020年以来，我们持续深化知识管理，连续召开三届知识成果发布大会，加快项目管理过程中管理创新、技术创新、机制创新等各类成果总结，形成了一大批高质量知识成果。我们通过对过往经验的积累和总结，让优良工艺得以传承和延续；通过对前沿知识的获取和思考，提升和强化企业的核心优势；通过对高新技术的探索和研发，使行业发展的瓶颈得以突破。

但这些对系统推进知识成果的萃取、总结、传播与应用而言，是远远不够的。《建筑工程实用新技术操作指南》一书的成功付梓，是集团公司首次对工程施工中辅助式工具设备和施工工艺完成的由点及面的系统性整合，也是企业尊重知识、崇尚创新、追求卓越的生动体现。我始终相信，一种智慧可以启迪另一种智慧，一种力量可以催生另一种力量，知识涓滴成海，可以带给企业新的信念和生机。

在以后的日子里，我们要坚持不懈，久久为功，继续巩固知识管理成果，不断发挥知识智库价值，助力企业管理模式、业务模式、组织模式升级，为集团公司实现高质量发展贡献力量！

李向阳

2024年春书于悟见书苑

前　言

正如彼得·德鲁克在《知识社会》中提出，我们正在面临每隔几百年就会发生的一场变革，而这一次，我们将共同进入知识社会。在知识社会中，知识正在迅速成为社会的核心资源，知识工作者将成为知识社会的主导。

“知识管理”是运用核心资源创造生产力的关键途径。陕西建工第五建设集团有限公司作为我国重要的施工企业，一直以来围绕“实践必须总结，总结必出成果，成果必助成长”的总原则，按照“从实战中来到实战中去，从对标中来到应用中去，从学习中来到实践中去”的工作思路，有序开展知识管理体系工作。

我们以科学萃取为基础，先后汇集了管理成果300余项，编著知识成果年度手册3册、口袋书若干，形成了科技质量管理、安全管理、商务管理、高效建造、设计管理、资源统筹管理、分包管理七大业务手册，使得项目建造过程实现横向有流程、纵向有清单。我们通过优化业务管理要求、项目考核重点、专业能力标准等配套管理动作和支撑力度，助力标准化在项目端落地生根，提高标准业务效率，提升人员规模效益和项目建设效益。

本书在编写的过程中得到了行业专家、集团领导以及广大专业人员的高度关注和大力支持，历时6个月，覆盖12家基层单位，100多位技术工作者参与，涉及施工措施、安全措施、质量通病防治、新工艺、新工具等多个业务领域。本书形成了辅助式工具设备类操作指南26篇，分别从适用范围、创新点、工具加工、操作步骤等方面进行阐述；施工工艺类操作指南28篇，分别从适用场景、施工准备、材料管理、工艺流程、操作步骤等方面进行阐述，以期为广大职工、同业者提供更多知识支撑。

未来，我们将持续在总结中完善，在完善中创新，在创新中提升，持之以恒地推进知识管理工作，让实践案例焕发新生；让职工能够看得更远，追求更高；让企业在知识的汇聚沉淀中，推动管理迭代升级，实现高质量发展。

本书编委会
2024年4月

目　录

第一部分　辅助式工具设备类

第二部分　施工工艺类

第一部分　辅助式工具设备类

盘扣式钢管脚手架操作平台应用技术

1. 概述

主体结构钢筋、模板工程采用盘扣式满堂架进行施工时，为解决施工人员操作安全问题，通过镀锌方矩管、防滑铝板、钢丝绳等构件的组装，形成一种适用于盘扣钢管脚手架体的工具式操作平台，实现单人安拆操作，具有轻便、安全可靠、可周转使用等特点。

2. 关键词

操作平台、盘扣架。

3. 适用范围（适用场景）

本平台适用于以盘扣钢管脚手架作为支撑体系的工况，架体验收合格后，在架体上安装本平台。

4. 创新点

悬挑受力工具式操作平台，采用上部拉结方式卸载，满足无架体水平杆部位工况使用。

5. 工具加工

1）主要材料、设备规格及参数

见表1。

表1　物资准备

材料名称	规格/型号（mm）
镀锌方矩管	30mm×20mm×1.2mm
花纹铝板	1190mm×350mm×1.2mm
铆钉	19mm×5mm
钢板挂环	30mm×5mm
钢板挂钩	40mm×30mm×5mm
钢丝绳	6mm
绳卡	6mm
安全挂钩	70mm×6mm

2）设计加工图

见图1～图3。

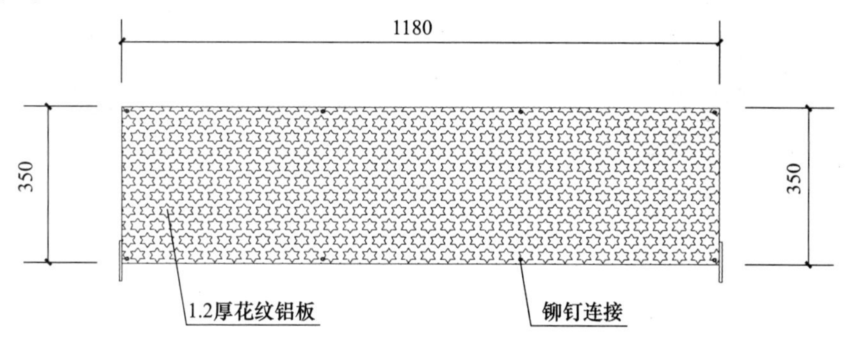

图1　平台面板加工图（单位：mm）

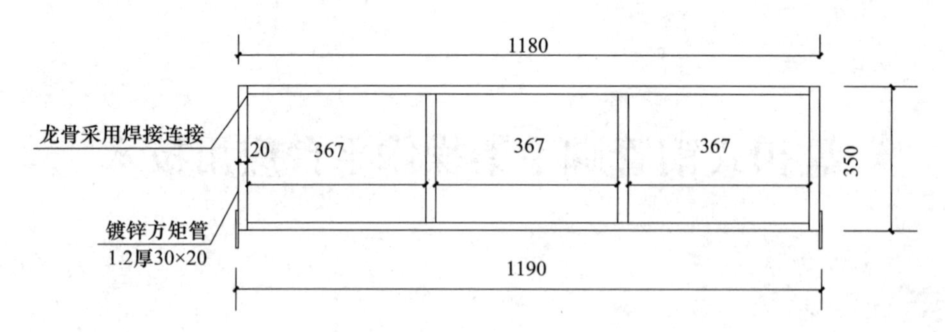

图 2　平台龙骨加工图（单位：mm）

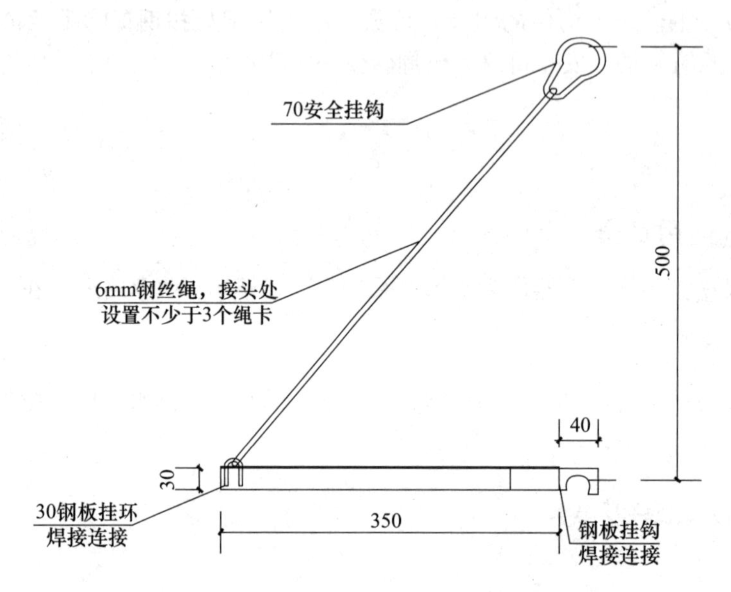

图 3　侧向连接加工图（单位：mm）

3）设计原理及部件功能

设计原理及部件功能见表 2。

表 2　设计原理及部件功能

整体效果图	设计原理
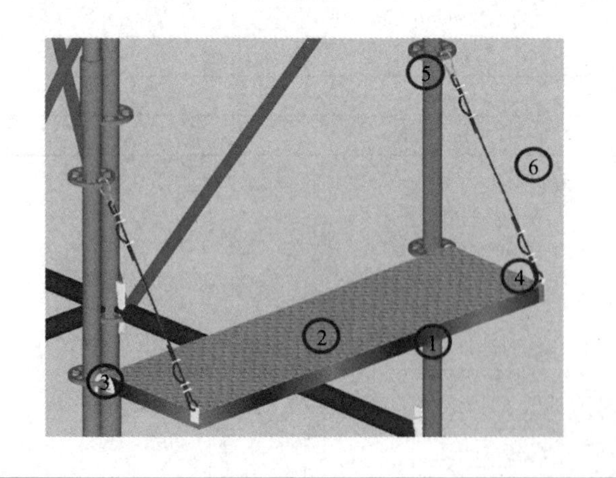	通过借鉴传统操作平台上部拉结设计理念及根部挂钩连接方式，配合架体间距、步距进行设计加工形成盘扣式钢管脚手架操作平台，使本平台在实际施工过程中得以应用

续表

部位	部件功能
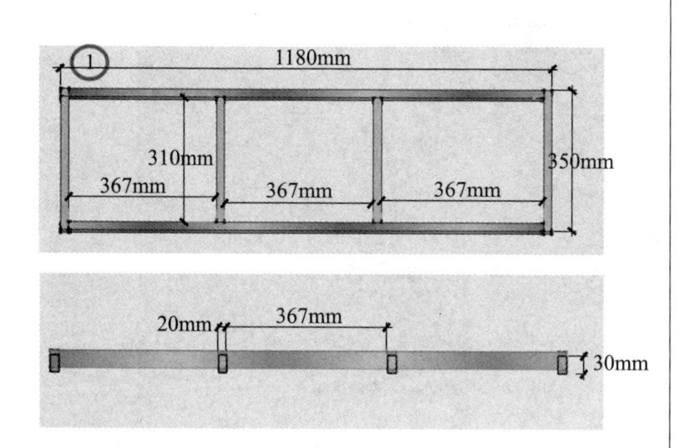	平台板龙骨采用 30mm×20mm×1.2mm 厚镀锌方矩管，长度为盘扣轮盘间距 1180mm，宽度可踏面 350mm，连接方式为焊接，焊接质量需满焊满足规范要求
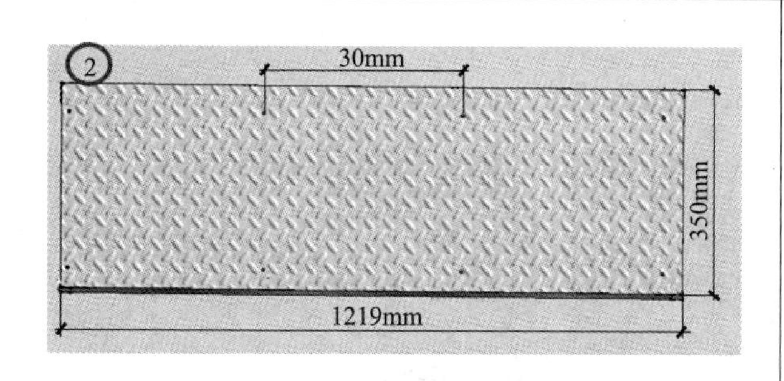	面板采用 1.2mm 花纹防滑铝板，加工尺寸 1190mm×350mm×1.2mm，采用 19mm×5mm 铆钉与平台板龙骨连接，横向间距同龙骨居中设置，纵向距离边缘 50mm 设置
	根部连接挂钩采用钢板挂钩焊接完成，与盘扣架轮盘挂接，间距同立杆间距
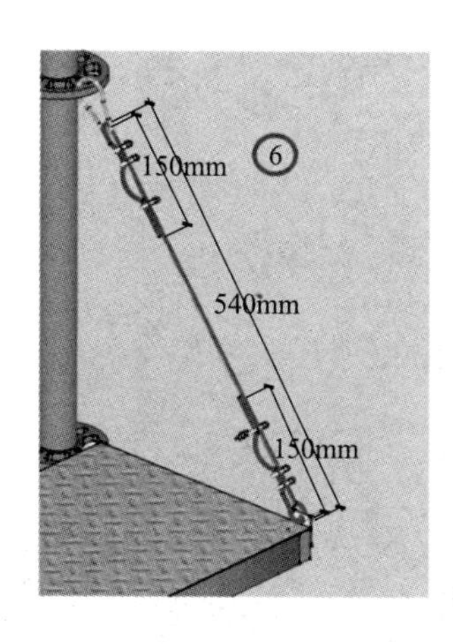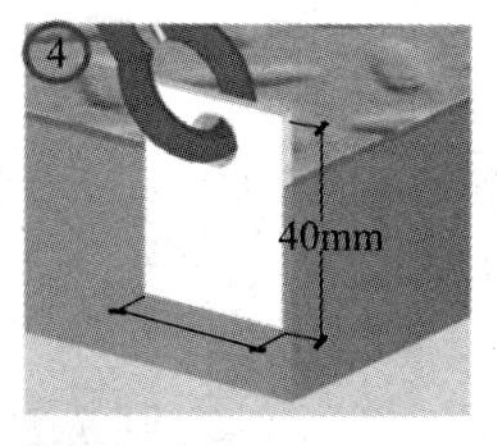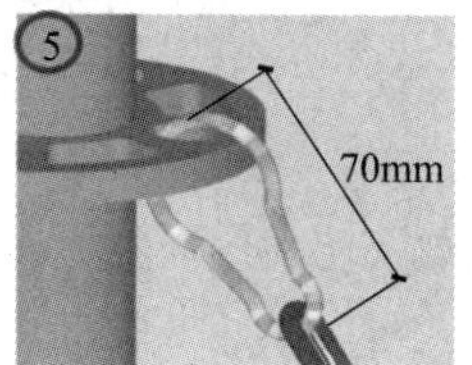	平台板端部焊接 5mm 钢板挂环，上部设置 70mm 安全挂钩，中间设 6mm 钢丝绳，与平台板端部拉结卸载

4）工具加工步骤

第一步：根据设计要求采用切割机、角磨机裁切下料，对棱角进行打磨处理，见图4。

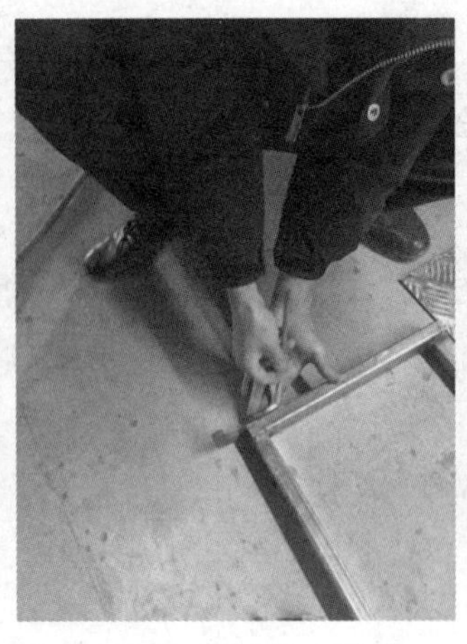

图4　下料

第二步：对龙骨、根部挂钩、端部挂环进行焊接，焊缝饱满符合规范要求，见图5。

图5　龙骨焊接、挂钩焊接、挂环焊接

第三步：将面板按压在龙骨上，采用电钻开孔，用铆钉进行连接，面板安装完成后，按照计算尺寸裁剪钢丝绳，裁剪完成后将平台板端部挂环及安全挂钩，分别安装于钢丝绳两端，使平台板上翘5～10mm，即安装完成，见图6。

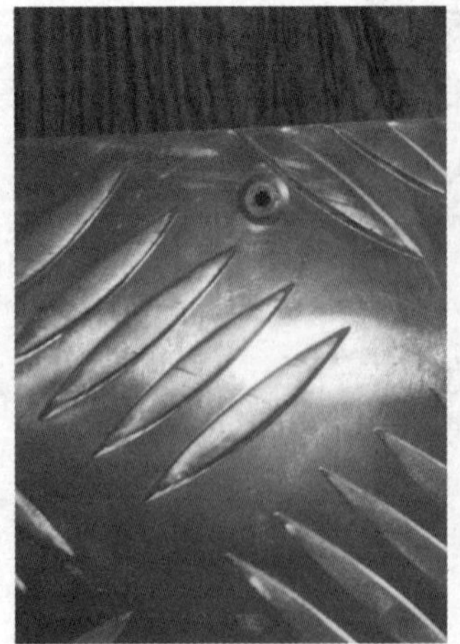

图6　面板扩孔、面板安装、上拉钢丝绳安装

6. 工具操作步骤

第一步：使用前架体验收合格，对平台板进行检查，确认各个连接部位完好，确保焊点完整，铆钉无脱落、松动现象。

第二步：检查完成后，先将平台板根部与架体销盘进行连接。

第三步：根部安装完成后，将平台板端部钢丝绳与上一步销盘进行拉接，确认平台板承重后端部略微上翘、钢丝绳处于紧绷状态后，即可正常使用。

见图 7。

图 7　根部挂接安装、端部上拉安装、应用效果

7. 注意事项

本平台使用前需检查架体是否搭设完成并验收合格，作业人员需按照高处作业要求佩戴安全带、安全帽等安全防护用品。单个工具可承重 1 人（≤100kg），使用前需检查各个连接部位是否完好，使用过程中严禁摔打，上部作业人员严禁进行跳动、剧烈晃动等动作。

8. 相关知识产权

（1）实用新型专利："一种狭小空间盘扣架操作平台"，专利号：SL202120856306.2。

（2）论文：《建筑工程施工中安全管理工具应用重要性及对策》，《中国建筑》2022 年 38 期。

吊篮平台防滑移固定装置操作技术

1. 概述

吊篮是用于高层建筑外墙施工、装修、维修、保养及清洗的重要工具，广泛应用于大型工程的施工。吊篮操作属于高空作业，使用过程晃动不平稳会引起平台与墙边的间距过大，操作不方便，降低施工效率；大幅度地晃动会加大电缆及主副钢丝绳的磨损，存在严重的安全隐患。吊篮平台防滑移固定装置是安装在吊篮上的辅助工具，通过固定支架、传力拉卡杆、伸缩调节装置固定吊篮，避免吊篮发生滑移和晃动，有效保证施工安全。该装置加工、安装、操作简单，可重复使用；规避成品破坏，提高施工质量，减少成本投入，通用性强，能够适用于各种楼型节点。

2. 关键词

吊篮、防滑移、固定装置。

3. 适用范围

适用于外墙吊篮施工作业的工业与民用建筑工程项目。

4. 创新点

吊篮平台防滑移固定装置有效规避施工作业中产生的成品质量损坏问题；装置可根据现有市场吊篮的尺寸进行伸缩调节，匹配施工；固定支架采用挂、卡形式，操作简单便携。传力拉卡杆采用螺栓紧固，伸缩灵活。

5. 工具加工

1）主要材料、设备规格及参数

（1）固定支架

主要材料：钢制方管加工。

固定支架尺寸：1.15m×0.2m×吊篮高。主框架采用两根方管制作，底部水平底角卡扣50mm（长），中间设置三道水平拉结横梁（横梁从底面、顶部起150mm各设置一道横梁，中间设置一道），增加架体的刚度及稳定性，底部安装伸缩调节装置（高度300mm），顶部设置紧固装置及架体挂钩，具体详见图1。材料选用表详见表1。

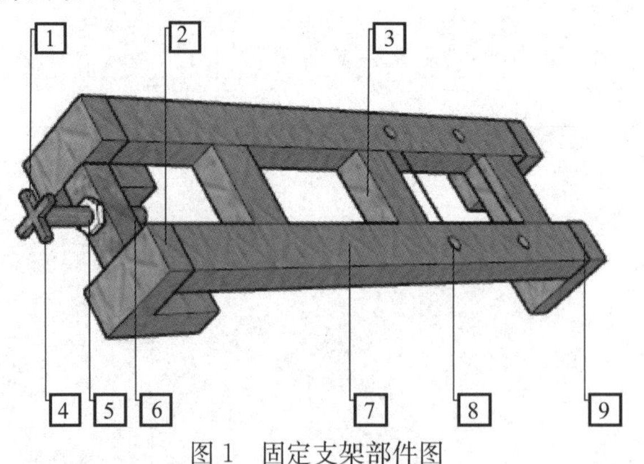

图1　固定支架部件图

1—紧固手柄；2—架体挂钩；3—架体横梁；4—紧固螺栓；5—紧固螺帽；6—紧固横梁；7—架体纵梁；8—支座连接孔；9—底脚

表 1　固定支架及固定挂钩材料清单表

序号	部件名称	材料类型	规格尺寸	加工方式	数量	备注
1	紧固手柄	圆钢	$\phi 6$	切割焊接	1	十字形
2	架体挂钩	方钢	30mm×50mm×2mm	切割焊接	2	L 形
3	架体横梁	方钢	30mm×50mm×2mm	切割焊接	3	
4	紧固螺杆	螺杆	$\phi 10$	切割焊接	1	
5	紧固螺帽	螺帽	$\phi 10$	焊接	1	
6	紧固横梁	方钢	30mm×50mm×2mm	切割焊接	1	
7	架体纵梁	方钢	30mm×50mm×2mm	切割焊接	2	
9	底脚	方钢	30mm×50mm×2mm	切割焊接	2	

(2) 传力拉卡杆

主要材料：调节卡具采用钢制方管，传力拉杆采用圆形钢管。

调节卡具尺寸：150mm×50mm×120mm（长×宽×高），由方管和C形槽钢焊接组装而成。方管上部及左右两侧各设置两个紧固螺栓，间距90mm，通过螺栓的紧固控制伸缩拉杆长度。C形槽钢内侧开两个紧固螺栓孔，上部螺栓固定调节卡具在吊篮上，下部通丝销钉防止调节卡具从吊篮横梁上脱落。

传力拉杆尺寸：长800mm，端部带100mm水平直角钩，尾部设置防脱落锚栓（螺栓或销钉），具体详见图2。

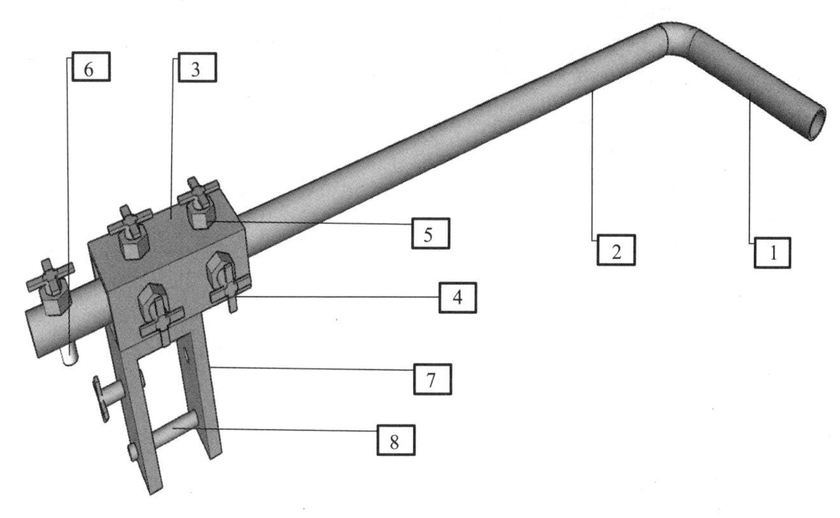

图 2　调节卡具部件图

1—拉钩水平段；2—拉卡杆；3—卡具套管；4—紧固手柄；5—紧固螺母；6—紧固螺杆；7—开口卡具；8—防脱落螺栓

材料选用表详见表 2。

表 2　调节卡具材料清单表

序号	部件名称	材料类型	材料选用表（mm）	加工方式	数量	备注
1	拉钩段	圆钢管	$\phi 25$×2mm	切割焊接	1	
2	拉卡杆水平	圆钢管	$\phi 25$×2mm	切割焊接	1	
3	卡具套管	方管	30mm×30mm×2mm	切割焊接	1	
4	紧固手柄	成品螺杆	$\phi 10$	切割焊接	6	
5	紧固螺帽	成品螺帽	$\phi 10$	焊接	6	

续表

序号	部件名称	材料类型	材料选用表（mm）	加工方式	数量	备注
6	紧固螺杆	成品螺杆	ϕ10	切割焊接	6	
7	开口卡具	钢板	5mm	切割焊接	2	
8	防脱落螺栓	成品螺栓	ϕ10	台钻开孔	1	

（3）滚动支座

① 锚固基座

主要材料：钢板、套管。

锚固基座尺寸：200mm×200mm×5mm 钢板。锚固基座中间设置直径 50mm 套管，套管端部设置螺纹，长度 100mm，确保通丝螺杆的稳定性，具体详见图 3。

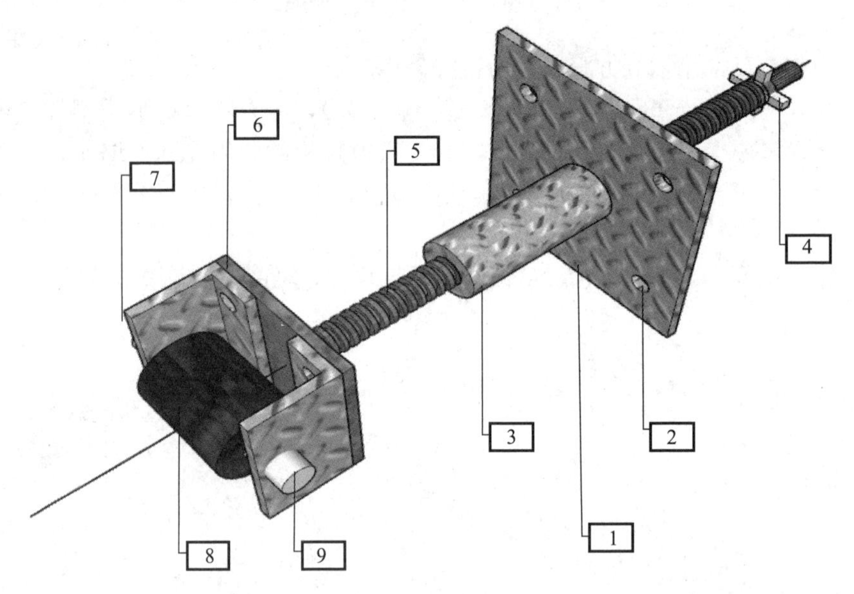

图 3　锚固基座部件图

1—底座钢板；2—螺栓孔；3—螺杆套管；4—螺杆把手；5—伸缩调节杆；
6—支座底板；7—滚轮支座；8—橡胶滚轮；9—转轴

材料选用表详见表 3。

表 3　锚固基座材料清单表

序号	部件名称	材料类型	规格尺寸	加工方式	数量	备注
1	底座钢板	钢板	200mm×200mm×5mm	切割	1	
2	螺栓套管	圆钢管	ϕ50	切割焊接	1	内有套丝
3	螺栓把手	钢筋	30	成品	4	

② 伸缩调节装置

选用材料：空心顶托、角钢、橡胶轮。

伸缩调节装置尺寸：丝杆长度 350mm，直径 30mm；尾部采用 ϕ10 圆钢制作十字形旋转把手，便于滚动装置方向的调整。端部采用 2mm 钢板制作支座底板，底板四角设置直径 10mm 螺栓孔，用于滚轮的安装，螺栓孔中心距离临边 25mm。

滚动装置尺寸：底板采用 2.5mm 厚花纹钢板 100mm×70mm（长×宽）；支撑基座采用 50mm×50mm×3mm 角钢，ϕ10 螺栓固定连接；角钢中间设置 ϕ10mm 转轴孔，用于滚轮的安装。滚轮与基座板间距不小于 20mm，具体详见图 4。

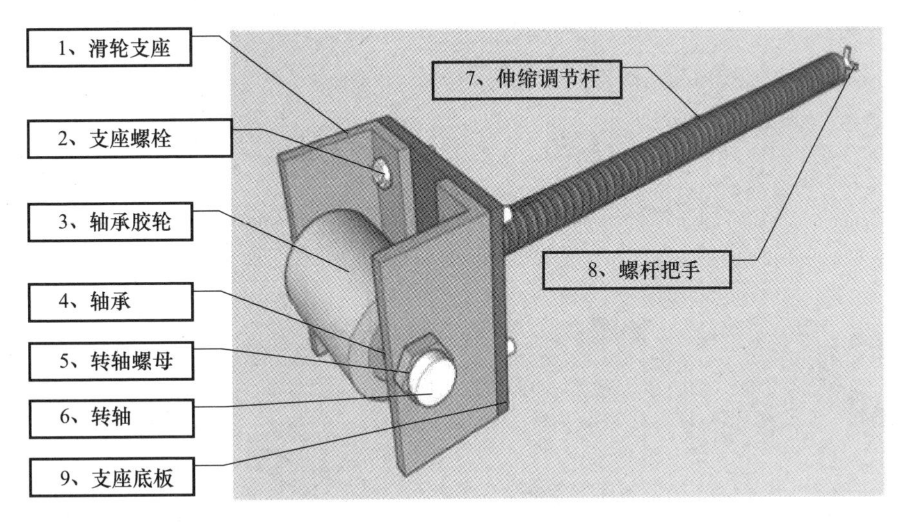

图 4　锚固基座部件图

材料选用表详见表 4。

表 4　锚固基座材料清单表

序号	部件名称	材料类型	规格尺寸	加工方式	数量	备注
1	滑轮支座	角钢	50mm×50mm×5mm	切割焊接	2	
2	支座螺栓	螺栓	ϕ10	台钻成孔	4	
3	轴承胶轮	轴承	40mm（外径）	成品	1	
4	转轴螺母	成品转轴	120mm（长）	成品	2	
5	转轴	螺杆	ϕ10	切割	1	
6	伸缩调节杆	丝杠	ϕ30	切割	1	空心
7	旋转把手	圆钢筋	ϕ6	切割焊接	2	
8	支座底板	钢板	2mm	切割冲孔	1	打孔

2）设计加工图

各部件示意图包括：防滑移固定装置轴测图、俯视图，固定支架、伸缩调节装置示意图，传力拉卡杆示意图，见图 5～图 8。

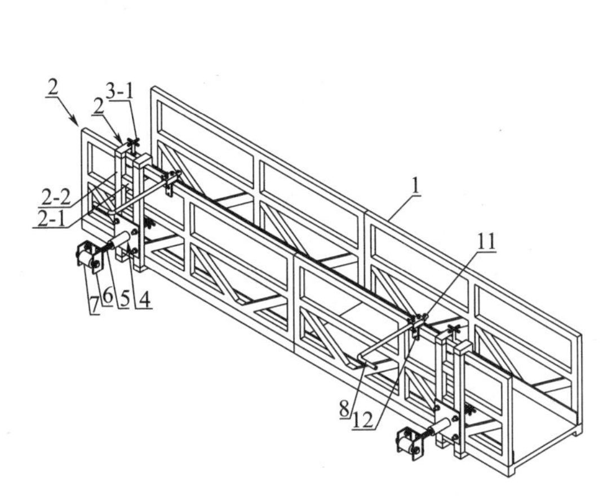

图 5　防滑移固定装置轴测图

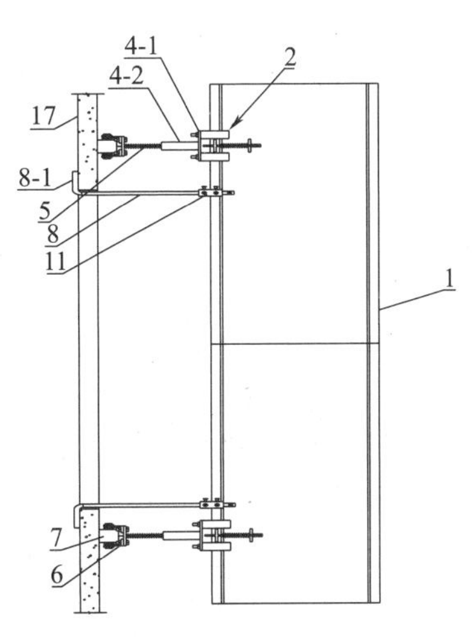

图 6　防滑移固定装置俯视图

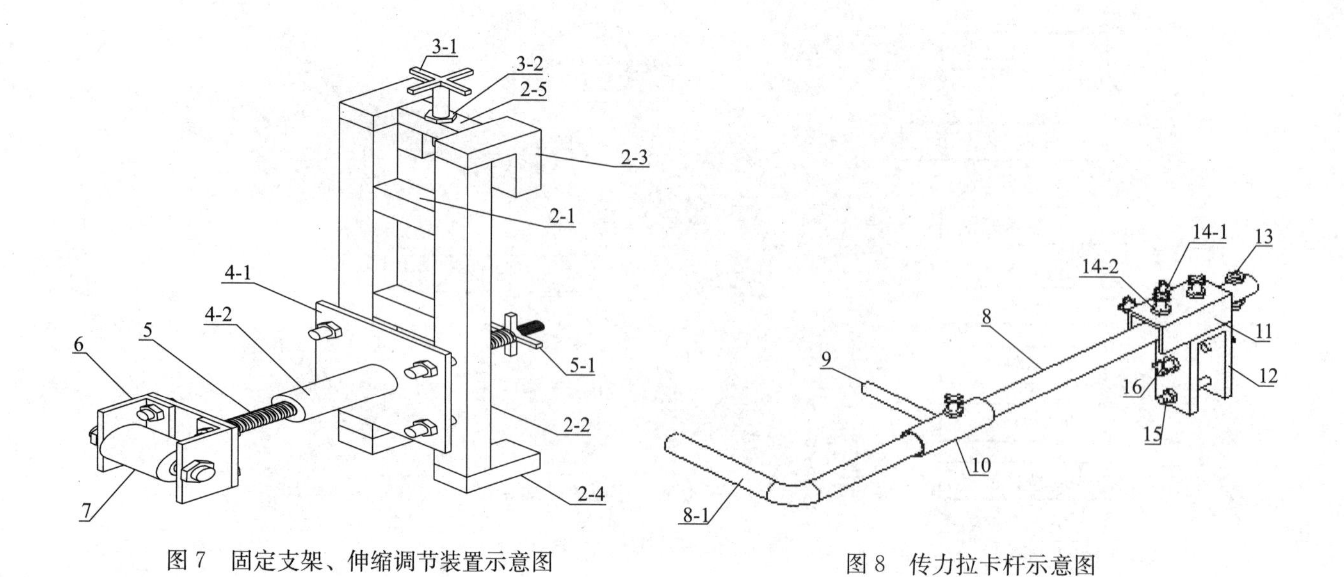

图 7　固定支架、伸缩调节装置示意图

图 8　传力拉卡杆示意图

附图标记说明详见表 5。

表 5　附图标记说明表

1—吊篮；	2—挂架；	2-1—连接横梁；
2-2—立柱；	2-3—挂钩；	2-4—底脚；
2-5—紧固横梁；	3-1—挂架紧固螺栓；	3-2—挂架紧固螺帽；
4—支座；	4-1—竖向安装板；	4-2—内螺纹套管；
5—调节螺杆；	5-1—旋钮；	6—C 形滚轮架；
7—滚轮；	8—拉杆；	8-1—拉钩；
9—限位横杆；	10—滑动套筒；	11—套管；
12—拉杆卡具；	13—限位件；	14-1—套管紧固螺栓；
14-2—套管紧固螺帽；	15—防脱落螺栓；	16—卡具紧固螺栓；
17—外墙。		

3）设计原理及部件功能

（1）装置的构成

防滑移固定装置由四部分构成：固定支架、传力拉卡杆、滚动支座、伸缩调节装置。

（2）装置的原理

在吊篮一侧底部安装可伸缩滚动支撑装置，使吊篮倾向于外墙，迫使吊篮依靠外墙进行移动，有效提高吊篮的稳定性，防止吊篮晃动。

在吊篮的一侧顶部设置两个传力拉卡杆，分别卡设在外墙洞口、拐角部位，并将拉杆与外墙内侧拉结，进而对吊篮的位置进行固定；传力拉卡杆的一端设置卡具，便于拉杆的安装和拆卸，能够调整两个拉杆之间的距离。可伸缩滚动支撑装置调节吊篮与外墙之间的距离，有效调节操作空间。拉杆和可伸缩滚动支撑装置的设置能够保证吊篮在垂直于墙面方向的稳定，有效避免吊篮晃动。

4）工具加工步骤

第一步：设计图纸绘制；第二步：材料收集准备；第三步：各部件材料切割、开孔；第四步：部件焊接；第五步：部件搜集、拼装组件；第六步：成品组装。见图 9～图 14。

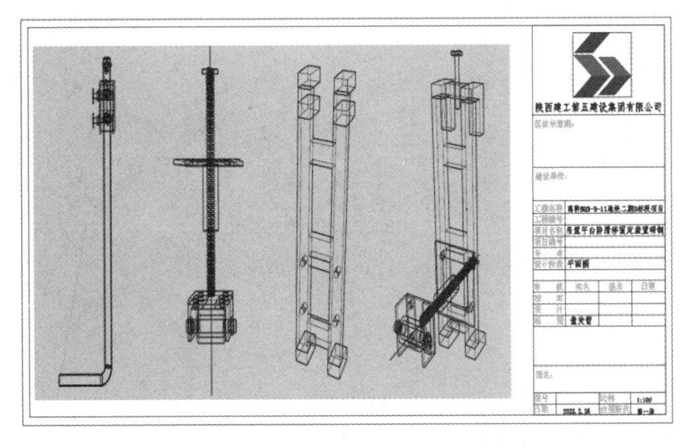

图 9　第一步：设计图纸绘制

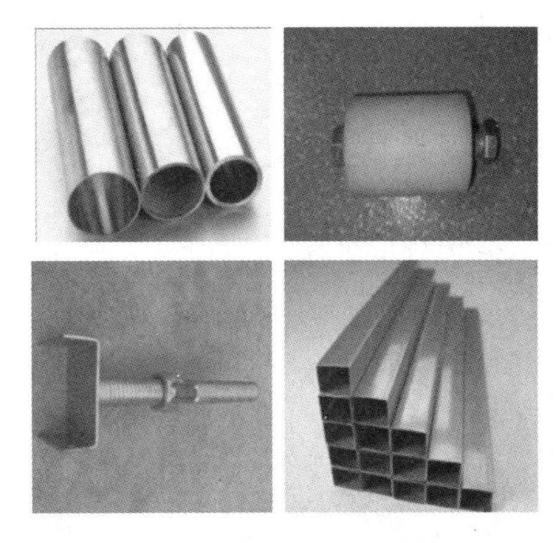

图 10　第二步：材料收集准备

图 11　第三步：各部件材料切割、开孔

图 12　第四步：焊接部件

图 13　第五步：拼装组件

图 14　第六步：成品

6. 工具操作步骤

第一步：由项目技术负责人进行技术交底，明确安装、操作要点及安全注意事项；第二步：根据主体结构和吊篮位置关系，确定固定支架安装位置并安装；第三步：在固定支架上安装伸缩调节装置；第四步：安装传力拉卡杆；第五步：调节各部位紧固螺栓；第六步：检查验收。见图 15～图 20。

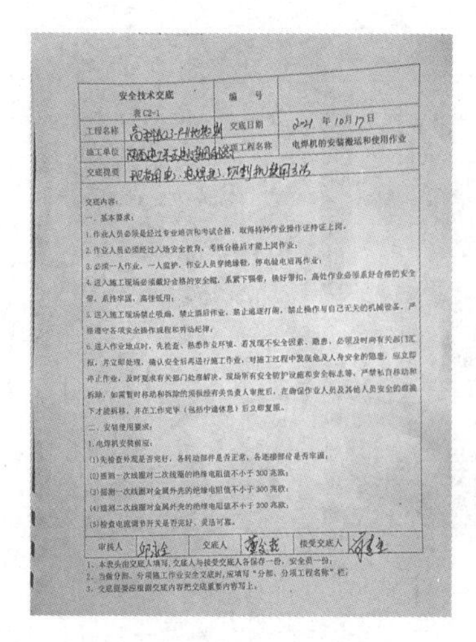

安全技术交底 表C2-1		编号	
工程名称		交底日期	2021年10月17日
施工单位		分项工程名称	电焊机的安装搬运和使用作业
交底提要			

交底内容：

一、基本要求：

1. 作业人员必须是经过专业培训和考试合格，取得特种作业操作证持证上岗；

2. 作业人员必须经过入场安全教育，考核合格后才能上岗作业；

3. 必须一人作业，一人监护，作业人员穿绝缘鞋，停电验电后再作业；

4. 进入施工现场必须戴好合格的安全帽，系紧下颚带，锁好带扣，高处作业必须系好合格的安全带，系挂牢固，高挂低用；

5. 进入施工现场禁止吸烟、禁止酒后作业，禁止追逐打闹，禁止操作与自己无关的机械设备，严格遵守各项安全操作规程和劳动纪律；

6. 进入作业地点时，先检查、熟悉作业环境，若发现不安全因素、隐患，必须及时向有关部门汇报，并立即处理，确认安全后再进行施工作业，对施工过程中发现危及人身安全的隐患，应立即停止作业，及时要求有关部门处理解决。现场所有安全防护设施和安全标志等，严禁私自移动和拆除，如需暂时移动和拆除的须报经有关负责人审批后，在确保作业人员及其他人员安全的前提下才能拆移，并在工作完毕（包括中途休息）后立即复原。

二、安装使用要求：

1. 电焊机安装前应：

(1) 先检查外观是否完好，各转动部件是否正常，各连接部位是否牢固；

(2) 摇测一次线圈对二次线圈的绝缘电阻值不小于300兆欧；

(3) 摇测一次线圈对金属外壳的绝缘电阻值不小于300兆欧；

(4) 摇测二次线圈对金属外壳的绝缘电阻值不小于200兆欧；

(5) 检查电流调节开关是否完好、灵活可靠。

审核人		交底人		接受交底人	

1. 本表头由交底人填写，交底人与接受交底人各保存一份，安全员一份；
2. 当做分部、分项施工作业安全交底时，应填写“分部、分项工程名称”栏；
3. 交底提要应根据交底内容把交底要点写上。

图15　第一步：技术交底

图16　第二步：安装固定支架

图17　第三步：安装伸缩调节装置

图18　第四步：安装传力拉卡杆

图19　第五步：调节各部位紧固螺栓

图20　第六步：检查验收

7. 注意事项

加工注意事项：①多种相同构件材料切割时必须进行模具比对，避免误差；②同一构部件开孔时必须保证同心；③焊接质量要合格。

安装使用注意事项：①各部件分开组装，完成后整体安装在吊篮平台上；②各紧固螺栓使用前进行安全检查，紧固到位，不得有松动现象；③使用前对各螺栓、转轴上涂刷润滑油，便于操作；④伸缩调节装置控制吊篮与墙面操作空间不小于300mm；⑤吊篮上下移动时要收回传力拉卡杆，避免阻挡吊篮提升或下降。

8. 相关知识产权

（1）实用新型专利："一种吊篮平台防滑移固定装置"，专利号：ZL202221315965.6。

（2）国家级QC成果：吊篮平台防滑移固定装置的研制，编号：A20222603。

电梯井道可提升操作平台应用技术

1. 概述

随着建筑物高度不断增加，搭设的架体越来越高，架体的高宽比不易满足规范要求，架体极易失稳，存在较大的安全隐患。传统的电梯井道操作平台采用钢管脚手架搭设，搭设时大多采用落地式钢管扣件脚手架或采用型钢作为支撑横梁，搭设时间长、投入量大。本工具是一种附着于液压布料机塔身的可提升操作平台，能够沿塔身桁架快速提升和固定，达到提高施工安全、缩短施工工期、减少施工成本的目的。

2. 关键词

液压布料机、电梯井道、可提升操作平台。

3. 适用范围（适用场景）

本工具适用于使用液压布料机，且液压布料机塔身周围具有一定空间的情况。

4. 创新点

（1）通过在液压布料机的塔身桁架上套设一个环形操作平台，并采用提升机构对操作平台进行提升，能够使得操作平台沿塔身桁架进行上升和下降，不需要逐层搭设脚手架、预留孔洞，避免进行二次封堵，有效缩短施工时间，降低成本。

（2）通过在环形横梁与塔身桁架之间连接拉绳，并在操作平台板与塔身桁架之间支撑伸缩斜撑，拉绳能有效对整个操作平台进行拉结固定，伸缩斜撑能有效对操作平台板的悬挑侧进行支撑，保证操作平台在混凝土施工时具有更好的稳定性和安全性。

5. 工具加工

1）主要材料、设备规格及参数

见表1。

表1　主要材料统计表

序号	材料名称	材料规格
1	花钢板	厚度5mm
2	钢滑轮	ϕ154mm
3	镀锌方管	50mm×50mm×3mm
4	槽钢	8#、10#
5	圆钢转动轴	ϕ14mm
6	拉钩钢丝绳	ϕ15.5mm（6×19）
7	U形螺栓	ϕ22mm
8	半圆形钢板	厚度5mm
9	钢板	厚度2mm

续表

序号	材料名称	材料规格
10	旋转斜杆转动轴钢管	ϕ48mm×2.6mm
11	螺杆	ϕ32mm
12	旋转斜杆钢管	ϕ48mm×2.6mm
13	U形顶托	ϕ32mm
14	电葫芦	CD1-2-9-D

2）设计加工图

见图1～图2。

图1　三维效果图

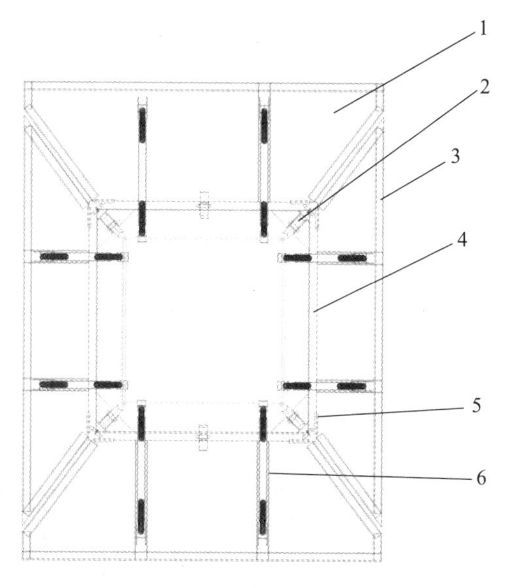

图2　平面图

1—5mm厚花钢板；2—ϕ154mm钢滑轮；3—50mm×50mm×3mm镀锌方管；4—10＃槽钢；5—ϕ14mm圆钢转动轴；6—8＃槽钢

3）设计原理及部件功能

5mm厚花钢板，作为操作平台的平台板，见图3。

ϕ154mm钢滑轮，2mm厚钢板，制作滑轮及轮架，用作操作平台提升，见图4。

图3　操作平台平台板图

图4　钢滑轮图

50mm×50mm×3mm镀锌方管，作为平台的次梁，与平台板焊接，起加固作用，见图5。

10＃槽钢，作为操作平台的横梁，与滑轮以及转动轴连接；8＃槽钢，作为旋转斜杆转动轴的焊接件，与半圆形钢板连接，见图6。

图 5　平台次梁

图 6　8#、10#槽钢

ϕ14mm 圆钢转动轴，作为平台翻折连接件，使平台板可以翻折，见图 7。

ϕ15.5mm（6×19）拉钩钢丝绳，作为平台的防坠限位装置，操作平台提升后，拉结整个操作平台，见图 8。

图 7　圆钢转动轴

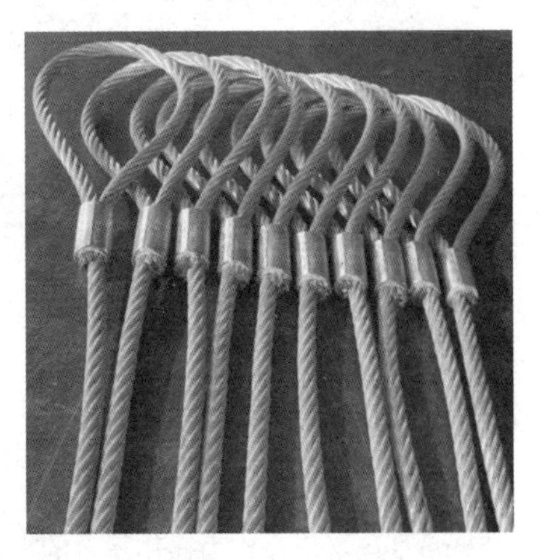

图 8　钢丝绳

ϕ22mmU 形螺栓，作为钢丝绳及电葫芦的拉结件，见图 9。

5mm 厚半圆形钢板，与 8#槽钢连接，作为旋转斜杆转动轴的支座，见图 10。

图 9　拉结件

图 10　旋转斜杆转动轴的支座

ϕ48mm×2.6mm 钢管，作为旋转斜杆转动轴及旋转斜杆，见图 11。

ϕ32mm 螺杆，为旋转斜杆以及旋转斜杆转动轴的焊接件，起到连接旋转斜杆转动轴和旋转斜杆的作用。

ϕ32mmU 形顶托，与旋转斜杆连接，调节旋转斜杆的长短，见图 12。

图 11　旋转斜杆转动轴

图 12　操作平台斜撑

CD1-2-9-D 电葫芦，作为提升操作平台的装置，见图 13。

图 13　操作平台提升装置

4）工具加工步骤

第一步：操作平台横梁的加工，采用 4 根 10＃槽钢焊接，加工尺寸根据施工实际情况确定，见图 14。

第二步：ϕ154mm 钢滑轮加工，轮架采用 2mm 厚钢板，共加工 4 组，尺寸根据实际情况确定，将滑轮轮架与 10＃槽钢用钢板焊接，见图 15。

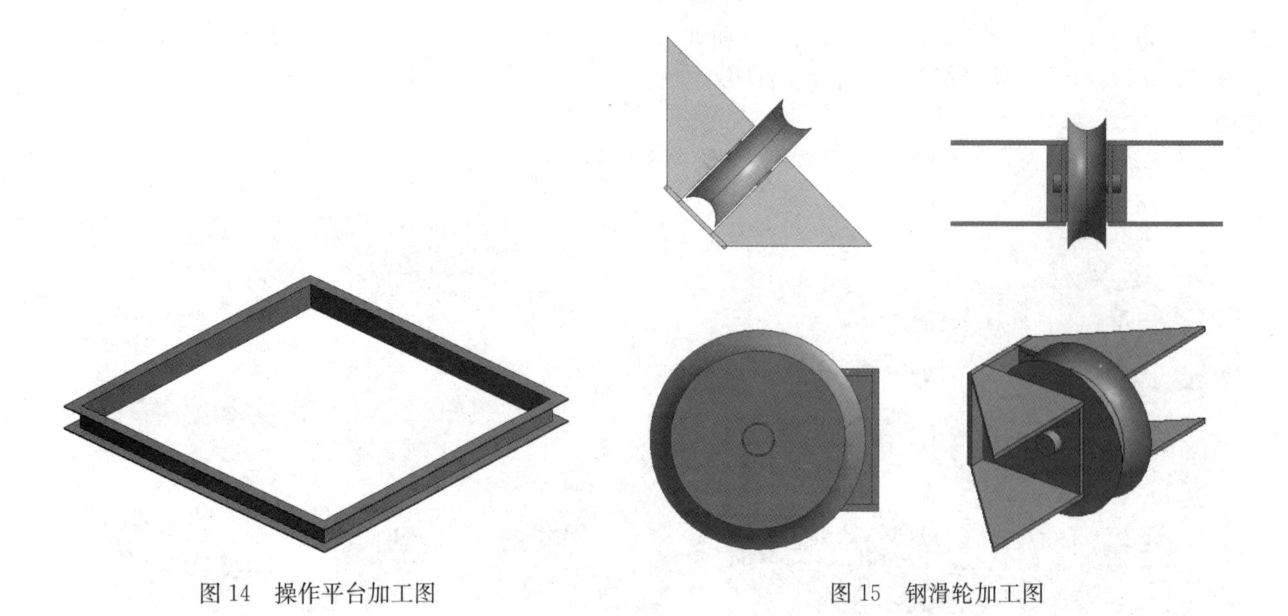

图 14　操作平台加工图　　　　图 15　钢滑轮加工图

第三步：ϕ14mm 圆钢转动轴加工，共加工 8 个，尺寸根据实际情况确定，用于平台板与操作平台横梁的连接，见图 16～图 17。

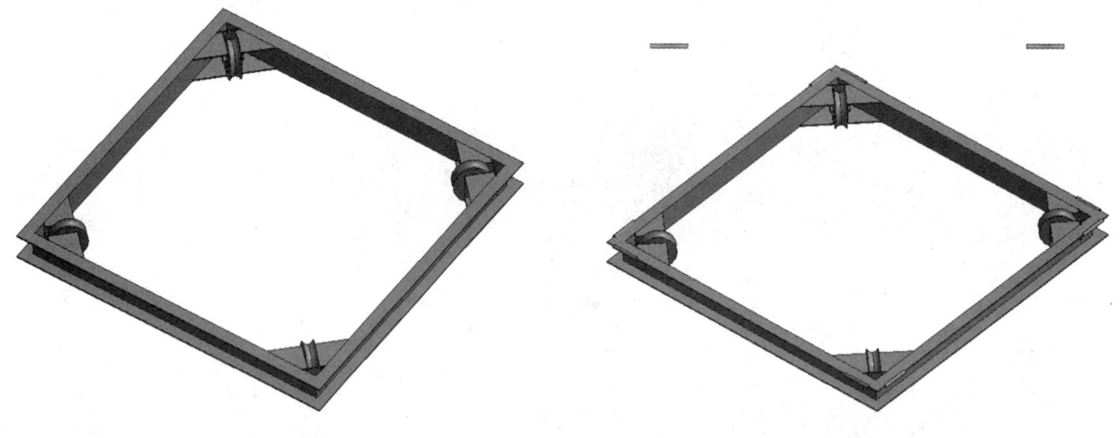

图 16　滑轮与操作平台安装示意图　　　　图 17　骨架成型效果图

第四步：拉结件加工，ϕ22mmU 形螺栓，共加工 6 个，与操作平台横梁焊接，见图 18。

第五步：5mm 花钢板加工，加工四个，尺寸根据现场实际确定，通过圆钢转动轴与操作平台横梁连接，见图 19。

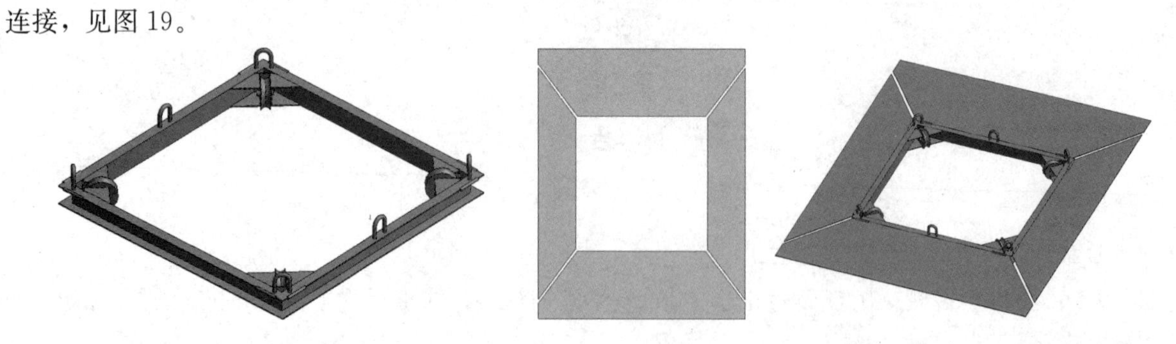

图 18　拉结件安装效果图　　　　图 19　钢板安装效果图

第六步：操作平台板次梁加工，50mm×50mm×3mm 镀锌方管，尺寸根据实际情况确定，将方管沿花钢板四周焊接在花钢板边沿，见图 20。

第七步：旋转斜杆转动轴焊接件兼做操作平台板竖梁的加工，长度根据实际情况确定，采用8#槽钢，共加工8个，焊接在花钢板底部，见图21。

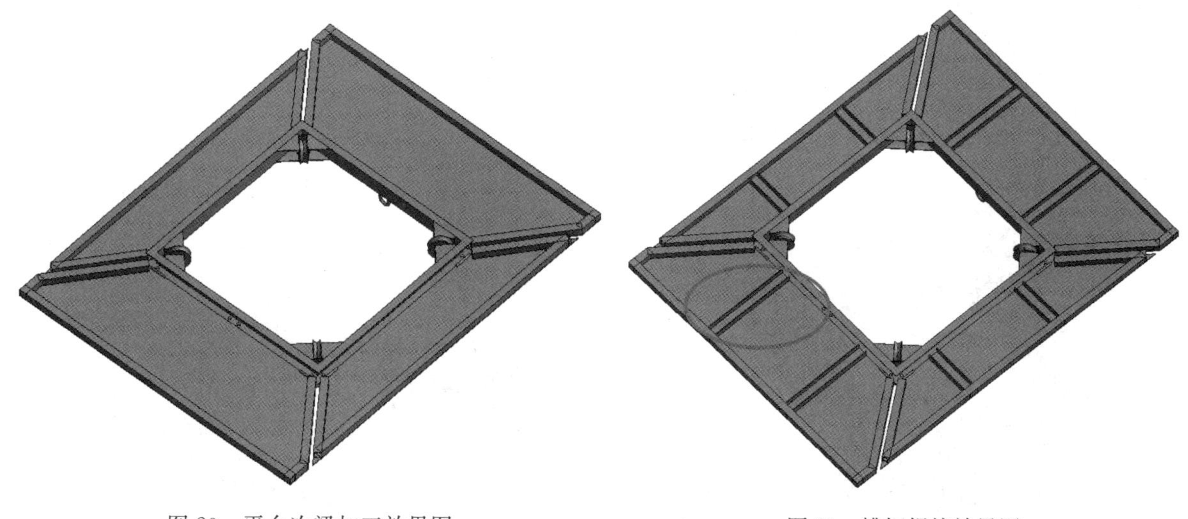

图20 平台次梁加工效果图

图21 槽钢焊接效果图

第八步：半圆形钢板焊接件加工，5mm厚半圆形钢板与ϕ48mm×2.6mm旋转斜杆转动轴钢管连接，半圆形钢板直径及旋转斜杆转动轴钢管长度根据实际情况确定，共加工8组，将半圆形钢板焊接在操作平台板竖梁上，见图22。

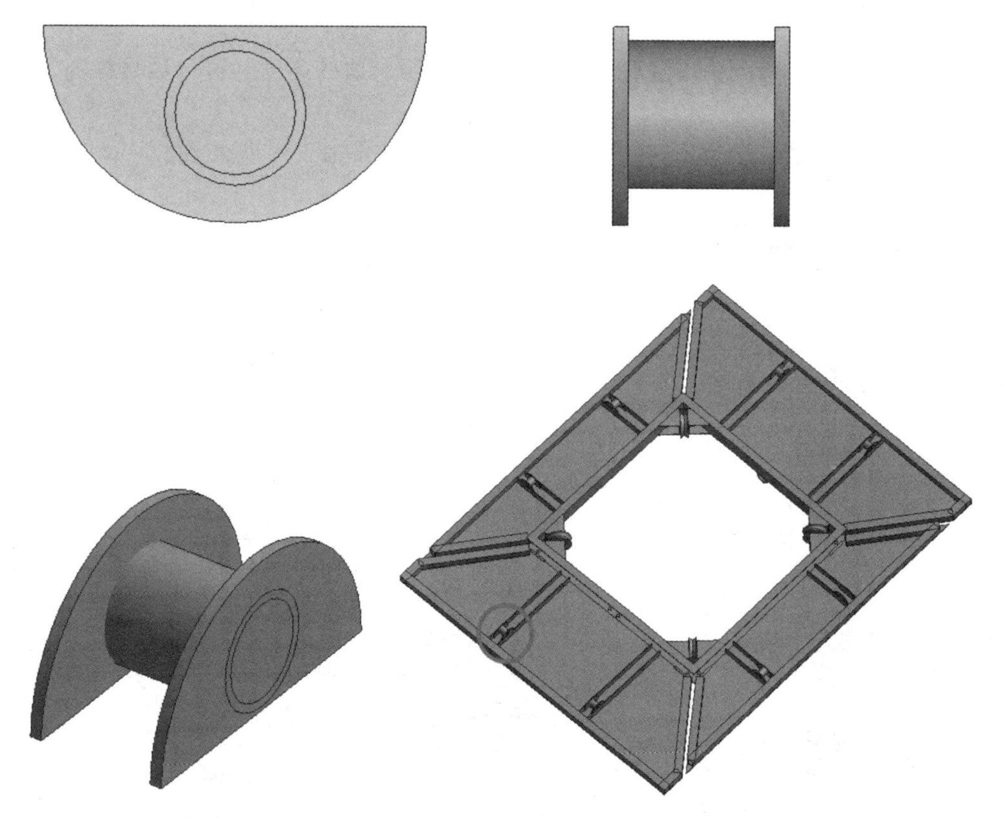

图22 转动轴安装效果图

第九步：操作平台旋转斜杆加工，将ϕ32mm螺杆与旋转斜杆转动轴钢管和旋转斜杆钢管焊接，ϕ48mm×2.6mm旋转斜杆钢管与ϕ32mmU形顶托连接，各材料长度根据实际情况确定，共加工8组，见图23。

第十步：拉钩钢丝绳加工，ϕ15.5 钢丝绳（6×19），钢丝绳长度及挂钩大小根据实际情况确定，共4根，见图24。

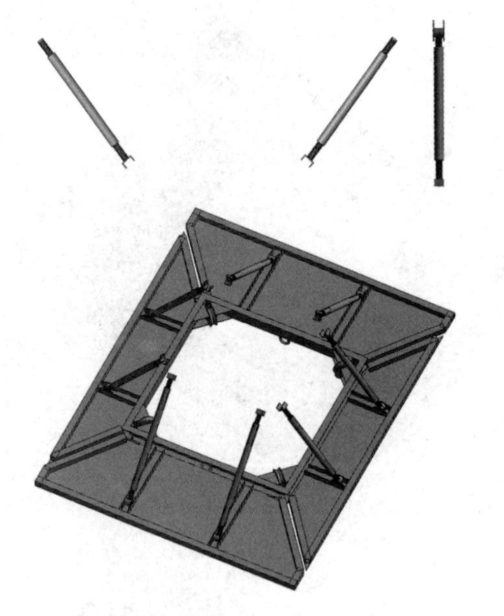

图23 旋转斜杆安装效果图

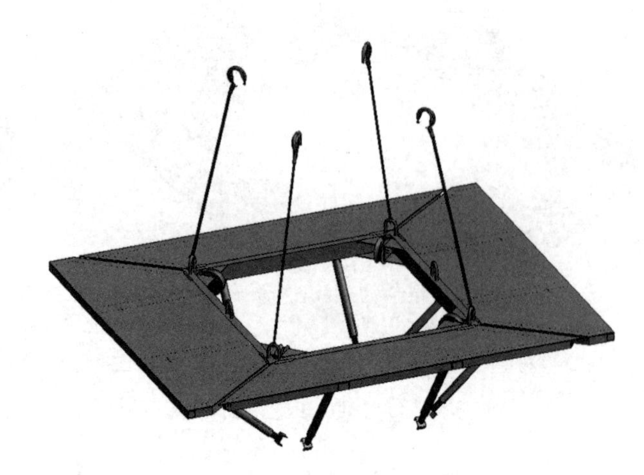

图24 钢丝绳安装效果图

6. 工具操作步骤

第一步：第一次使用，首先使用电葫芦将操作平台吊至合适的高度（符合项目标高及工人使用），见图25。

第二步：到达顶标高后，将拉钩钢丝绳挂在液压布料机标准节上，见图26。

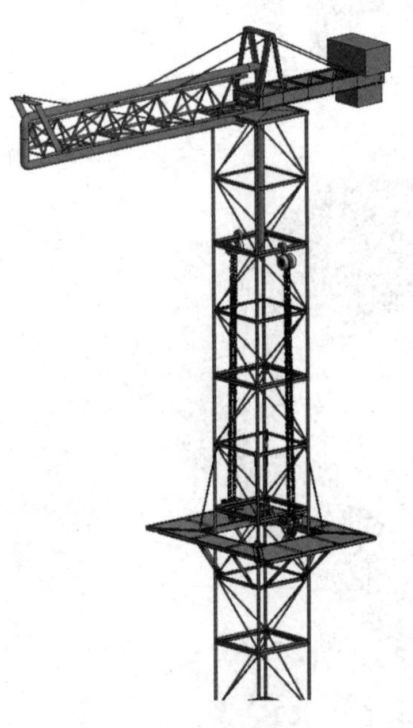

图25 吊至合适高度

图26 将拉钩钢丝绳挂在液压布料机标准节上

第三步：打开旋转斜杆，利用U形顶托调整旋转斜杆长度，将旋转斜杆撑在液压布料机标准节上，见图27。

第四步：上拉下撑后，放开电葫芦拉钩，平台即可使用，见图28。

图 27　调整旋转斜杆长度

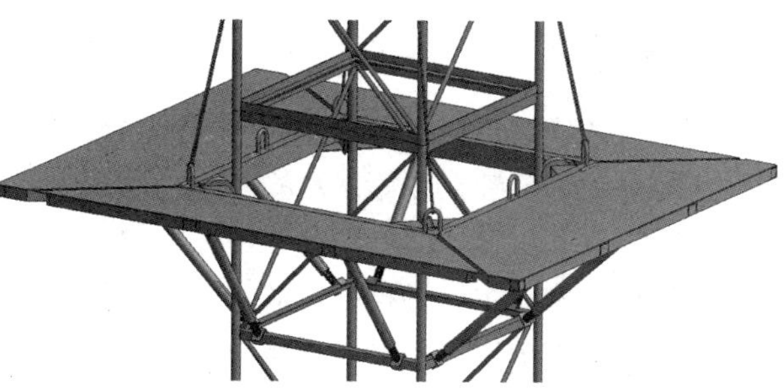

图 28　放开电葫芦拉钩

第五步：操作平台提升前，首先将电葫芦吊钩钩住 U 形螺栓，见图 29。

第六步：调整旋转斜杆的长度，并将其从液压布料机标准节横杆卸下，见图 30。

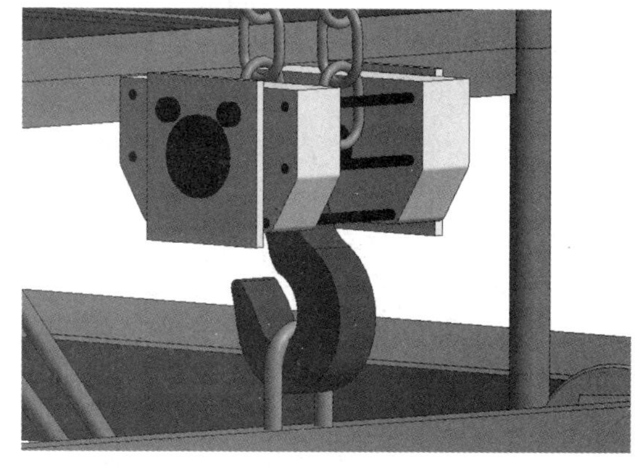

图 29　将电葫芦吊钩钩住 U 形螺栓

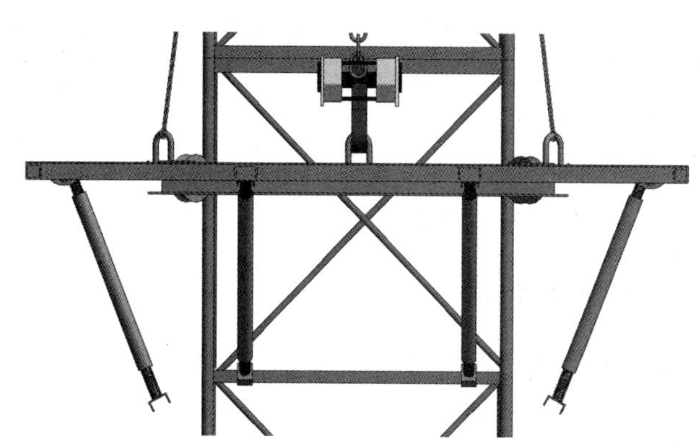

图 30　卸下旋转斜杆

第七步：卸掉拉钩钢丝绳，见图 31。

第八步：卸掉旋转斜杆以及拉钩钢丝绳后，用电葫芦将操作平台提升到下一层，见图 32。

图 31　卸掉拉钩钢丝绳

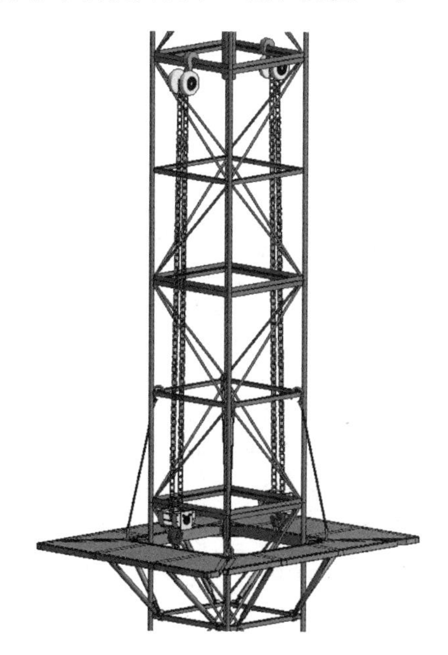

图 32　将操作平台提升到下一层

第九步：重复第二步到第八步。

7. 注意事项

（1）钢材进场后进行原材校正检查，根据设计图纸进行原材切割下料，各构件在安装前，要对其标记、几何尺寸、安装孔距等认真检查，校核测量精度是否与设计图纸一致，对各道工序加工半成品完成后进行堆放和拼装。

（2）焊接结构在生产过程中，对焊接变形等问题采取措施并加以校正；焊缝外形需均匀，焊道与焊道、焊道与基本金属之间过渡平滑，焊渣需清理干净。

（3）首次组装先将电葫芦整体检查一遍，根据设计图纸要求进行安装，在安装之前，检查合格证，确保外观没有损坏现象，电动葫芦的轨道或缓冲装置安装完成后，在液压布料机对角处根据图纸要求进行安装。

（4）在提升操作平台之前，将所有障碍物拆除，固定在液压布料机横梁上的旋转斜杆松开，操作平台板进行折叠。

（5）提升到合适标高后，恢复其操作平台，底部旋转斜杆固定在液压布料机标准节的横梁上，且上部拉钩钢丝绳挂在标准节的横梁上后，方可卸下电葫芦吊钩，进行电梯井道的模板施工。

（6）本操作平台限载 1t。

（7）操作平台四周至少有 200mm 的空间。

（8）操作平台的具体尺寸可根据项目实际情况进行设计。

8. 相关知识产权

实用新型专利：“一种液压布料机用可提升电梯井道操作平台”，专利号：ZL202220951522. X。

新型三段式放线洞操作技术

1. 概述

新型三段式放线洞针对传统放线洞方形模具进行优化，采用圆形模具进行预埋，并设置固定措施和止水措施，把手采用椭圆形设计，使圆形模具易于徒手拆卸，保证放线洞成型效果。模具采用镀锌无缝钢管制作，可周转使用，降低模具制作费用，避免木制模具在多次使用后变形需重新更换的问题，有效减少方木、板材费用。模具采用三段式连接，能够有效切断渗漏路径，提高洞口封堵质量，实现模具轻量化，克服安装困难，降低安全风险，具有较强的推广性和实用性。

2. 关键词

三段式、渗漏、洞口封堵。

3. 适用范围

本工具适用于主体施工采用内控法放线的常规高层房建项目（$H \leqslant 100$m）。

4. 创新点

（1）模具轻量化，作业人员便于安拆。

（2）预留形成企口式洞口，有效切断渗水路径，吊洞后有效降低渗透率，洞口封堵时在新旧混凝土界面涂刷 JS 防水涂料，进一步降低渗漏风险。

（3）模具设计预留洞口小，降低洞口坠落风险系数，且二次封堵洞口免植筋，封堵费用低。

5. 工具加工

1）主要材料、设备规格及参数

主材选用镀锌钢管，2mm 厚耐磨钢板作为辅材。钢管裁切长度为：DN32 长度 50mm、DN50 长度 60mm、DN80 长度 90mm，依次对接满焊 2mm 厚钢板连接，在 DN80 镀锌无缝钢管上口对接 2mm 钢板封口焊接，模具增加椭圆形手提环，模具总质量约为 1.2kg。

2）设计加工图

见图 1。

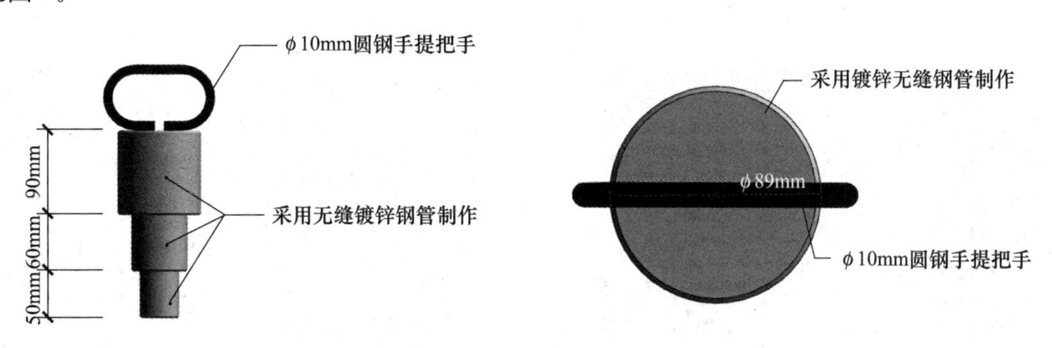

图 1　模具三维效果图

3）设计原理及部件功能

见图2～图3。

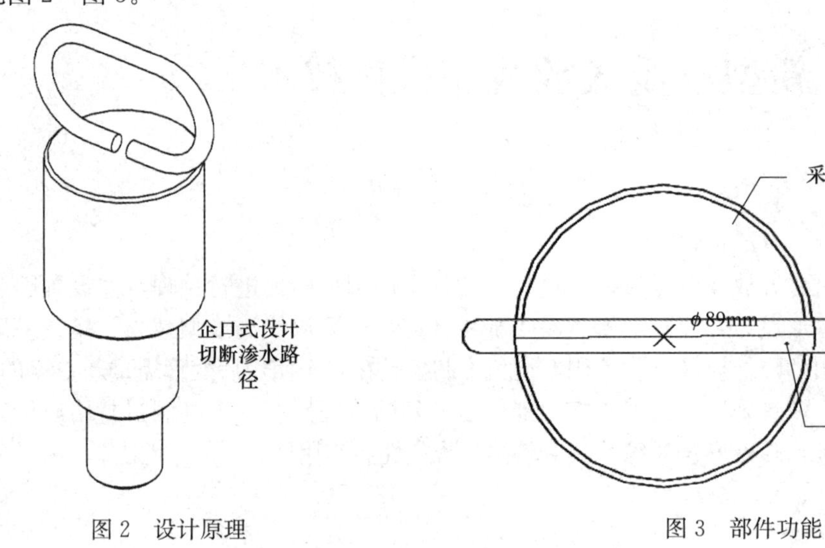

图2　设计原理　　　　图3　部件功能

4）工具加工步骤

第一步：新型放线洞模具选用镀锌钢管作为主材，使用砂轮切割机裁切镀锌钢管，主材裁切时，应严格将裁切精度控制在1mm以内，DN32mm裁切50mm、DN50mm裁切60mm、DN80mm裁切90mm，见图4。选择2mm厚的耐磨钢板作为辅料，采用数控机床裁切直径60mm、80mm两块圆形辅料，见图5。

图4　主材

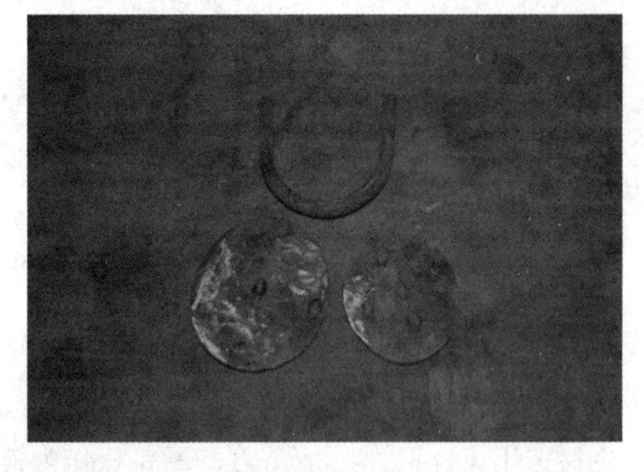

图5　辅材

第二步：使用交流电焊机将主材配合辅料满焊连接，在直径50mm的辅料上标记出同圆心32mm的圆，在直径80mm的辅料上标记出同圆心50mm的圆，见图6。然后用交流电焊机将裁切好的主材与辅材按标记好的圆依次焊接，主材与辅材焊接的方式采取满焊的方式从镀锌无缝钢管的内部焊接，保证下口平整度，最后在DN80mm上口焊接ϕ10mm圆钢弯曲的椭圆形把手，见图7。

图6　标记圆心

图7　现场焊接

第三步：模具焊接完成后利用角磨机将其周边棱角按照3mm的圆角打磨，利于拆模，并保证模具周转使用过程中的安全性，见图8。

图8　模具打磨

6. 工具操作步骤

第一步：顶板模板支设。根据结构50控制线，上翻弹出顶板模板定位控制线，并根据楼层模架排布图，规范搭设满堂架并完成支模。

第二步：放线洞定位、开孔。根据楼层平面图设计，使用CAD软件策划放线洞口位置，顶板支设完成后根据策划位置钢尺定位，用记号笔画出十字交叉点，见图9。采用32开孔器板面开孔，开孔位置偏差不得大于5mm，见图10。

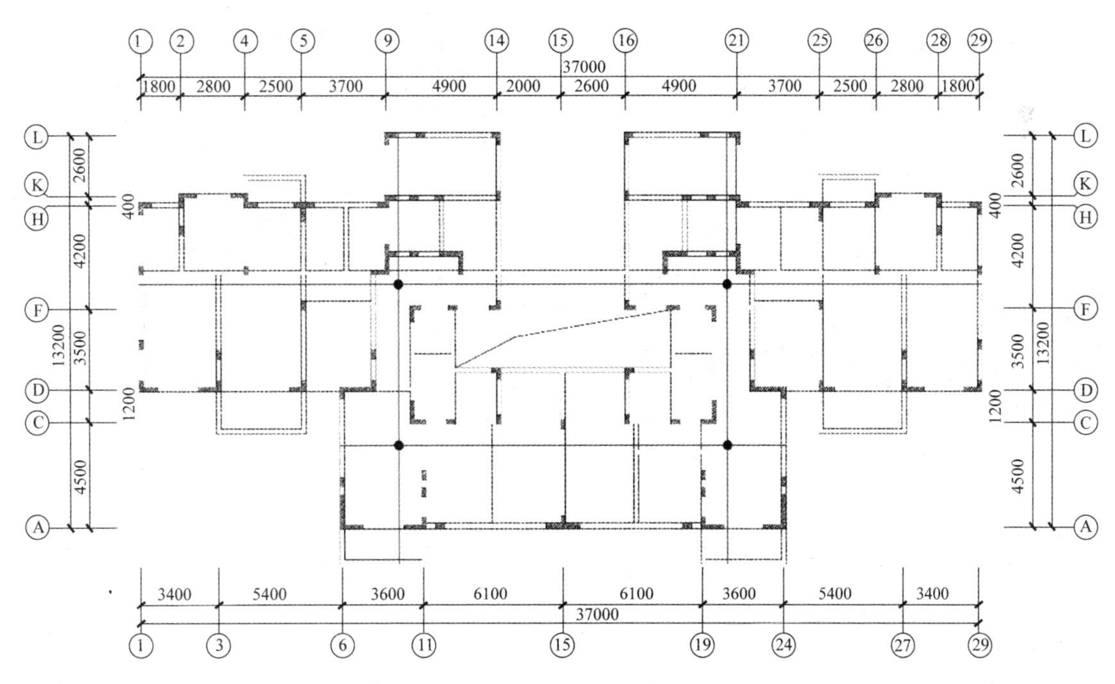

图9　CAD策划放线洞口（单位：mm）

第三步：模具安装、加固。顶板模板开孔完成后，将模具承插在验收准确的放线洞口位置，将模具下段50mm全部承插至洞口内，同时模具下口设有固定措施，确保模具不松动、不位移，模具安装前涂刷水性脱模剂，保证混凝土浇筑后模板易拆除，见图11～图12。

第四步：顶板混凝土浇筑。在板面混凝土浇筑时，放料位置尽量避开模具，避免造成模具倾倒或移位。在浇筑过程中，若发现模具偏斜，需及时对其进行扶正和重新加固。

第五步：放线洞模具拆除。在顶板混凝土浇筑完成后6～8小时，收面工作插入，在第三遍收面时，由收面作业人员拆除模具，拆除模具先顺时针旋转使其与混凝土缓慢脱离，再逆时针反转缓慢地将其抽拉出来，保证预留洞口完整性，见图13～图14。

图10　板面开孔

图11　模具固定

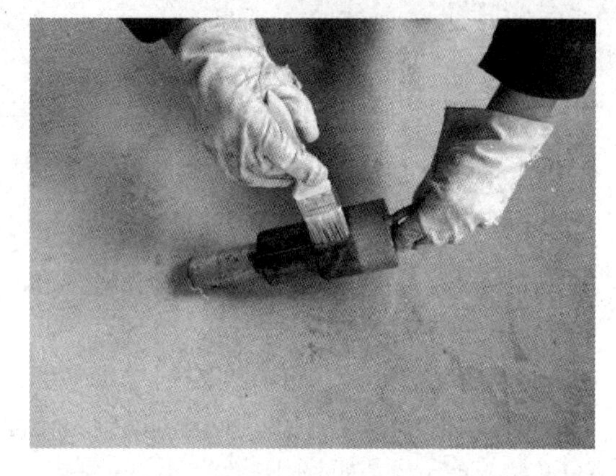

图12　涂刷脱模剂

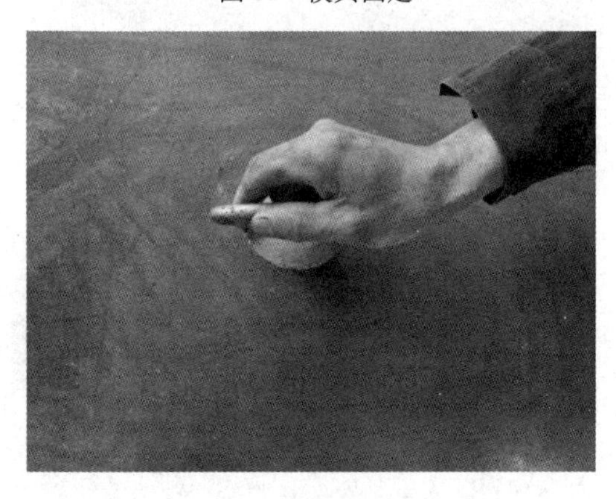

图13　模具拆除

图14　成型企口洞口

第六步：洞口模板支模、封堵。

（1）基层处理，利用50mm毛刷将企口周边的杂物清理干净，然后用喷壶加水湿润洞口内壁，见图15～图16。

（2）在木工加工棚利用圆盘锯裁切100mm×100mm的可信竹胶板、切割2750～2800mm的方木。模板回顶前，在裁切好的板材周边粘贴双面胶降低模板四周的缝隙，见图17～图18。

（3）模板支设完成，验收合格后，采用添加微膨胀的细石混凝土分两次浇筑，第一次浇筑前将其洞口四周利用排刷湿润刷毛，浇筑一半，振捣密实。待第一层混凝土凝固后，进行第二次混凝土浇筑，并将表面收光，见图19。

（4）混凝土浇筑完2天后，方可拆模，见图20。

图 15　毛刷清理

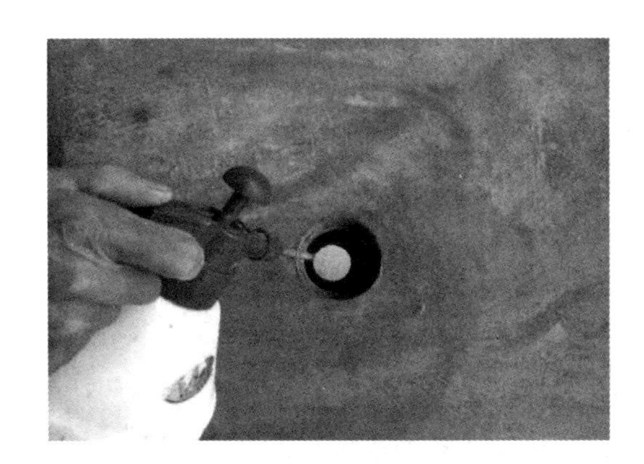

图 16　喷壶湿润

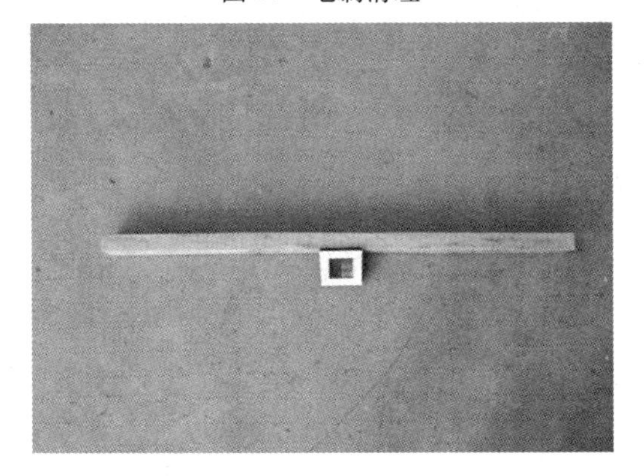

图 17　模板、方木裁切

图 18　模板、方木固定

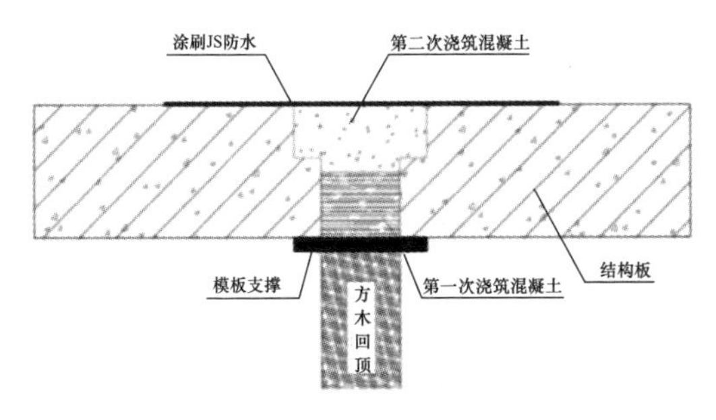

图 19　混凝土浇筑节点

图 20　模板拆除

（5）模板拆除完成后，沿原洞口外扩 10cm 整体涂刷两遍 JS 防水涂料，见图 21～图 22。

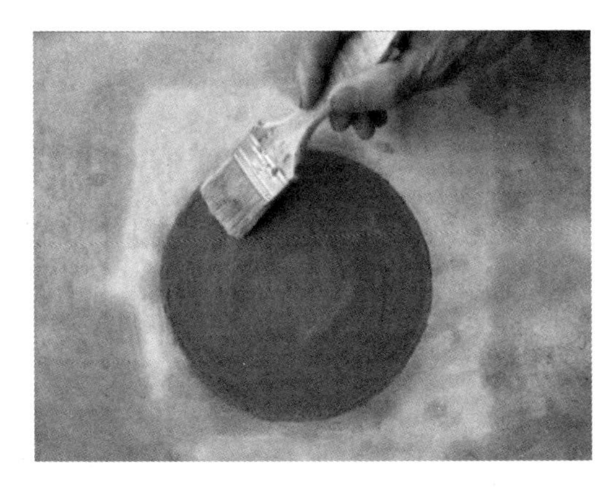

图 21　涂刷 JS 防水

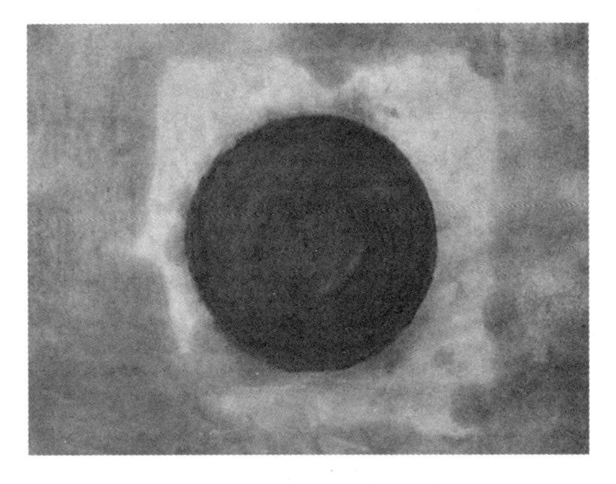

图 22　成型效果

第七步：成品保护。放线洞洞口封堵完成并涂刷JS增强后，为防止他人踩踏，洞口周边设置临时防护，防止其他作业人员无成品保护意识造成成品破坏。

7. 注意事项

（1）镀锌无缝的规格及厚度必须符合质量标准，无锈蚀、弯曲变形，有出厂合格证。

（2）采用的耐磨钢板材质及规格符合要求，无锈蚀、开裂现象，弯曲度应在可调整范围内。

（3）材料选用时严格把控，加工模具尺寸偏差±2mm。

（4）放线洞口定位放线完成验收合格后方可开孔，尺寸偏差±1mm。

（5）模具安装垂直度控制根据《混凝土结构工程施工质量验收规范》要求总高偏差不能大于 $H/1000$ 及 30mm（H 为建筑物全高）。

（6）洞口封堵为降低渗透率，全数进行淋水实验，在24小时内无渗漏现象方可进行同楼层地面工程施工。

8. 相关知识产权

（1）实用新型专利："一种放线洞模具固定结构"，专利号：ZL201920719908.6。

（2）企业级工法：新型放线洞施工工法，工法编号：SWJQB-GF-201907。

PC楼梯间支模防护平台操作技术

1. 概述

在现代建筑施工中，由于铝模和PC构件的施工工艺出现，预制楼梯间铝模往往不能与楼层主体结构同步施工，目前项目普遍采用钢管搭设楼梯或临时焊接楼梯防护进行铝模施工，操作复杂，不能够整体吊装，另外楼梯间洞口及临边的防护也是现场的一大安全风险。为此研制一种结构简单、设计合理的PC楼梯间施工支模防护平台，解决PC楼梯未安装时楼梯间铝模安装施工问题，且支模防护平台整体吊装和安拆，操作便捷。

2. 关键词

PC楼梯、支模防护平台、整体吊装。

3. 适用范围（适用场景）

适用于房建项目PC楼梯间（双跑楼梯）。

4. 创新点

（1）结构简单，设计合理，通过支腿机构放置在下层已经安装好的PC楼梯上，从而实现上部楼梯间铝膜模板支拆，以使后续铝膜与楼层主体施工同步，提高了施工效率。

（2）设置箱式平台，是为了在箱式平台中安装钢楼梯机构以及走道翻板，通过钢楼梯机构以及走道翻板方便施工人员安全通行，从而进行楼梯间铝膜模板支拆。

（3）箱式平台的两侧设置有防护机构，从而提高了防护平台的防护效果。

5. 工具加工

1）主要材料、设备规格及参数

见表1。

表1　主要材料统计表

序号	部件名称	材料类型	规格尺寸
1	底部支腿	方钢	100mm×100mm×4mm
2	底部支腿底板	钢板	250mm×250mm×6mm
3	支腿连接件	圆管	ϕ48mm×3mm
4	立柱	方钢	80mm×80mm×3mm
5	梯梁	C形钢	16#
6	踏步	花纹钢板	3mm
7	横梁	方管	60mm×60mm×1.5mm

2）设计加工图

见图 1～图 5。

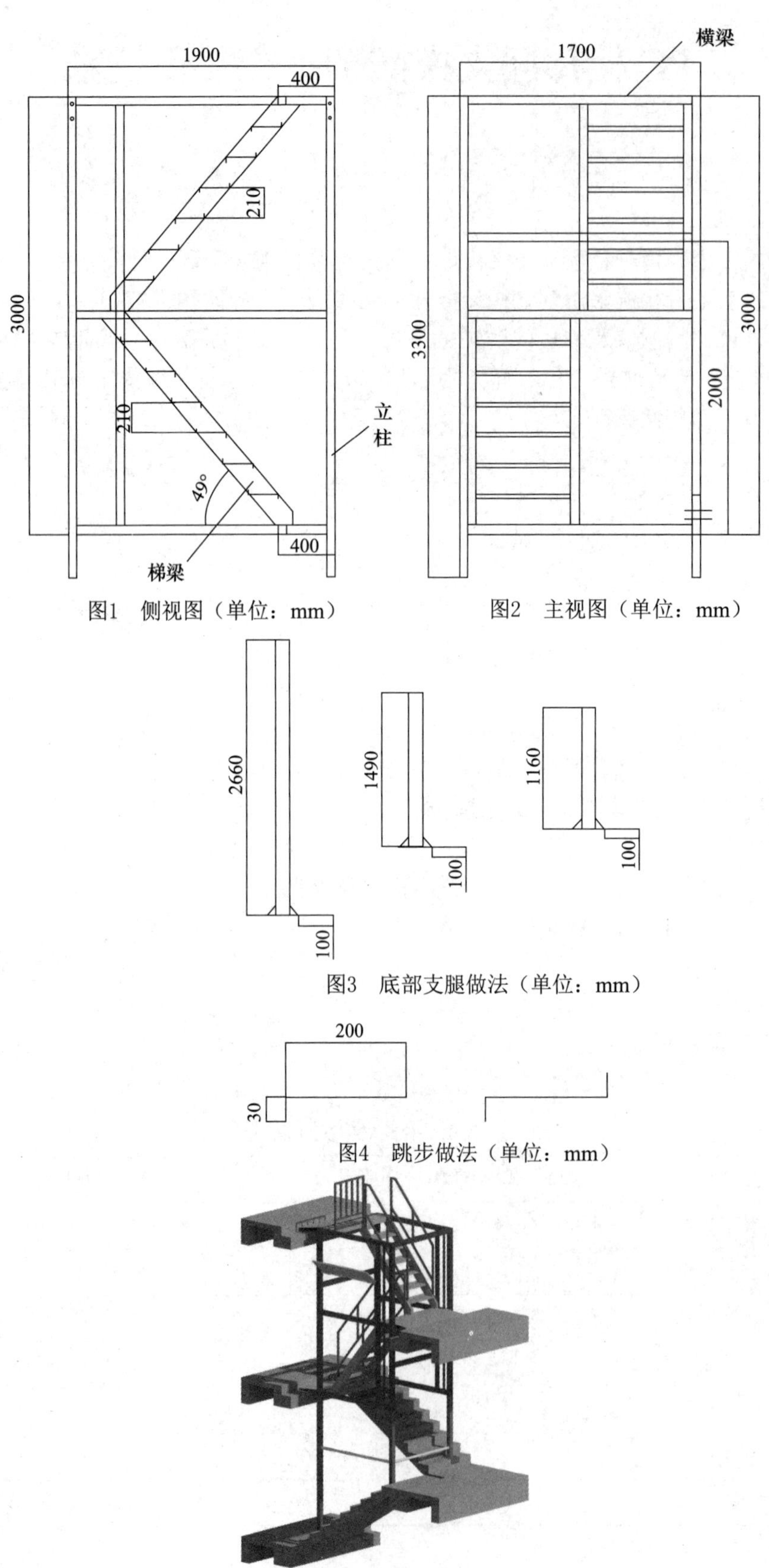

图1　侧视图（单位：mm）

图2　主视图（单位：mm）

图3　底部支腿做法（单位：mm）

图4　跳步做法（单位：mm）

图 5　三维立体图（单位：mm）

3）设计原理及部件功能

见图 6～图 8。

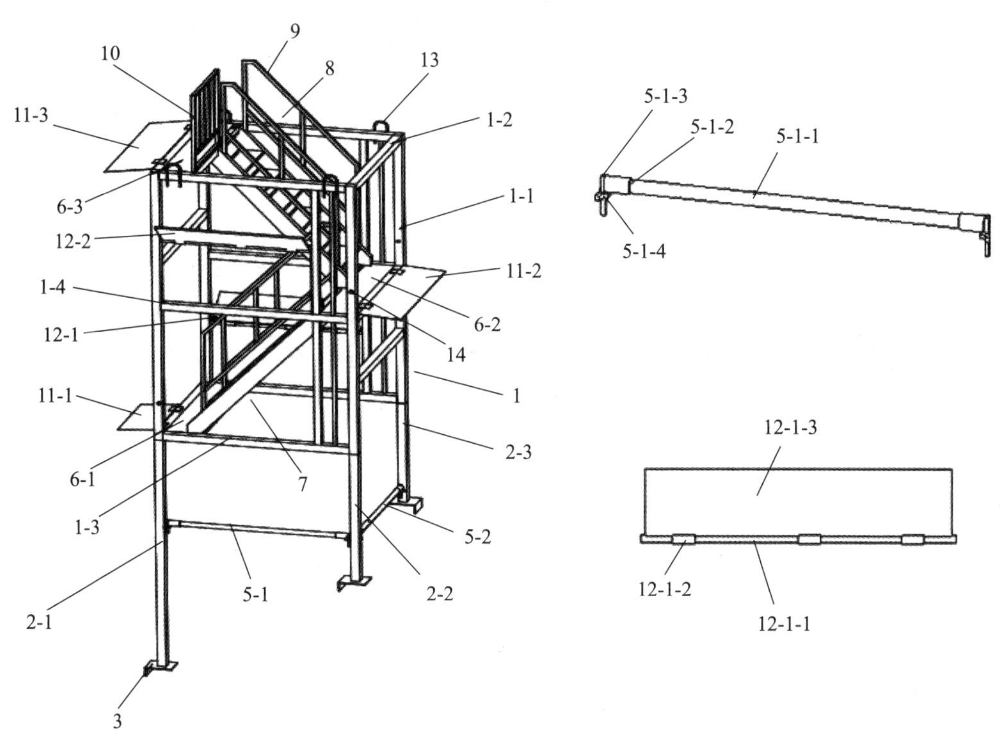

图 6　设计原理及部件功能

1—箱式平台；1-1—平台立柱；1-2—上连横杆；1-3—下连横杆；1-4—中连横杆；2-1—第一支腿；2-2—第二支腿；2-3—第三支腿；3—L 形脚；5-1—第一支腿连接横杆；5-1-1—横杆；5-1-2—套管；5-1-3—插杆；5-1-4—U 形插件；5-2—第二支腿连接横杆；6-1—下休息平台；6-2—中休息平台；6-3—上休息平台；7—第一钢楼梯；8—第二钢楼梯；9—扶手；10—平台顶部护栏；11-1—第一走道翻板；11-2—第二走道翻板；11-3—第三走道翻板；12-1—下防护板；12-1-1—安装轴；12-1-2—轴套；12-1-3—防护板；12-2—上防护板；13—吊环；14—连接螺栓

6. 工具操作步骤

第一步：箱式平台吊装至结构顶部，确定 PC 楼梯的位置方向，根据方向调整箱式爬梯内钢楼梯的左右位置。

第二步：所有翻板折叠，固定到相应的位置。

第三步：根据图纸尺寸，将底部支腿放置楼梯间已安装完成的 PC 楼梯上的相应位置。

第四步：箱式楼梯整体从楼梯洞口吊装至楼内，靠近底部支腿顶部位置。

第五步：箱式爬梯立柱缓慢放置于底部支腿中，并进行微调。

第六步：支腿连接杆与底部支腿相互连接固定，将所有翻板展开。

7. 注意事项

箱式楼梯随主体施工同步提升时，将所有翻板固定在相应位置，避免出现碰撞。

8. 相关知识产权

实用新型专利：“一种 PC 楼梯间施工支模防护平台”，专利号：ZL202223465973.1。

悬挑式电动平移大门操作技术

1. 概述

施工现场普遍使用的电动大门，门扇底部两端的承重轨道轮在地面预埋的轨道内运行，长时间使用后，地面预埋的轨道会堆积土渣，导致电动门无法运行，需要人为清理，增加了项目施工成本，浪费人力物力。为解决上述现有技术中的不足，研制一种悬挑式电动平移大门，其结构简单，设计合理，由三个平行布设的门扇固定框、穿设在三个门扇固定框中的矩形方管门扇和带动门扇开合的开门机构组合而成。

2. 关键词

悬挑式、电动平移、大门。

3. 适用范围（适用场景）

适用于门洞尺寸（W）：7m$\leqslant W \leqslant$10m。

4. 创新点

（1）通过设置门扇固定框及门扇固定框上的下悬挑部件，实现矩形方管门扇的悬挑式安装，使矩形方管门扇的底部与安装地面之间存在间隙，避免人为大规模找平处理地面。

（2）门扇固定框设置上导向部件和侧面限位部件，辅助下悬挑部件，确保电动大门平移开合。

（3）门扇底部设置 L 形防护板，实现齿条的安装，通过齿条的水平布置避免平移门开门机上齿轮积土渣变形生锈。

（4）避免在地面预埋轨道，可在主大门通道施工完成前安装。可手动可遥控，可周转使用，减少施工成本。

5. 工具加工

1）主要材料、设备规格及参数

见表 1。

表 1　主要材料统计表

序号	制作部位	材料类型	规格尺寸
1	底框杆	方钢	150mm×100mm×5mm
2	外框架	方钢	60mm×80mm×3mm
3	内立杆和斜撑斜拉杆	方钢	30mm×30mm×1.5mm
4	门扇外侧包板	彩钢板	0.5～0.8mm
5	固定框	方钢	100mm×100mm×4mm
6	上下滚轮	/	/

2）设计加工图

见图 1～图 3。

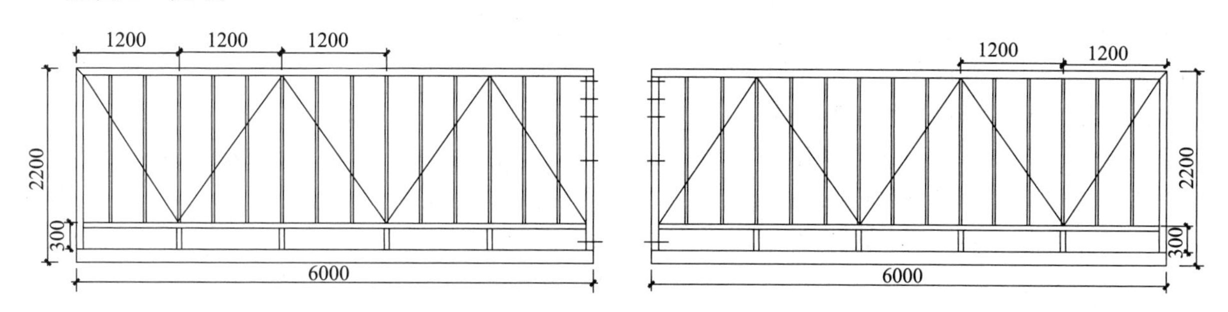

图 1　门扇（共两片）（单位：mm）

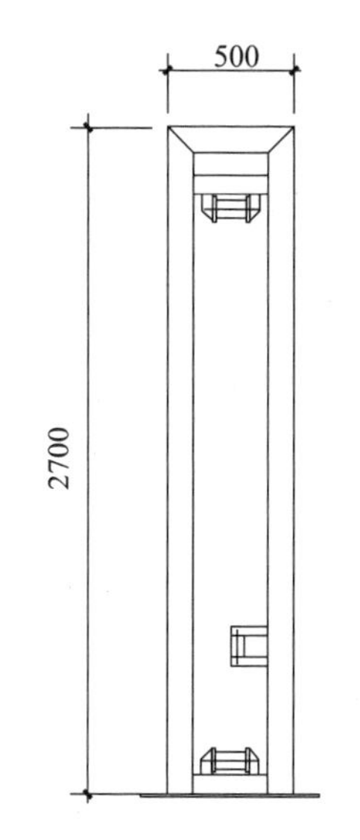

图 2　门框（单位：mm）

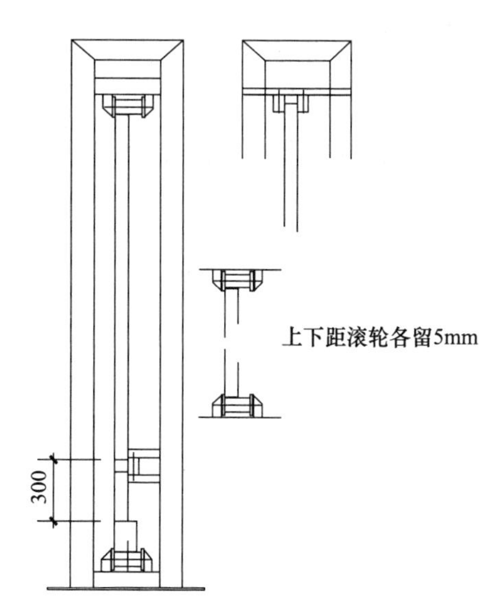

图 3　滚轮安装图（单位：mm）

3）设计原理及部件功能

见图 4～图 6。

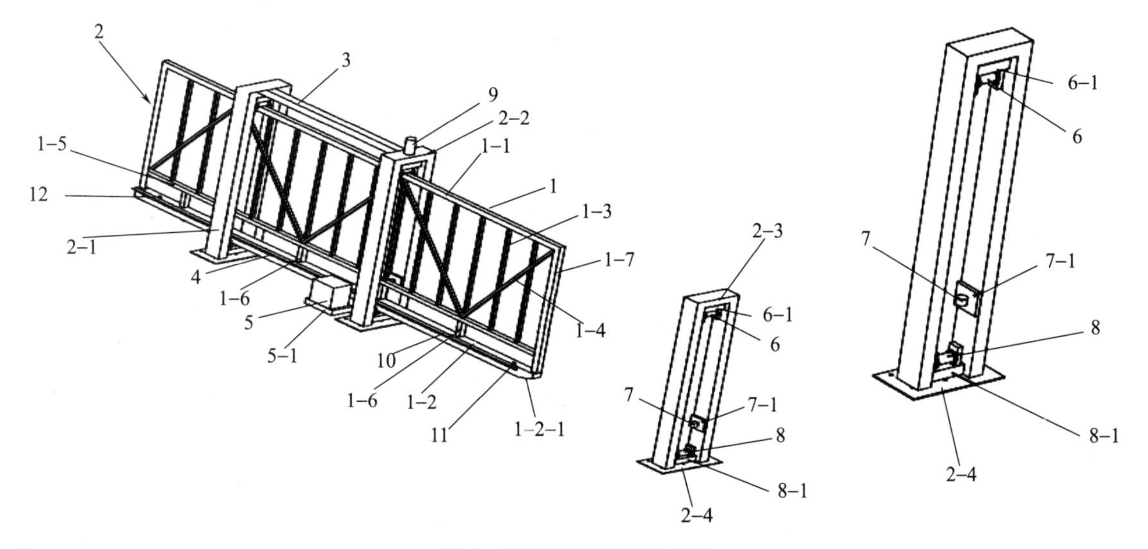

图 4　设计原理及部件功能

1—矩形方管门扇；1-1—顶框杆；1-2—底框杆；1-2-1—斜度；1-3—上防护杆；1-4—斜撑；1-5—下部框杆；1-6—下支撑杆；1-7—连杆竖杆；2—门扇周定框；2-1—第一门扇固定框；2-2—第二门扇固定框；2-3—第三门扇固定框；2-4—安装板；3—连接横杆；4—齿条；5—平移门开门机；5-1—底座；6—上滚轮；6-1—上安装座；7—侧面滑轮；7-1—竖向板；8—下滚轮；8-1—下安装座；9—报警灯；10 L 形防护板；11—第一电磁限位器；12—第二电磁限位器

6. 工具操作步骤

第一步：根据设计图纸，确认门框位置，需提前做好 3 个门扇固定框混凝土基础，基础尺寸长 900mm×宽 500mm×深度 500mm，并保证 3 个基础顶部在一个平面。

第二步：待基础凝固后，首先安装三个门框，保证门框底部在一个平面。

第三步：将其中一块门扇吊装平移至门框内，门扇一端在门框，一端采用垫块保持水平，另一块门扇同理。经测量两扇门扇保持在一个平面后，采用高强螺栓连接并满焊两对接面。

第四步：安装电机，调试限位器，确保电动门的开启和关闭。

7. 注意事项

门框基础必须保持在一个平面。两块门扇拼接后必须保持在一个平面。

8. 相关知识产权

实用新型专利：“一种悬挑式电动平移大门”，专利号：ZL202223467046.3。

叠合板后锚梁半自动校正提升器操作技术

1. 概述

随着我国装配式建筑广泛应用，装配式结构的梁、板、柱或其他构件终端或边缘一般采取预留现浇节点或板带，通过现浇方式将其进行有效连接形成整体结构，实现共同受力。由于传统工艺叠合板安装过程中，需要将叠合板的端支座锚筋插入梁中，锚筋反复弯折会导致梁钢筋位移、变形，标高无法控制。为解决以上问题，设计了一种叠合板后锚梁半自动校正提升器，通过设置连接结构，与待提升的主体结构梁钢筋连接，在提升装置的带动下，实现对主体结构梁钢筋的提升，待叠合板安装完成后回落梁钢筋，避免了传统施工中对主体结构梁、叠合板锚筋的损伤，显著提高了施工质量，应用效果良好，值得推广。

2. 关键词

装配式、叠合板、后锚梁、提升器。

3. 适用范围（适用场景）

本工具适用于装配式 PC 叠合板现浇梁结构施工，主要针对主体结构阶段叠合板的高效安装。

4. 创新点

通过设置叠合板后锚梁半自动校正提升器，与待提升的主体结构梁钢筋连接，在提升器的带动下，实现对主体结构梁钢筋的提升，利用提升梁钢筋产生的空间，避免叠合板在安装时锚筋与梁钢筋产生的重叠、交叉、碰撞，有效减少锚筋弯折、断裂，大幅提高了叠合板安装质量与效率。

5. 施工准备

1）技术准备

提升器使用说明及原理介绍，依据工程量准备提升器的材料，完成对现场各工种交底，见表 1。

表 1　质量验收标准和检验方法

<table>
<tr><th>项目</th><th>规格要求</th><th>备注</th><th>检查方法</th></tr>
<tr><td>结构梁 $H \leqslant 500$mm</td><td>丝杆直径 $R \geqslant 16$mm</td><td rowspan="2">螺栓直径同丝杆直径；丝杆长度$>2H$</td><td rowspan="4">拉 5m 线，不足 5m 拉通线，用钢直尺检查</td></tr>
<tr><td>结构梁 $H>500$mm</td><td>丝杆直径 $R \geqslant 18$mm</td></tr>
<tr><td>结构梁 $L \leqslant 3000$mm</td><td>设置 2 道提升器</td><td>/</td></tr>
<tr><td>结构梁 $L>3000$mm</td><td colspan="2">距梁端 500mm 开始设置，间距$\leqslant$1200mm</td></tr>
</table>

2）物资准备

见表 2。

表 2　制作材料

序号	材料名称	型号	规格	数量
1	钢板	Q235A	3mm（厚）	2 块

续表

序号	材料名称	型号	规格	数量
2	六角头螺栓	/	M24	1个
3	六角头螺杆带孔螺栓	/	M18×1.2	2个
4	高强丝杆	/	M18×900	1个
5	单列深沟球轴承	/	6303	1个
6	焊条	/	/	1包

注：此表为一套校正器所需材料，生产时根据施工环境确定需求数量。

3）施工机具准备

见表3。

工具制作：依据工程量，制作准备相应数量的提升器。

表3 主要施工机具

序号	设备名称	型号	规格	功率
1	砂轮切割机	J3GY-LD-400A	400mm×3.2mm×32mm	2.2kW
2	交流电焊机	HS6500EW	BX1-4	1.8kW
3	角磨机	HACK-JMJ-01	12000R/min	1200W
4	手电钻	/	/	/

注：手电钻型号可根据工程具体情况而定。

4）现场准备

见表4。

表4 劳动力计划

序号	工种	数量	工作内容
1	电焊工	2	负责支架的焊接
2	叠合板吊装工	8	负责叠合板安装
3	铝模板工	10	负责铝模板安装
4	钢筋工	10	负责钢筋安装

5）试验准备

（1）丝杆应为通长粗丝螺杆，丝杆及螺栓材质应为Q235A级钢材。

（2）翼板厚度＞3mm，螺栓与翼板连接处应满焊。

（3）轴承应选用单列深沟球轴承，其性能应符合《滚动轴承 通用技术规则》（GB/T 307.3—2017）的要求。

6）作业条件准备

施工现场主体梁钢筋及墙、顶、梁铝模板已施工完毕，提升器按照数量要求准备到位，方可进行叠合板后锚梁一次安装施工阶段。

7）设计原理及部件功能（见图 1～图 2）

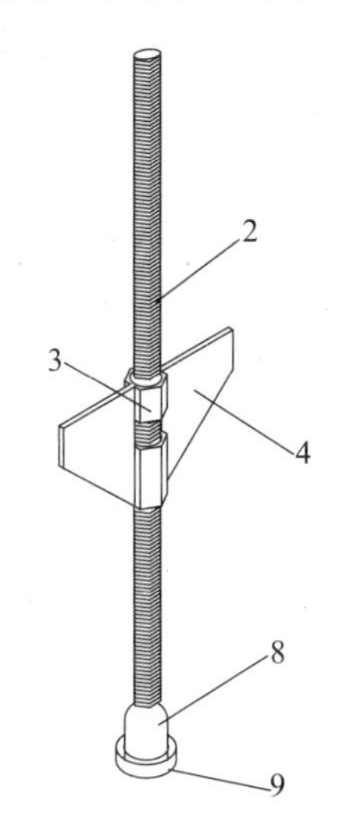

图 1　结构示意图

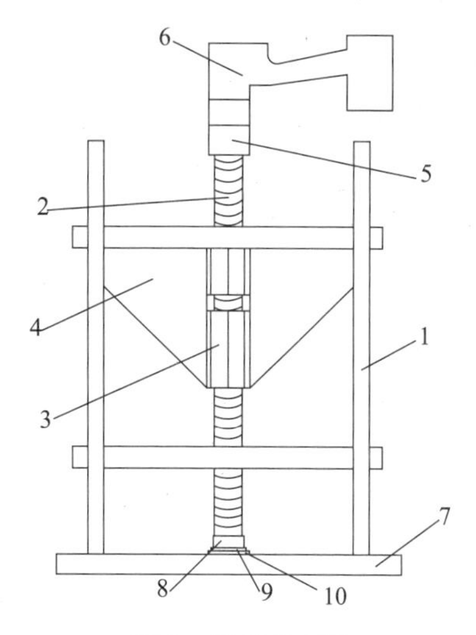

图 2　使用状态图

1—梁；2—连接杆；3—安装件；4—卡装板；5—连接件；
6—手枪钻；7—底部模板；8—定位内环；9—定位外环；10—橡胶垫

8）工具加工步骤

第一步：零部件准备，见图 3。

图 3　零部件

第二步：尺寸测量、焊接，见图 4～图 5。

图 4　尺寸测量

图 5　焊接

第三步：喷漆、制作完成，见图 6～图 7。

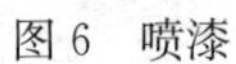
图6　喷漆

图7　成品

6. 工具操作步骤

第一步：当钢筋绑扎和模板安装完成后进行提升器安装，见图8～图10。

图8　旋转翼板，提升器放入梁内

图9　旋转翼板，撑起梁钢筋

(1) 箍筋安装时应考虑翼展宽度，在提升器放入点应保证翼展侧向可放入梁钢筋内；提升器放入点箍筋较密集时，应拆除扎丝，使箍筋可以左右活动，安装完成后，箍筋复位并绑扎牢固。

(2) 结构梁 $H \leqslant 500$mm，丝杆直径 $R \geqslant 16$mm；结构梁 $H > 500$mm，丝杆直径 $R \geqslant 18$mm（螺栓直径同丝杆直径）；丝杆长度$>2H$。

(3) 结构梁 $L \leqslant 3000$mm，应设置2道提升器；结构梁 $L > 3000$mm，距梁端一侧500mm开始设置提升器，分布间距不得大于1200mm。

图10　提升器安装完成

第二步：梁钢筋提升，见图11。

(1) 利用手电钻连接螺帽，正转提升梁钢筋。

(2) 当布置多个提升器时，应同步提升，保证梁钢筋及模板稳定性。

(3) 提升时，应观察梁钢筋是否偏移及变形。

图 11　梁钢筋提升

第三步：叠合板安装。安装时，不得对端支座锚筋反复弯折，不得破坏端支座锚筋。吊装时应平稳，不得利用塔吊强行移动叠合板，见图 12～图 15。

图 12　叠合板吊装

图 13　调整安装方向

图 14　叠合板端支座钢筋锚入梁钢筋

图 15　叠合板安装完成

第四步：梁钢筋下落。当设置多个提升器时，应同步下落，保证梁钢筋的起落平衡，钢筋下落前，应检查柱梁、墙梁锚固处，避免因结构损坏无法下落，见图 16～图 17。

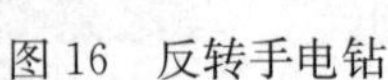

图 16　反转手电钻

图 17　落下梁钢筋

第五步：取出提升器。取出提升器后，应对放入点的箍筋进行复位安装。检查叠合板锚筋是否弯折，如有弯折应及时校正，见图 18～图 19。

图 18　旋转翼板，翼板与梁主筋平行取出提升器

图 19　检查叠合板锚筋是否弯折

7. 注意事项

（1）提升器展翼平行于梁纵向放入梁体模板内，展翼调整垂直于梁纵向面筋。

（2）提升器放入主体结构梁中，提升器底部应固定位置与梁底立杆保持垂直。

（3）提升器放入主体结构梁需展翼平行于梁纵筋，提升时梁面筋垂直于展翼，通过手电钻正旋转提升梁体。

（4）展翼宽度可根据梁宽决定，展翼宽度应为梁宽度－5cm，梁面筋通过自重固定于展翼上部，通过配套手电钻与提升器顶部六方螺母连接实现提升梁体的目的。

（5）提升器重复使用前，应检查提升器是否磨损，如发现丝扣、螺栓、轴承磨损，需及时更换配件重新焊接安装，保证提升器正常使用及施工安全。

（6）提升器底部需安装橡胶垫块，避免在提升过程中底部轴承旋转对底部模板的损坏。

（7）提升器支撑点位模板底部需支设立杆，即下部为模板支撑立杆。

8. 相关知识产权

（1）实用新型专利："一种叠合板主体结构梁成型钢筋笼用提升器"，专利号：ZL202220972756.2。
（2）企业级工法：叠合板后锚梁一次安装施工工法，工法编号：SWJQB-GF-202202。
（3）论文：《论叠合板后锚梁一次安装施工的方法》，《中国建筑知识仓库》2022年47期。

异形梁钢筋骨架提升装置操作技术

1. 概述

由于现代建筑发展迅速，复杂结构施工较以往更加常见，梁钢筋安装难度越来越大，目前施工现场大多采取钢管、木方等简单的临时支撑进行钢筋安装，传统施工方法使施工质量、施工进度、施工安全等方面无法得到保证，故研制大跨度异形梁钢筋骨架安放提升装置来改善这一施工问题。

2. 关键词

异形梁钢筋、钢筋梁绑扎、异形梁钢筋骨架安放提升装置。

3. 适用范围（适用场景）

（1）结构设计跨度较大梁钢筋安装。

（2）适用大跨度异形梁的范围：高度≤1200mm，宽度≤1000mm，长度视情况而定（一般使用时为两台装置即可，每台装置最大承重量为15kN，梁跨度增大或梁自重增加时，根据现场实际情况，根据梁的具体跨度及梁的自重情况增加装置数量和改变梁的吊点位置，从而增加所提升梁的跨度范围和承载范围，异形梁角度无要求）。

4. 创新点

该钢筋提升安放装置能够将钢筋梁提升放置于既定位置，然后开始安装底筋、腰筋等，梁钢筋安装完成后松开提升装置下降高度将钢筋梁放置于梁槽内。

5. 工具加工

1）主要材料、设备规格及参数

见表1。

表1　材料、设备规格及参数

设备加工材料			
序号	材料	规格	备注
1	方管	40mm×40mm	1左立杆、2右立杆、3左斜杆、4右斜杆、6第一横杆、7第二横杆、8第三横杆
2	提升装置	1.5T	18手拉葫芦
3	高强钢圆环	ϕ40mm	17挂环
4	防锈漆	银色	装置外表面
5	高强圆钢管	ϕ40mm	11套管
6	高强圆钢管	ϕ35mm	11套管
7	铰支座	80mm×80mm×8mm	5铰支座
8	吊带	ϕ10mm	21：ϕ10mm圆钢制成的铁链
9	钢插板	20mm×50mm×1000mm	21钢插板

2）设计加工、设计原理及部件功能

见图 1、图 2。

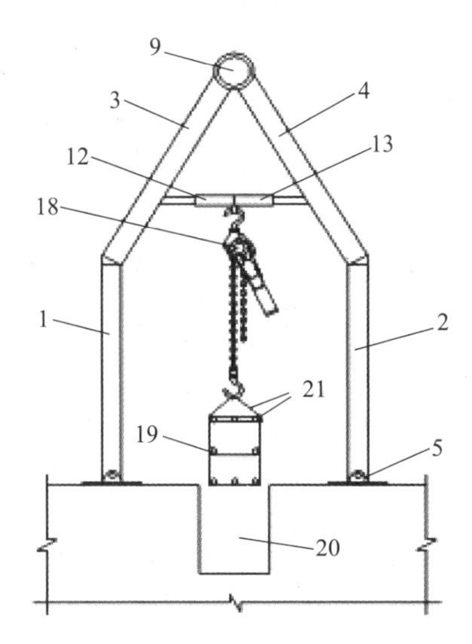

图 1　钢筋梁安放示意图

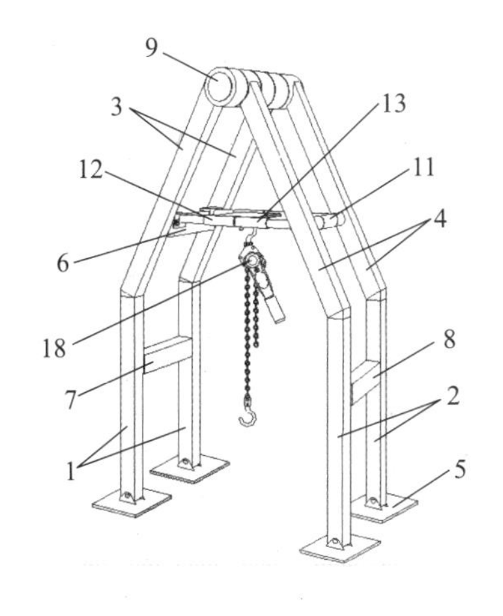

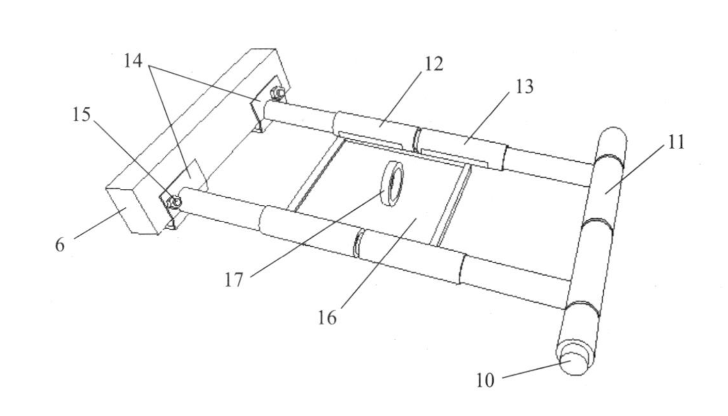

图 2　各部件名称示意图

1—左立杆；2—右立杆；3—左斜杆；4—右斜杆；5—铰支座；6—第一横杆；7—第二横杆；8—第三横杆；9—合页；10—固定轴；11—套管；12—第一伸缩杆；13—第二伸杆；14—卡板；15—螺栓；16—连接板；17—挂环；18—手拉葫芦；19—钢筋骨架；20—梁槽；21—吊带（铁链）及钢插板

3）工具加工步骤

第一步：使用 Revit 软件对梁钢筋安放提升装置进行深化设计，见图 3。

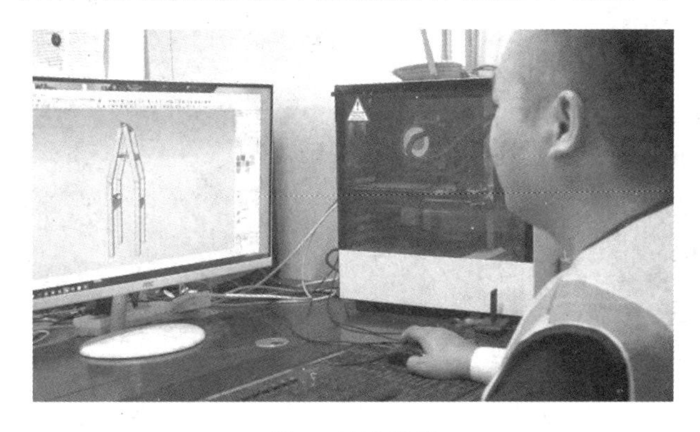

图 3　深化设计

第二步：画出CAD图，标明各部件名称、各部件序号，见图4。
第三步：明确装置各个节点工艺质量要求，见图5。

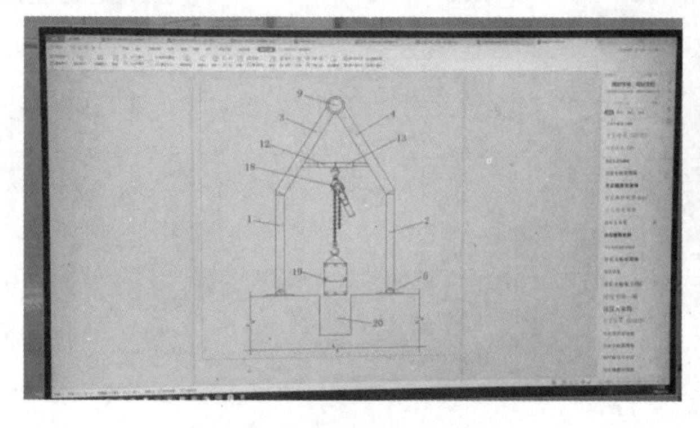

图4　标明各部件名称、序号

图5　明确各节点工艺质量要求

第四步：按照设计图纸工厂化统一加工，见图6～图7。

图6　统一加工

图7　工厂化统一加工

6. 工具操作步骤

第一步：先进行钢筋骨架安装，见图8。
第二步：将提升装置放在梁钢筋提升点，见图9。

图8　安装钢筋骨架

图9　将提升装置放在梁钢筋提升点

第三步：提升装置葫芦安装、钢筋挂钩，见图 10～图 11。

图 10　葫芦提升装置安装

图 11　钢筋挂钩安装

第四步：启动葫芦开始钢筋骨架提升，见图 12。

第五步：高度到达后底部具备操作空间开始安装钢筋，见图 13。

图 12　钢筋骨架提升

图 13　开始安装钢筋

第六步：钢筋安装完成、下降葫芦，见图 14～图 15。

图 14　完成钢筋安装

图 15　下降葫芦

7. 注意事项

（1）装置严格按照加工图纸加工制作，焊接符合规范标准。

（2）现场技术人员对钢筋梁安放装置荷载复核（单个装置最大荷载 15kN）。

（3）梁安装时高度小于 800mm 装置间距 3m，高度 800～1200mm 装置间距 2.5m，高度 1200～1500mm 装置间距 2m，高度 1500～2000mm 装置间距 1.5m。

（4）提升装置下部与模版接触点下垫 300mm×300mm×10mm 厚钢板。

8. 相关知识产权

（1）实用专利："一种钢筋骨架安放提升装置"，专利号：ZL202121304412.6。

（2）企业级工法：大跨度异形梁钢筋骨架安放提升装置施工工法，审批号：SJ12J-GF-006。

（3）论文：《大跨度异形梁钢筋骨架安放提升装置施工技术浅析》，《工程管理前沿》2022 年 8 期。

地脚螺栓新型定位工具操作技术

1. 概述

随着钢结构产业的迅速发展，地脚螺栓预埋的工作量随之增加，由于传统地脚螺栓预埋方法复杂、用工多、成本高、定位准确率低，影响工程质量和成本。为提高施工质量，降低施工成本，经过大量的调查和研究，多次实践，研制出一种地脚螺栓新型工具式定位器。

2. 关键词

地脚螺栓预埋、高精度控制、定位模具、可调节、万向调平、四方对准器。

3. 适用范围

本工具适用于多种环境下大型厂房、场馆钢结构柱，截面尺寸为 300mm×300mm～700mm×700mm，地脚螺栓规格为 M12～M24×900mm 的预埋定位施工。

4. 创新点

（1）利用镀锌钢板、方管等材料的构造及刚度特性，组装成一种地脚螺栓定位模具，模具上的套筒间距根据施工图纸设计参数确定。

（2）利用模具的特殊构造对地脚螺栓进行竖向和水平约束，使地脚螺栓的轴心间距、顶标高、垂直度质量均达到设计标准。模具结构简单，通过定位套筒位置的微调，有效地适应不同间距地脚螺栓定位需求，降低工程成本，便于重复利用。

5. 工具加工

1）主要材料、设备规格及参数

见表 1。

表 1　主要材料表

序号	构件名称	材料	规格	备注
1	定位钢板	镀锌钢板	3mm 厚	
2	保护套筒	镀锌钢管	内径 32mm，壁厚 2mm	
3	稳定支撑	镀锌方管	30mm×30mm	
4	固定螺母	地脚螺栓配套螺母		
5	瞄准器	镀锌方管	30mm×30mm	切割、焊接加工
6	调平器	万向水平泡	32mm×10mm	
		不锈钢调节支架	ϕ15～19 高度 55～100mm	

2）设计加工图

见图1。

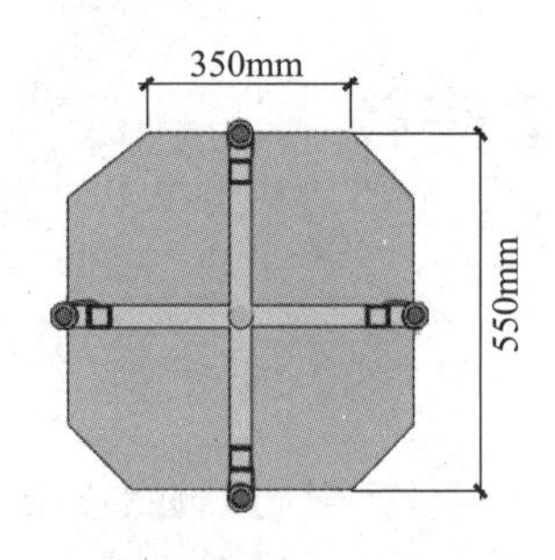

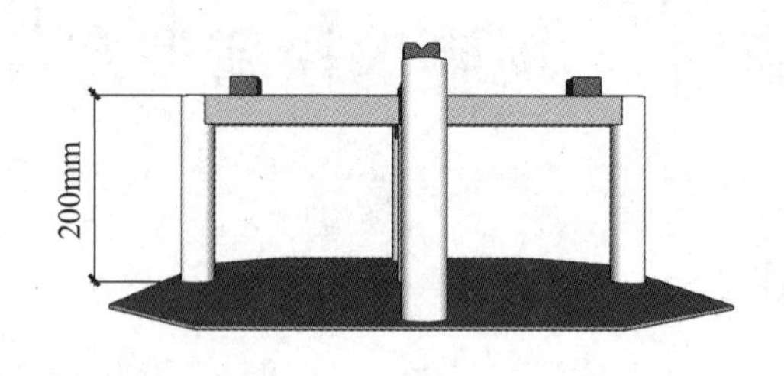

图1　设计图

3）设计原理及部件功能

地脚螺栓预埋定位模具，包括基板、支撑杆和多个定位机构，定位机构通过伸缩机构与支撑杆连接，定位机构和伸缩机构数量相同且一一对应；利用定位模具对地脚螺栓进行约束和保护，并保证精准定位，见图2～图3。

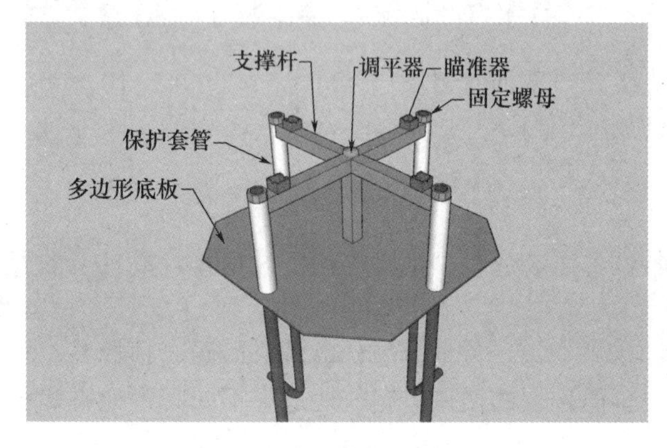

图2　地脚螺栓定位模具组成

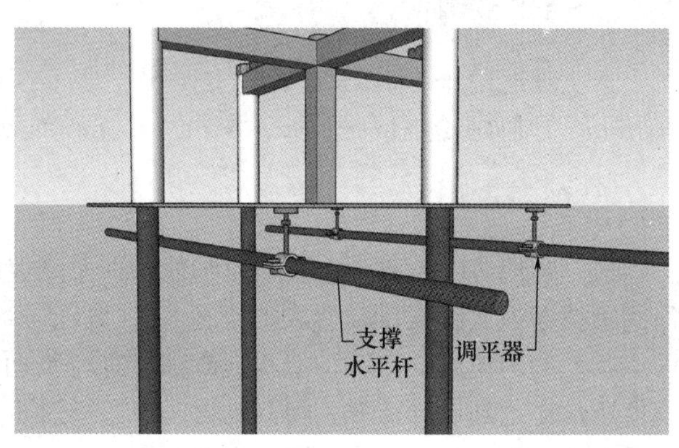

图3　设计原理及部件功能

4）工具加工步骤

见表2。

表2　工具加工步骤

序号	构件功能	构件名称	构件设计图
1	对多根地脚螺栓的水平位置按照图纸设计要求预先冲孔、定位	定位钢板	
2	保护地脚螺栓外露丝杆不受破坏，且保证地脚螺栓的垂直度	保护钢套管	
3	保证保护套管的垂直度及间距，且方便模具的拆卸	稳定支撑方管	

续表

序号	构件功能	构件名称	构件设计图
4	将地脚螺栓固定在模具上，确保多根地脚螺栓的顶标高一致，符合设计要求	模具固定螺母	
5	模具安装定位器	瞄准器	
6	模具安装过程中，对模具进行微调平，确保地脚螺栓丝杆外露长度及安装顶标高一致	调平器	

6. 工具操作步骤（描述具体）

第一步：地脚螺栓模具定位。利用两根线绳分别贯穿基础柱轴心位置（标高位于模具基座表面），线绳两端分别采用 1 根≥ϕ12 的钢筋固定，见图 4。

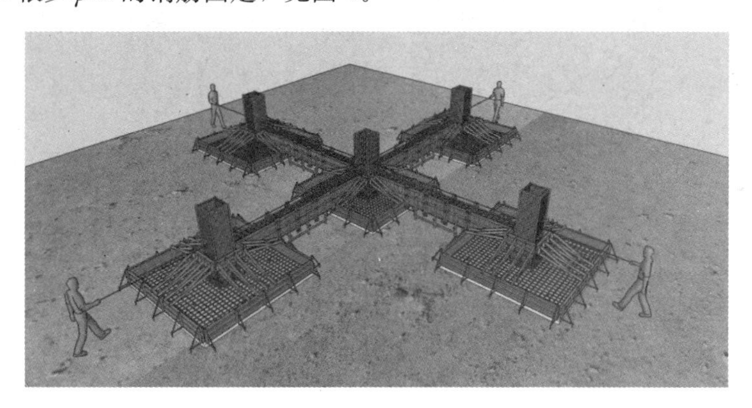

图 4　地脚螺栓模具定位

第二步：定位模具调平器安装。根据基础住截面尺寸，截取两根 ϕ14 的钢筋，平行固定在基础柱侧模板顶部，然后将三枚调平器呈现三角形固定于两根平行钢筋上，见图 5。

第三步：定位模具安装。将需预埋的地脚螺栓利用固定螺母分别固定在定位模具的保护套筒内，并微调固定螺母，保证地脚螺栓丝杆顶部标高一致，然后将定位模具放置在调平器上，见图 6。

图 5　定位模具调平器安装

图 6　定位模具安装

第四步：对定位模具进行精准调平。人工操作，参照定位模具中心的万向水平泡装置及定位线绳，对定位模具底部的三枚调平器进行微调，同时小范围移动定位模具基座，直至地脚螺栓预埋位置精准，顶部标高一致方可进行下步工序，见图7。

第五步：复核地脚螺栓预埋位置，固定地脚螺栓。经技术复核，地脚螺栓预埋位置准确无误后，采用焊接工艺，配合钢筋支架对地脚螺栓进行固定，见图8。

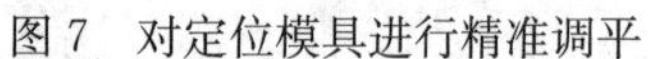

图7 对定位模具进行精准调平

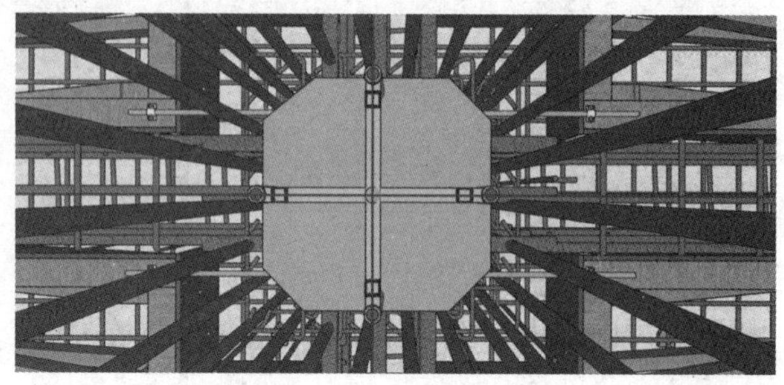

图8 固定地脚螺栓

第六步：定位模具拆卸。确认地脚螺栓固定牢固后，自上而下依次拆卸定位模具各个部件，拆卸过程中不得扰动地脚螺栓及四周钢筋，见图9。

第七步：复测成品预埋地脚螺栓定位偏差。在地脚螺栓定位完成后，进行基础柱混凝土浇筑，过程中安排专人监督，施工完成后，混凝土达到终凝强度后，复测地脚螺栓定位偏差，见图10。

图9 定位模具拆卸

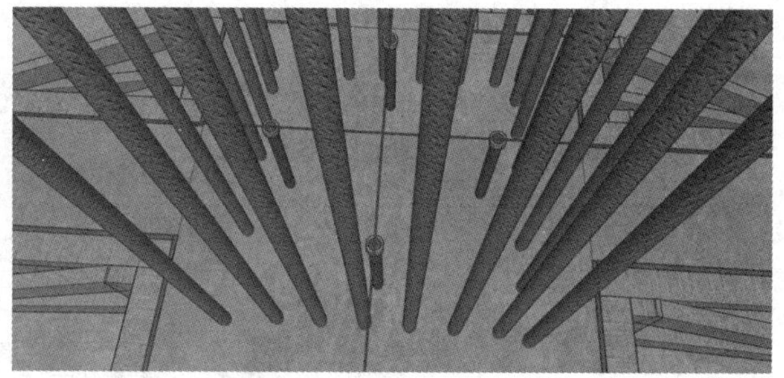

图10 复测成品预埋地脚螺栓定位偏差

7. 注意事项

（1）定位模具加工采用专业工厂化机械加工。

（2）定位模具加工材料进场均需提供合格证书及检验合格报告等质量证明文件。

（3）定位模具选材参数严格按照设计数据选用，超规格使用可能会造成定位效果不佳及操作不便等情况。

8. 相关知识产权

（1）国家实用新型专利：“一种地脚螺栓预埋定位模具”，专利号：ZL202220456087.3。

（2）企业级工法：高精度钢结构柱网地脚螺栓预埋施工工法，编号：陕建五〔2022〕60号。

吊篮新型支架安装操作技术

1. 概述

屋面结构复杂多变，对吊篮安装易产生不利影响，为解决这一问题，通过制作一种新型支架，改变传统吊篮安装方式，从而满足吊篮安装环境的多样性，保证吊篮在复杂环境安装的安全性及可靠性。

2. 关键词

吊篮、定型化支架、复杂屋面结构。

3. 适用范围（适用场景）

适用于工业和民用建筑中，存在吊篮安装困难的工程项目；且新型支架的设计高度≤0.8m。

4. 创新点

新型支架与传统固定方式相比具有以下特点：所用材料来源广泛、价格低廉；工艺简单，安装方便，节约人力，提高工效，降低安装成本；可多次周转使用；提高吊篮在复杂环境安装的安全性要求。

5. 工具加工

1）主要材料、设备规格及参数

见表1。

表1　主要材料统计表

序号	材料名称	规格（mm）	备注
1	槽钢	U90×5　*L*250	
2	方钢	*L*根据实际调整　80×80×4	
3	钢板（底座）	200×200×10	
4	钢板（加腋）	50×50×10	
5	膨胀螺丝	M14/125	
6	固定螺栓	M16	

2）设计加工图

见图1。

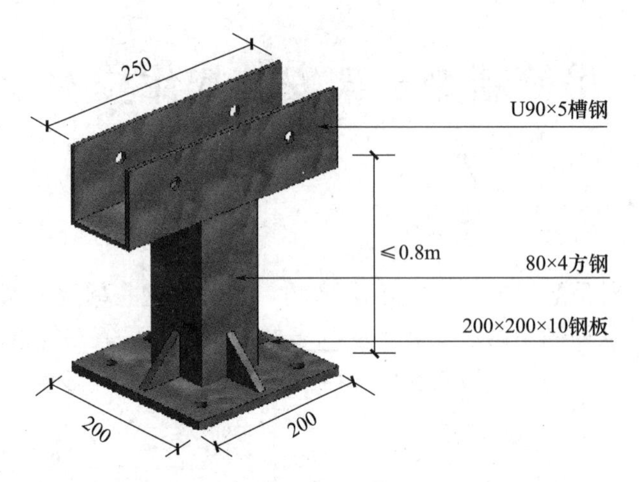

图1　设计加工图（单位：mm）

3）设计原理及部件功能

采用U90mm×5mm槽钢、80mm×4mm方钢、200mm×200mm×10mm钢板（底座）、200mm×200mm×10mm钢板（加腋）制作，见图2。焊接时要事先在底板上定位放线，首先将钢板（底座）与方钢焊接；其次再将钢板（加腋）焊接在方钢与钢板（底座）连接处的四周；最后将槽钢与方钢顶部进行焊接。要求支座高度偏差、斜度偏差、中心偏移偏差满足规范要求。

图2　所需材料示意图

4）工具加工步骤

第一步：方钢与钢板（底座）焊接，见图3。

第二步：在方钢与钢板（底座）连接四周焊接钢板（加腋），见图4。

图3　方钢与钢板（底座）焊接示意图

图4　焊接钢板（加腋）示意图

第三步：将槽钢与方钢顶部焊接，见图 5。

第四步：涂刷防锈漆，见图 6。

图 5　槽钢与方钢顶部焊接示意图

图 6　涂刷防锈漆

第五步：新型支架焊接样品，见图 7。

图 7　新型支架焊接样品

6. 工具操作步骤

第一步：项目技术负责人组织相关技术人员和作业班组认真学习施工方案，并由专业工长向作业班组作书面交底和岗前培训，见图 8。

第二步：先进行新型支架安装，根据深化图纸在相应的结构梁位置进行放线定位，确定新型支架安装位置，见图 9。

图 8　现场施工交底

图 9　测量放线

第三步：根据支架编号在相应的结构梁位置采用 M14×125 膨胀螺丝进行固定，见图 10～图 11。

图 10　打孔

图 11　安装支架

第四步：固定完成后采用力矩扳手进行检查，符合要求后进行下一道安装工序，见图 12～图 13。

图 12　支架固定

图 13　检查

第五步：采用 M16×150 螺栓将吊篮前梁与新型支架进行组装，见图 14。

第六步：安装完成后，对吊篮及新型支架进行验收，合格后开始吊篮外墙作业，见图 15。

图 14　与吊篮前梁进行组装

图 15　组装完成效果

7. 注意事项

1）新型支架制作操作要点及注意事项

检查电焊设备：电焊设备使用前必须进行仔细检查，电焊机必须完好，外观无变形，部件完整，螺栓紧固；电流调节装置灵活可靠、调节准确；焊机电源缆线及焊把线其外皮必须完好无受伤、无破损，且绝缘电阻不小于 10MΩ；电焊机把线及焊钳应保证连接可靠，并保证焊把绝缘部分对焊把芯线绝缘电阻不小于 0.5MΩ；达不到上述要求不得使用。

作业人员准备：经过培训考试合格并持证上岗，备齐防护用品，作业人员必须携带防护眼镜或面罩、脚罩、电焊手套和灭火器材等防护用品。

2）新型支架安装操作要点及注意事项

作业人员准备：支架均安装在女儿墙、花架梁等临边及高空作业位置，作业前必须进行安全技术交底，确保劳保用品配备到位。

施工机具检查：所用电工工具必须进行仔细检查，电源缆线及焊把线其外皮必须完好无受伤、无破损，工具运转正常。

3）使用过程中安全保证措施

操作规范：吊篮操作工人应该按高处作业使用说明书规范操作。正确安装吊篮（长 1.5～5m）和悬挂支架（吊杆伸出长度根据施工现场实际需要调整）。

严格遵守载荷规定：施工过程中承载重量不得超过安全承载重量，施工中吊篮内荷载应尽量保持均匀，严禁将吊篮用作起重运输和进行频繁提升运行。如果按照工程实际荷载需求，超过了额定的荷载，应适当减少施工工程中的一次性荷载，可分由 2 次或多次操作，该吊篮每天由吊篮公司现场负责人检查维护。

禁止在恶劣天气下操作，预测有大风（10 分钟的平均风速为 8.3m/s 以上）、大雨（阵雨降雨量为 5.0mm 以上）、大雾等恶劣天气情况下要停止操作，如果在恶劣天气下进行操作，容易引发重大事故。

定期对新型支架进行专项检查，对固定的膨胀螺丝及螺栓定期进行加固及检查，确保支架工作正常。

8. 相关知识产权

（1）实用新型专利："一种吊篮安装用定型化支架"，专利号：ZL202020760506.5。

（2）企业级工法：吊篮新型定型化支架安装施工工法，工法编号：SWJQB-GFF-202208。

结构梁可调节加固木模板操作技术

1. 概述

混凝土结构梁施工易存在涨模、变形等质量通病，特别易出现顺剪力墙方向梁模板加固耗时长、接缝不平整等问题。根据以往施工经验并结合木模板施工的特点，采用工具式结构梁加固体系解决梁模板加固耗时长、平整度差等问题，提高混凝土结构梁的质量及观感效果，同时实现加固体系的快速周转。

2. 关键词

可调节模具、梁模板。

3. 适用范围（适用场景）

本技术适用于梁腹高小于600mm、宽度小于350mm且模板采用木模板（塑料模板）的结构梁施工。

4. 创新点

（1）模具可调节：加固位置灵活多变，通过调节花篮螺栓，可实现模具宽度调节；调节通丝螺杆的高度，实现模具高度调节。

（2）安装拆卸便捷：工厂集中加工，配件少，施工工具不受位置限制，安装拆卸便捷。

（3）质量标准提高：采用工具式加固模具，结构梁加固时模板免开螺杆孔，外围结构梁避免因螺杆孔封堵质量引起的渗漏隐患。

（4）减少成本投入：模具一次性加工，周转使用，提高加固效率，同时减少人工投入。

5. 工具加工

1）主要材料规格及参数

见表1。

表1 主要材料表

序号	材料名称	规格型号	尺寸
1	方钢	30mm×30mm×2mm	900mm
2	花篮螺栓	M12	/
3	通丝螺杆	ϕ14	800mm
4	螺母	M14	/
5	防锈漆	/	/

2）设计加工图

见图1。

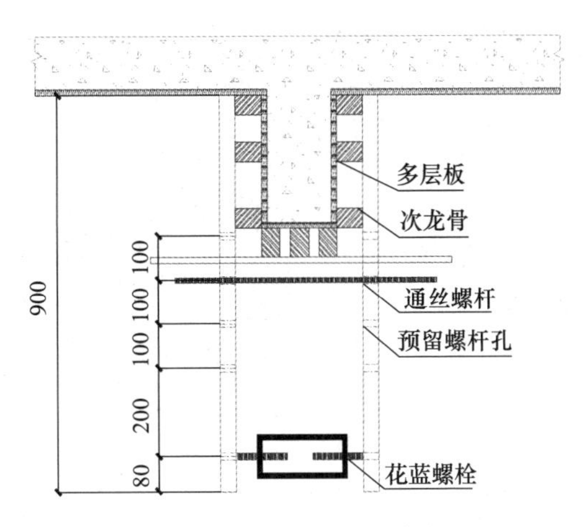

图 1　梁夹具尺寸示意图（单位：mm）

3）设计原理及部件功能

模具由方钢、花篮螺栓、通丝螺杆等材料组成。通过调节花篮螺栓实现模具宽度调整，调节通丝螺杆高度实现满足不同梁腹高加固要求，花篮螺栓提供的水平支撑力与通丝螺杆水平提供的压力二力平衡，方钢可均匀作用力于结构梁次龙骨，达到加固效果，见图 2～图 3。

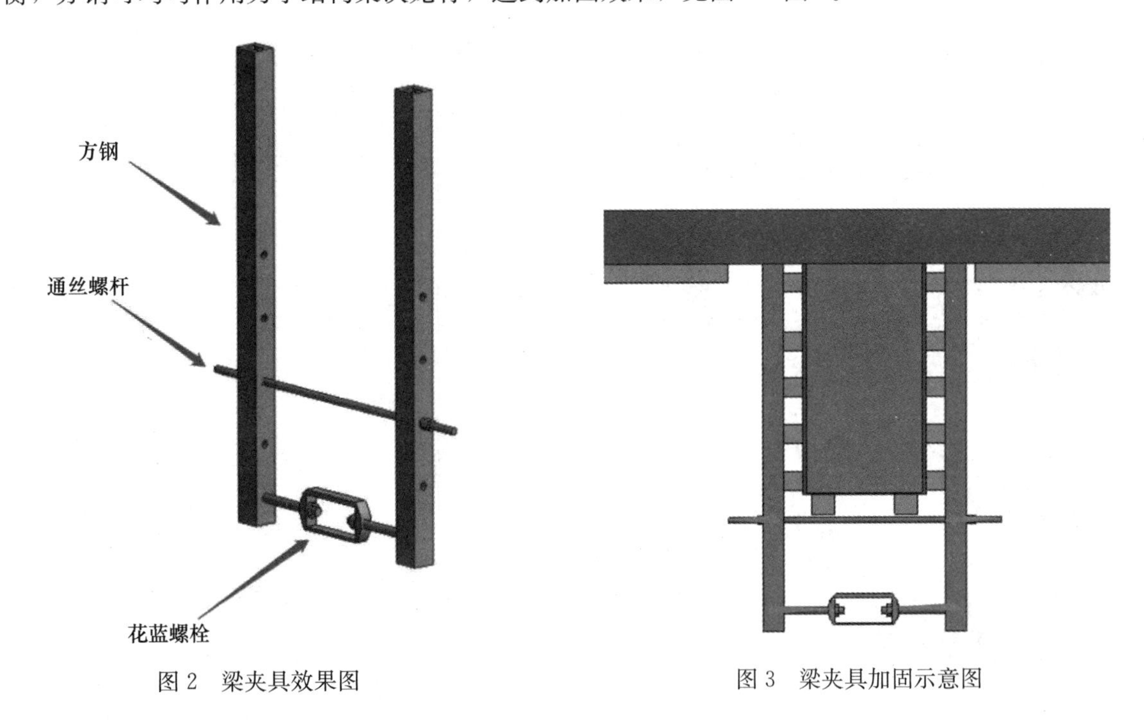

图 2　梁夹具效果图

图 3　梁夹具加固示意图

4）工具加工步骤

第一步：根据结构梁截面确定加固模具的尺寸，为避免模具受力不均匀发生变形，经验算采用壁厚 2.0mm 方钢，方钢长度 900mm 距离底部 80mm 居中预留 $\phi16$ 的螺杆孔，底二排预留孔与第一排预留孔间距 200mm，其余预留孔与孔间距 100mm，预留 3 排，见图 4。

第二步：选择 M12 花篮螺栓，收缩长度 260mm，伸长长度 500mm，结构梁加固模具宽度＝梁宽度＋2×（模板厚度＋龙骨厚度），见图 5。

第三步：花篮螺栓焊接于方钢底部预留螺杆孔内，预留孔距方钢底部 80mm，穿入通丝螺杆，可调整两侧方钢相互平行，模具加工完成，见图 6。

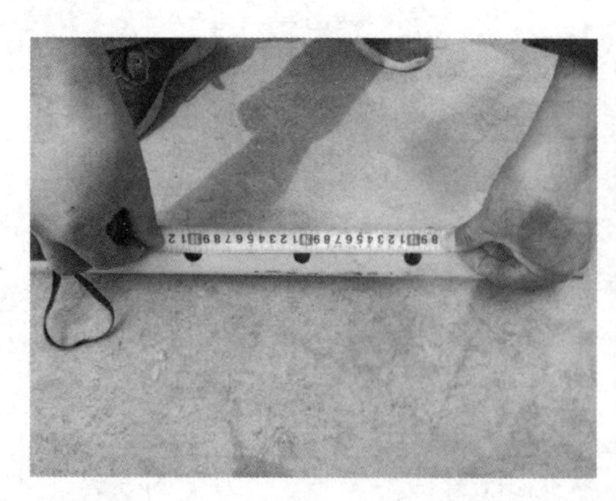
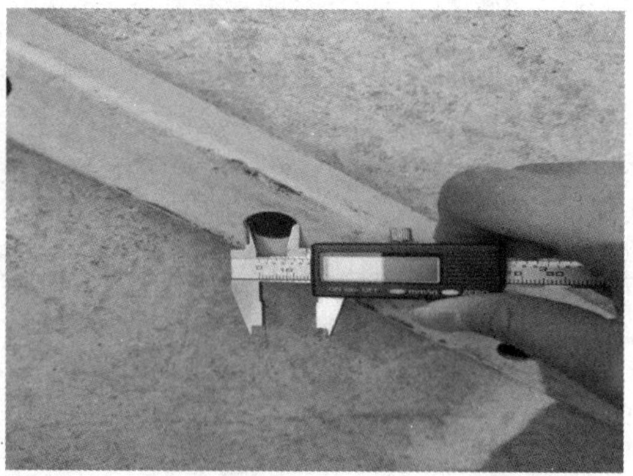

图 4　量尺加工

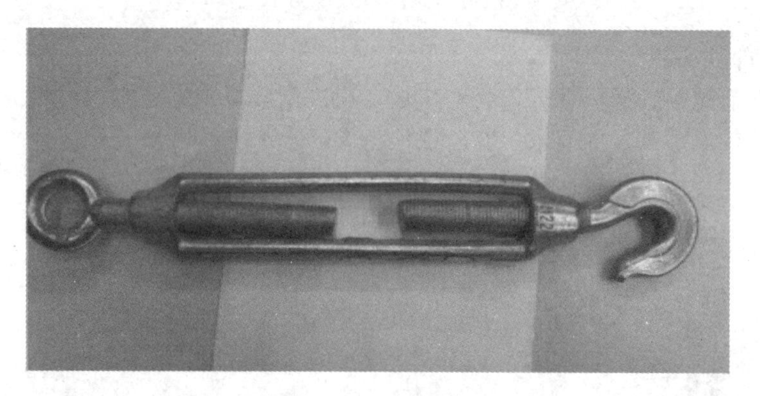

图 5　花篮螺栓

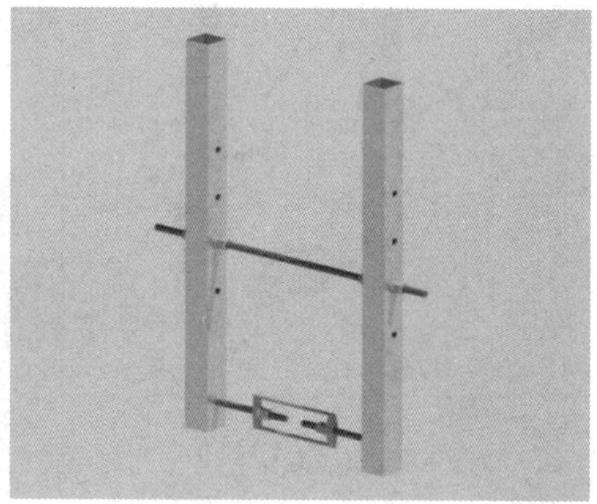

图 6　焊接固定

6. 工具操作步骤

第一步：梁加固模具宽度调整。根据梁截面宽度调整花篮螺栓，模具宽度＝梁宽度＋2×（模板厚度＋龙骨厚度），例如：梁宽为 200mm 时，模具调整宽度＝200＋2×（13＋65）＝356（mm），见图 7。

第二步：梁加固模具高度调整。根据结构梁腹高调节通丝螺杆位置，模具底端到第三排预留孔距离为 420mm，可满足梁腹高小于 400mm 的结构梁；通丝螺杆穿过第二排螺杆孔时，满足梁腹高小于 500mm 的结构梁；通丝螺杆穿过第一排螺杆孔时，满足梁腹高小于 600mm 的结构梁。

第三步：梁加固模具使用间距。根据受力分析及相关规范要求，模具加固间距不宜大于450mm，见图8。

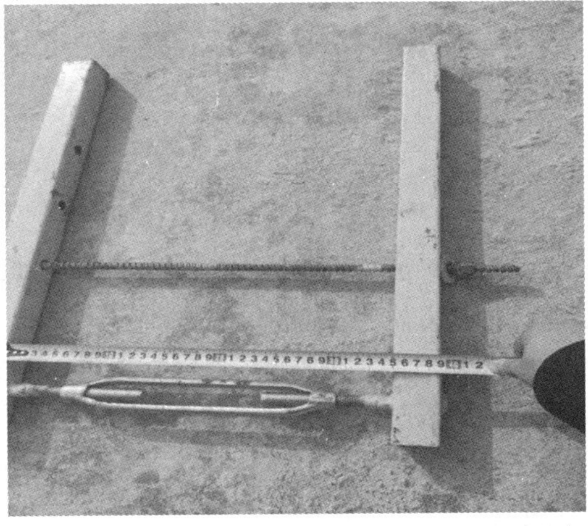

图7　宽度可调结构梁加固模具

图8　实施效果图

7. 注意事项

浇筑混凝土前须全数检查模具安装间距，检查模具安装是否可靠，浇筑时跟踪复查，发现有异常及时组织整改。

8. 相关知识产权

实用新型专利："一种具有可调节结构梁加固"，专利号：ZL202122244650.9。

新型钢筋桁架楼承板吊装工具操作技术

1. 概述

近年来我国装配式建筑快速发展，钢筋桁架楼承板已经实现工厂化及规模化生产，综合造价优势明显，是建筑材料发展的新方向。但在钢筋桁架楼承板吊装过程中并无标准的吊装方式，导致吊装过程时间长、变形概率大，需要现场修复，严重影响施工进度、质量、安全及成本。鉴于此，通过设计新型钢筋桁架楼承板吊具，保证吊装安全，缩短吊装时间，减少吊装过程出现的质量问题，提高结构成型质量，降低成本。

2. 关键词

吊具、钢筋桁架楼承板。

3. 适用范围

本吊具适用于施工现场场内已有塔吊或吊车且使用钢筋桁架楼承板的工程项目。

4. 创新点

（1）通过中间穿入刚性材料，将吊装带作为挡板来限制钢筋桁架楼承板吊装过程的位移，从而保证吊装过程的安全和质量。

（2）使用刚性材料（槽钢及钢板分别穿入底层及顶层的钢筋桁架内，再使用吊装带吊装）减少钢筋桁架楼承板吊装过程中损坏、变形问题。

5. 工具加工

1）主要材料、设备规格及参数

设备：圆盘锯、角磨机、开孔器、其他零星材料。

材料：2条吊装带（吊装带选型需满足吊装荷载），2根槽钢（槽钢选型需满足吊装荷载及钢筋桁架穿入空间，同时槽钢的腿宽需满足后期开孔直径），2块5mm厚钢板，4个卸扣（卸扣选型需满足吊装荷载）。

2）设计加工图

见图1～图5。

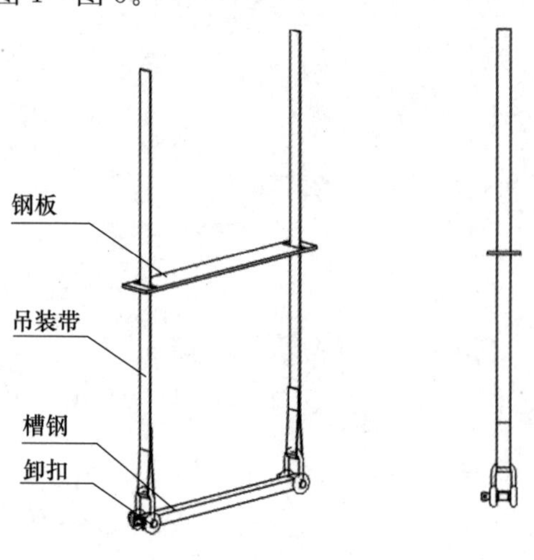

图1　新型吊具组装示意图

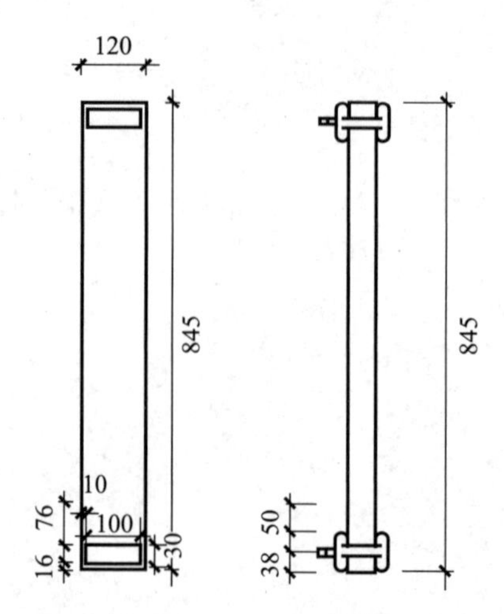

图2　新型吊具加工示意图（单位：mm）

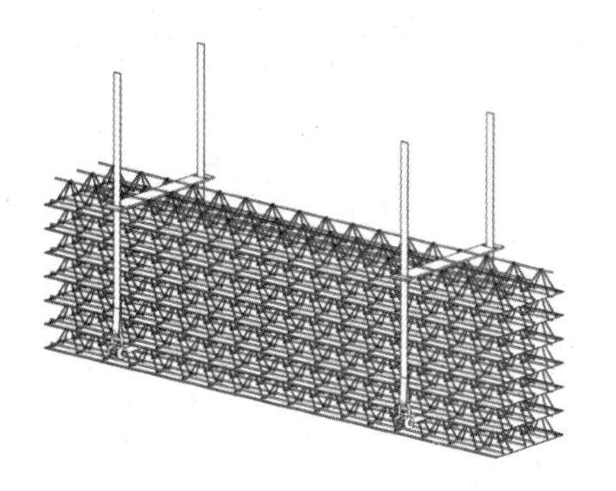

图 3　新型吊具三维安装示意图

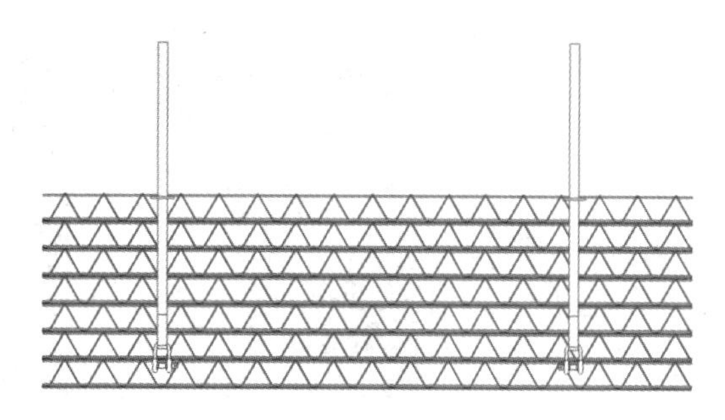

图 4　新型吊具立面安装示意图

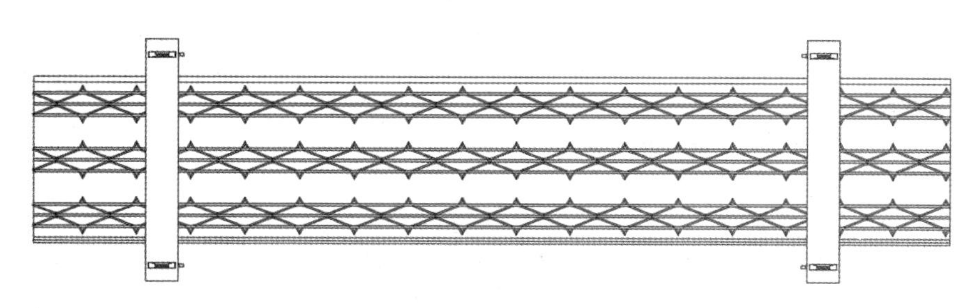

图 5　新型吊具平面安装示意图

3）设计原理及部件功能

见图 6～图 7。

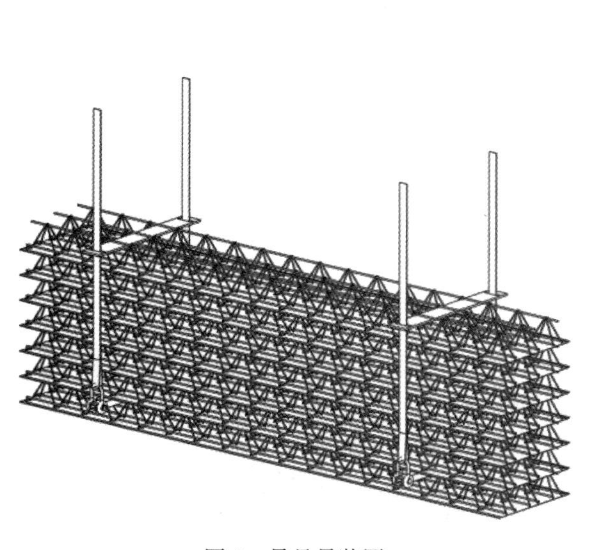

图 6　吊具吊装图

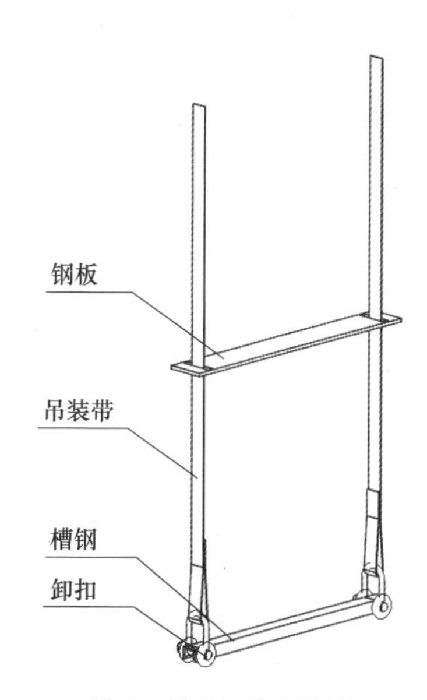

图 7　吊具整体安装图

4）工具加工步骤

第一步：准备 2 块槽钢及 2 块钢板，切割长度均 850mm；钢板宽度 120mm，两端使用角磨机预留 30mm×100mm 开孔，用于吊装带穿入，结束后对槽钢、钢板进行验收，见图 8～图 10。

图 8　原材料准备图

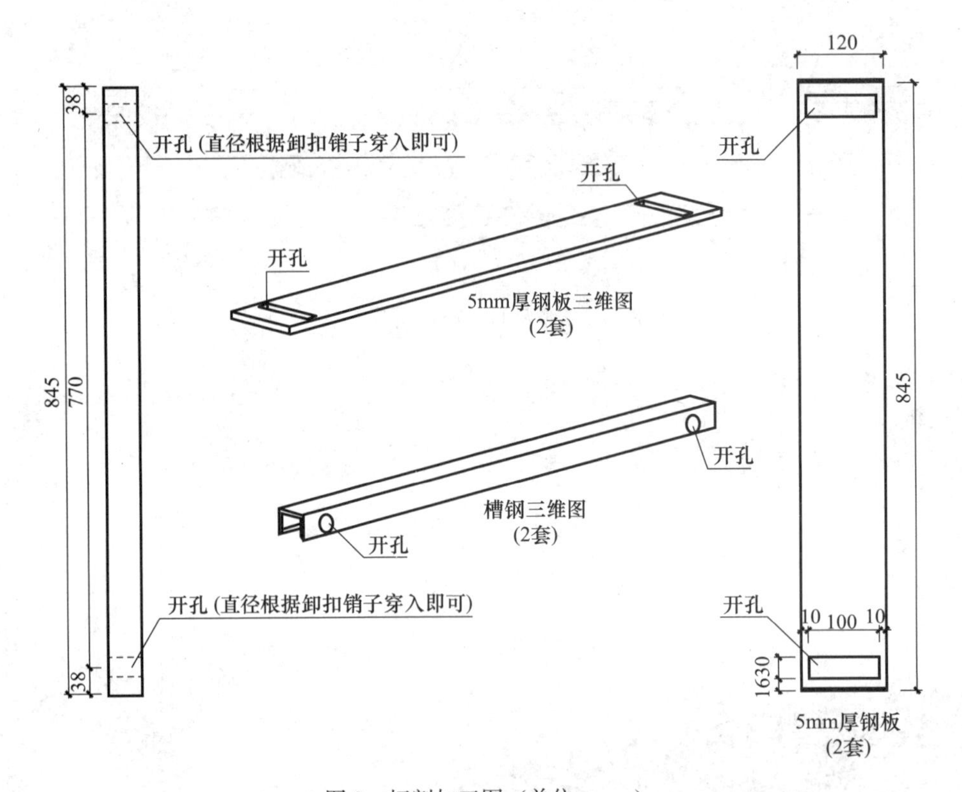

图 9　切割加工图（单位：mm）

图 10　成型效果图

第二步：槽钢两端的两侧使用开孔器按图纸钻孔，检查开孔尺寸（尺寸需满足卸扣的销子穿入）；将卸扣穿入孔洞内，安装完成后检查连接是否紧固牢靠，合格率100%且进行验收，见图11～图12。

图11　卸扣安装图

图12　检查验收图

第三步：使用吊装带将带有卸扣的槽钢及钢板组装，组装完成后复检，确保各配件连接紧密，复检后进行试吊装，见图13～图15。

图13　整体组装图

图14　检查验收图

图15　试吊装图

6. 工具操作步骤

安装流程：

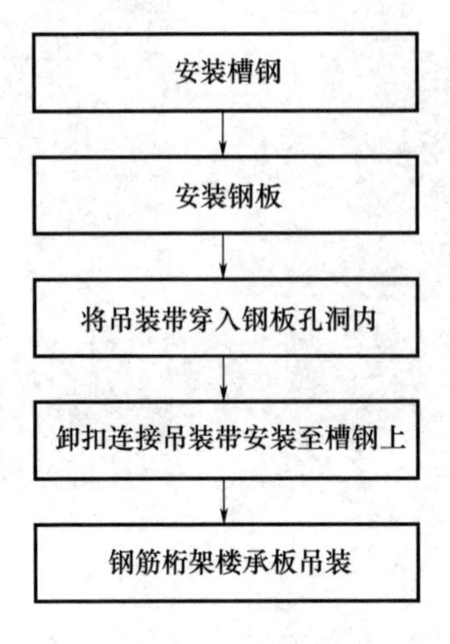

拆除流程：

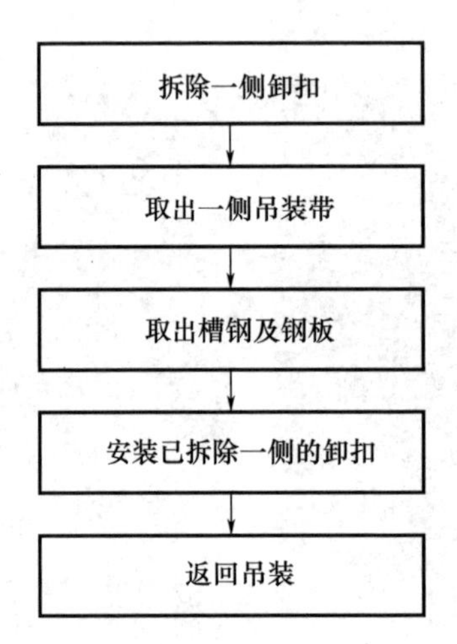

7. 注意事项

（1）材料选择：本吊具的槽钢、吊装带、钢板、卸扣的形状、荷载、承重等各项影响因素决定了吊具的安全性、操作时间、操作难度等一系列问题，须严格考究。如：①因钢筋桁架楼承板规格不一致所对应钢筋桁架所能够穿入槽钢的空间也不一致。②槽钢的选择需满足吊装荷载。③槽钢的腿宽尺寸需满足后期开洞。所以槽钢的选择为重中之重。

（2）加工难度：因槽钢及钢板需要开洞，开洞尺寸和位置需要严格控制，需要工人有较强的操作能力。

（3）操作难度：因钢筋桁架楼承板宽度一致但长度不一致，吊装过程考虑到安全环境，槽钢及钢板的穿入位置宜根据规格尺寸计算吊点位置。

8. 相关知识产权

（1）实用新型专利：《一种钢筋架楼承板吊具》，专利号：2022235959930。

（2）QC 成果省级 1 类：研制一种新型钢筋桁架楼承板吊具，编号：2022020141。

（3）论文：《钢筋桁架楼承板吊具设计与应用》，《工程管理前沿》2023 年 6 期。

砌体暗埋箱预埋固定支架操作技术

1. 概述

随着我国建筑工程的发展，填充墙的砌筑尤其是在户内多媒体箱、配电箱预埋过程中逐渐暴露出一定的问题，包括砌体开槽对整体砌筑的破坏、箱体埋设后修补不到位等，不仅会直接影响填充墙砌体的整体性，甚至还存在安全和质量隐患，本文主要介绍一种暗埋箱位置提前固定的埋设辅助工具的技术研究。

2. 关键词

砌体、暗埋箱、固定支架。

3. 适用范围

本工具适用于施工开槽难度大或质量要求高的住宅楼砌体结构。

4. 创新点

通过固定架在砌体砌筑前将暗埋箱位置提前固定，确保不因砌筑而移位，有效提高施工质量。其次，可以重复周转使用，操作简便，节约人工。另外，暗埋箱在砌筑前安装就位，砌体施工阶段一次砌筑成型，减少二次修补量，降低废料产生。

5. 工具加工

1）主要材料、设备规格及参数

箱体固定支架必须拆装灵活、施工便捷，能够将暗埋箱上下、左右、前后方向自由调节，主要包括支架的竖向支撑体系、横向加固体系以及横竖向支架的连接等。

竖向支架采用双方钢管（30mm×3 mm），相互固定、焊接较为简单，与横向支架贴合紧密，固定简单、方便，容易实施。

横向支架采用扁钢（30mm 宽、3mm 厚扁钢加工，涂刷防锈漆），打孔安装，操作简便，固定简单、方便，容易实施，操作性强。

支架连接采用螺栓固定（选用长 50mm、直径 8mm 螺栓与螺母固定），操作简便，拆装方便，且可在支架固定完成后进行垂直方向和水平方向调整暗埋箱定位，实用性强。

2）设计加工图

见图 1。

3）设计原理及部件功能

见图 2。

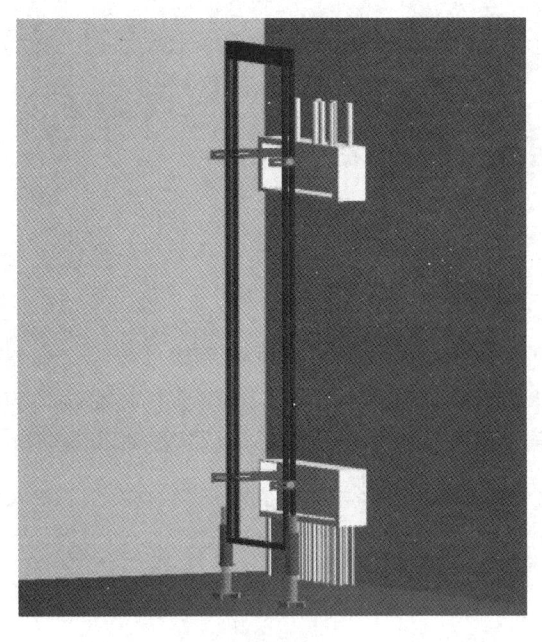

图1　设计加工图

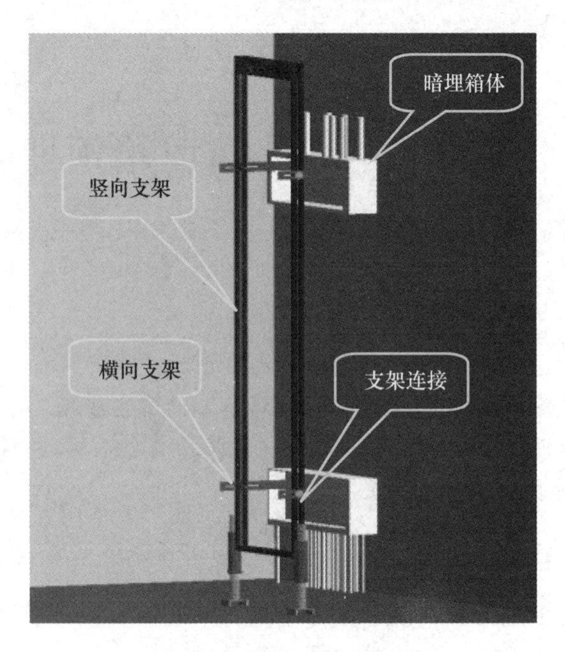

图2　设计原理及部件功能

双方钢竖向支架：螺栓固定操作简便，拆装方便，可在支架固定完成后进行垂直方向调整暗埋箱定位。确保支架在砌筑阶段稳固牢靠、重复使用，适用多种层高。

扁钢横向支架：支架定位后调节暗埋箱高度，二次调节暗埋箱位置并固定，确保砌体砌筑阶段箱体不发生偏移，砌筑完成后合格率高。

螺栓固定连接系统：有效连接横竖向支架，确保在螺栓紧固后支架不发生偏移。

4）工具加工步骤

第一步：竖向支架方管高度加工为2.65m（计算公式：竖向支架方管高度＝结构层高－上部自由高度－下部顶托高度－下部垫板厚度），可适用2.9～3.1m的住宅楼层高，在下部支架侧面焊接两个ϕ40mm钢管，固定下部可调顶托，顶托下部用方木垫实确保高度调节，双钢管间预留10mm空隙，固定横向支架，见图3～图8。

图3　方钢切割

图4　方钢焊接

图5　竖向双方钢成型

图 6 支架顶部焊接

图 7 支架底部焊接

图 8 支架体系

第二步：横向支架采用扁钢定型切割和弯折，机械台钻对扁钢进行整体打孔和深加工，加工成 L 形，长边与竖向支架固定，短边采用自攻螺钉与暗埋箱固定。扁钢中间开 10mm 横向槽实现水平调节功能，按照砌体线将暗埋箱固定，确保不发生偏移，见图 9～图 10。

图 9 横向支架台钻开槽

图 10 L 形横向支架

第三步：竖向、横向支架固定时，螺栓背面增加一道钢制垫片，确保连接紧固，见图 11～图 12。

图 11　螺栓连接系统

图 12　横竖向支架螺栓固定

6. 工具操作步骤

第一步：定位放线。现场施工过程中首先进行砌体及暗埋箱定位放线，确定砌体位置、暗埋箱体高度及出墙尺寸，见图 13。

第二步：竖向支架安装。竖向支架底部采用可调顶托支撑，顶托下部用方木在结构板面上垫实，支架上部水平贴合结构板底部，确保竖向支架稳固、不偏移，见图 14～图 15。

图 13　定位放线

图 14　支架底部安装

图 15　支架顶部安装

第三步：横向支架安装。根据楼内水平控制线调节横向支架高度，并将箱体与横向支架固定，确保箱体标高及定位准确，见图 16～图 17。

图 16　水平支架固定

图 17　箱体固定

第四步：现场实施效果。通过采用固定架固定箱体进行砌体砌筑，并对室内暗埋箱施工质量进行检查，在砌体砌筑后分别进行平整度、垂直度及出墙距离检查，见图 18。

图 18　现场实施效果

7. 注意事项

（1）方管高度加工计算公式：竖向支架方管高度＝结构层高－上部自由高度－下部顶托高度－下部垫板厚度。

（2）横向支架加工成 L 形，长边与竖向支架固定，短边采用自攻螺钉与暗埋箱固定牢固，扁钢中间开 10mm 横向槽实现水平调节功能。

（3）竖向、横向支架固定就位后，螺栓背面增加一道钢制垫片，确保连接紧固。

8. 相关知识产权

2019 年陕西省工程建设质量管理小组活动一等奖。

工具式弧形过梁模板操作技术

1. 概述

将传统的木模板扣件脚手架支撑体系优化为定型化模具顶部可折叠、底部免支撑体系，通过定型化模具使弧形过梁的弧长、弦长、拱高等规格尺寸满足设计要求，有效减少钢管脚手架搭设周期及弧形木模板配模质量存在的不可控因素，该工具主要适用于拱形窗过梁施工。

2. 关键词

工具式、弧形过梁模板、砌筑工程。

3. 适用范围

本技术适用于多层、高层的砌体结构工程中弧形过梁施工。

4. 创新点

（1）使用定型化模具较传统木模观感质量更好，新模具底部可免支撑，能达到节约材料的效果。

（2）模具可多次周转，重复利用。

（3）模具顶部可折叠，便于拆模，提高施工人员施工效率。

5. 工具加工

1）主要材料、设备规格及参数

见表1～表2。

表1 主要材料参数

序号	材料名称	规 格	下料尺寸	数量
1	镀锌方管	40mm×20mm×2mm	3027mm（弧形）	2
			90mm（焊接）	8
2	圆 管	$\phi40$	710mm	2
3	镀锌铁皮	3027mm×170mm×1.5mm	3027mm	1
4	丝 杠	/	实心 32mm×500mm	1
5	轴 销	/	/	1
6	净面多层板	1220mm×2440mm	1900mm×1220mm	2
7	木 方	2000mm×70mm×40mm	1800mm、600mm	4
8	步步紧	600mm	/	8

注：此下料尺寸以1个直径1800mm的弧形过梁为例。

表2 工具设备应用表

序号	名称	规格	单位	数量
1	电焊机	220V	台	1
2	焊条	2.5mm	盒	2
3	外六角自攻螺丝	M4.8×19	支	20

续表

序号	名称	规格	单位	数量
4	大扁头自攻螺丝	4.2mm×13mm	支	34
5	五线仪	/	台	1
6	墨斗	/	个	1
7	钢卷尺	5m	把	1
8	手枪钻	25V	台	1

2）设计加工图

见图1～图3。

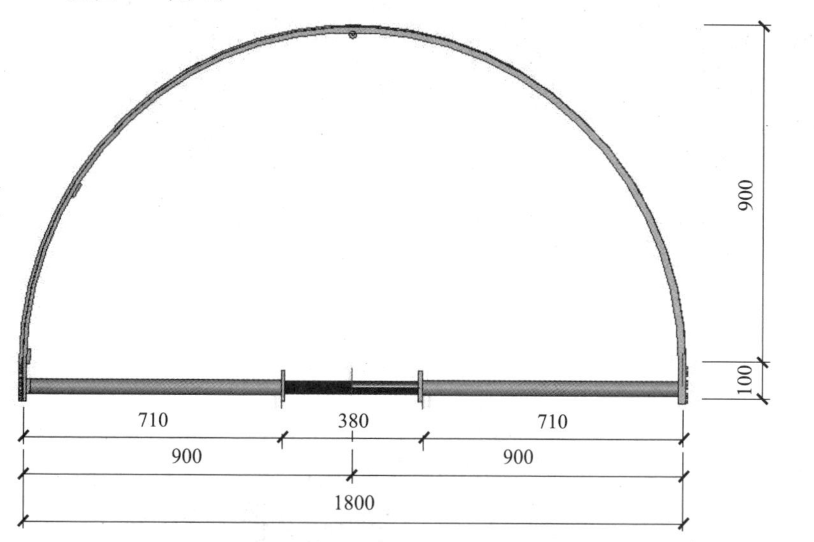

图1　主视图（单位：mm）

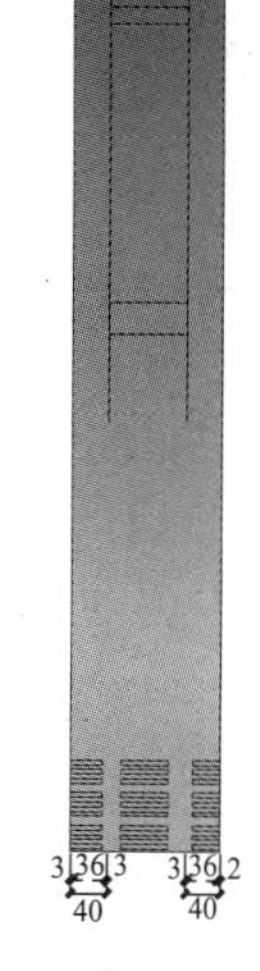

图2　侧视图（单位：mm）

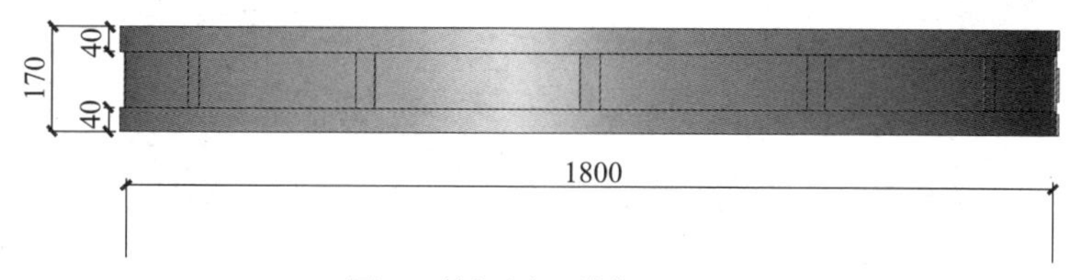

图3　俯视图（单位：mm）

3）设计原理及部件功能

见图4。

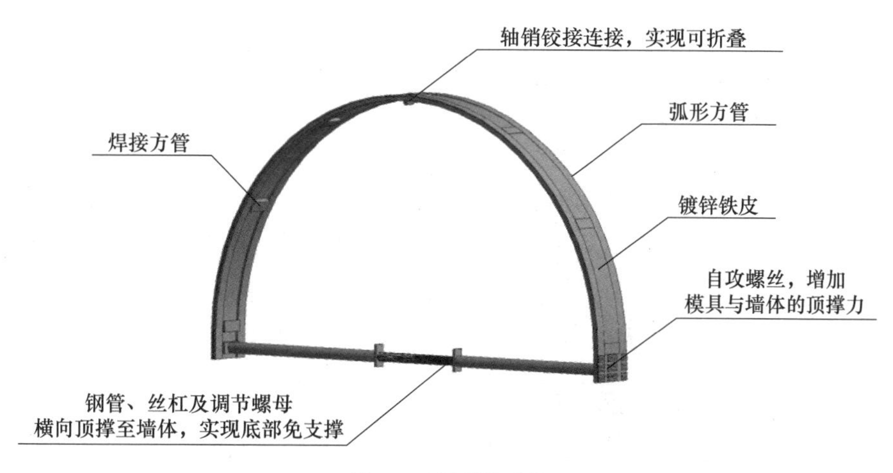

图4　工具部件功能

模具骨架由预弯拉好的弧形方管与短方管焊接而成，以承受混凝土荷载，在顶部进行切割后在内侧连接轴销，实现可折叠，以提高脱模效率。模具底部外侧平直段连接自攻螺丝，以增加横向顶撑力。内侧两端焊接圆管，通过可调节丝杠将模具顶撑至墙体。

4）工具加工步骤

第一步：根据设计图纸确定弧形窗户设计尺寸，将半径 1800mm，弧形平直段 100mm 规格 40mm×20mm×2mm 的镀锌弧形方管与长度 90mm 规格 40mm×20mm×2mm 的镀锌方管焊接形成弧形骨架，见图 5。

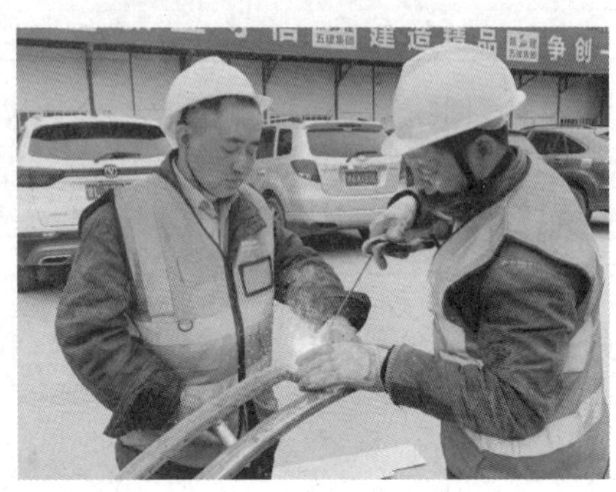

图 5　焊接形成弧形骨架

第二步：在模具顶部连接可转动轴销，见图 6。

图 6　连接可转动轴销

第三步：底部两端各焊接长度 80mm 的 ϕ40mm 圆管，中部两端可调节丝杠，见图 7。

图 7　焊接底部钢管

第四步：将镀锌铁皮与焊接好的弧形骨架进行连接，见图 8。

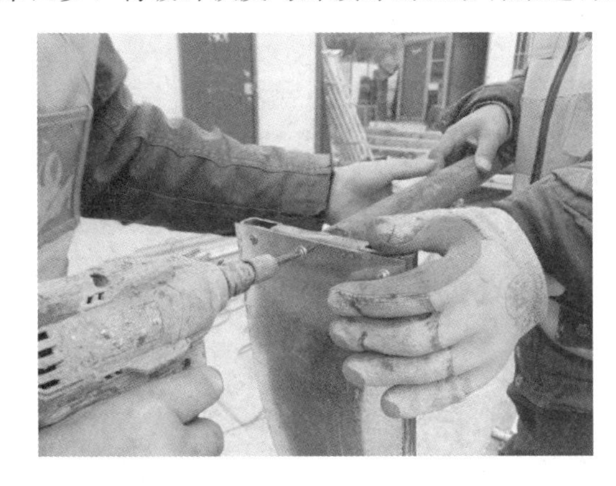
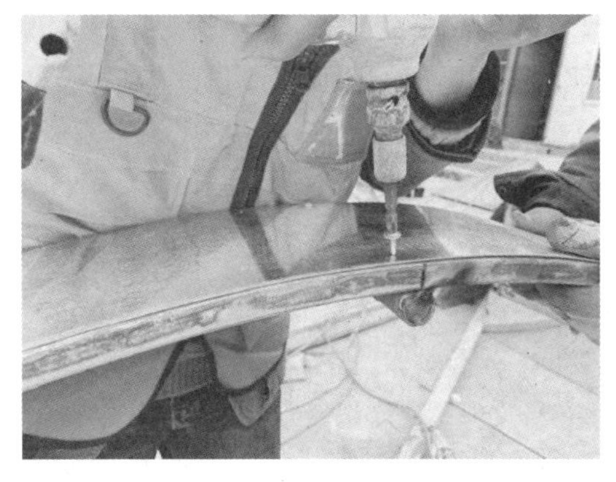

图 8　连接镀锌铁皮

第五步：平直段部位安装自攻螺丝，见图 9。

图 9　平直段部位安装自攻螺丝

6. 工具操作步骤

第一步：现场已安装好提供于工人作业的操作平台，对临边洞口防护进行检查，墙体的垂直度、平整度满足设计规范要求，墙面质量问题整改完成，建筑 1m 控制线标识醒目，侧模板脱模剂涂刷到位。

第二步：根据已复核的楼层控制线确定出弧形底模底部安装高度并安装定位卡具，见图 10。

图 10　安装定位卡具

第三步：安装弧形底模具，将模具放置在定位卡具并通过调节底部可调节丝杠确保弦长满足要求的同时与墙侧卡固到位，见图 11。

图 11　安装弧形底模具

第四步：钢筋绑扎，将拉弯好的 4 根直径 12mm 的 HRB400 弧形钢筋与直径为 8mm 的 HRB335 箍筋进行绑扎。箍筋末端应做 135°弯钩，箍筋平直段长度不小于 10d，且不小于 75mm。验收合格后方可进行下一道工序，见图 12。

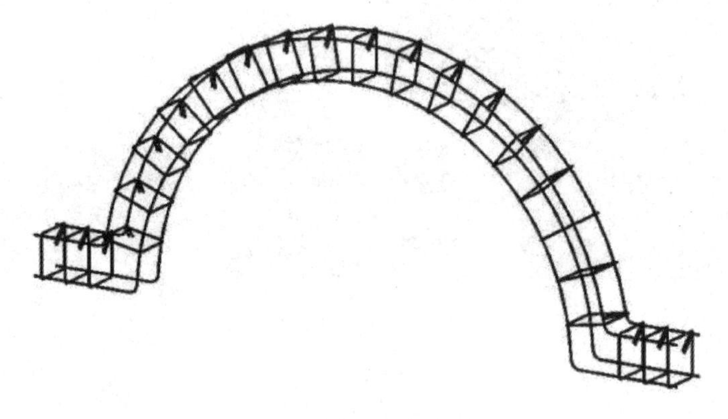

图 12　弧形钢筋绑扎示意

第五步：安装两侧模板，将脱模剂涂刷到位的两侧模板使用步步紧进行加固，步步紧加固间距不得大于 500mm，保证模板加固到位，避免洞口尺寸出现偏差，在内侧墙体顶部留 30cm 导流槽作为浇筑混凝土的操作空间，见图 13。

图 13　安装两侧模板

7. 注意事项

（1）应在墙体内侧模板处设喇叭口，以便浇筑混凝土。
（2）考虑到混凝土自重，模具安装高度应比设计高度高出约 20mm。
（3）拆除后的弧形过梁底模具、侧模板及步步紧加固件进行分类集中堆放，做好防锈雨雪措施。

8. 相关知识产权

（1）陕西省省级工法：现浇混凝土弧形过梁支模施工工法，工法编号：SXSJGF2021-016。
（2）中国建筑业协会二类成果：弧形过梁支模体系的研制，成果编号：C20212606。
（3）论文：《弧形过梁技术研究》，《工程管理前沿》2021 年第七卷 25 期。

滑动式减震泵管支架操作技术

1. 概述

通过对混凝土泵管支架进行分析，发现新型支架的减震部位可使用弹簧减震，泵管的拖拽可以效仿传送带的滚轴对泵管进行滑动传送，新型泵管支架采用橡胶轴承进行滑动传送，橡胶有良好的降噪效果。新型支架能够有效传送泵管、保护地暖管道转角、保护抹灰阳角及达到减震降噪效果。支架体积小、重量轻、安装快速、移动便捷。

2. 关键词

混凝土泵管支架、滑动传送、弹簧减震。

3. 适用范围

滑动式减震支架适用于超高层、高层地辐热混凝土浇筑及大体积混凝土浇筑。

4. 创新点

新型地辐热泵管支架，取代传统地辐热混凝土施工时使用的废旧轮胎作为泵管支撑，通过研究滑动式减震支架以及支架的运用，进一步减少质量问题，在加快施工进度的同时保证成品质量，解决泵管对地暖管道扰动大、拖拽泵管损坏抹灰阳角等诸多质量问题。滑动式减震支架可多次周转使用，节约成本。同时，提高地辐热混凝土施工质量，减少后期抹灰二次维修等问题，并降低施工噪音，满足绿色施工的要求。

5. 工具加工

1）主要材料、设备规格及参数

见表1。

表1　材料验收表

材料名称	规格型号	下料尺寸	数量	验收工具
角钢	∟ 50mm×50mm×3mm	500mm	4 根	
镀锌钢管	ϕ30mm	250mm	2 根	
钢板	3mm	500mm×500mm	2 块	
圆钢	ϕ12mm	200mm	10 根	
轴承	ϕ12mm	ϕ12mm	50 个	
弹簧	ϕ14mm	50mm	20 个	
螺母	ϕ12mm	ϕ12mm	20 个	
螺丝	ϕ12mm	ϕ12mm	20 个	

2）设计加工图

见图 1～图 2。

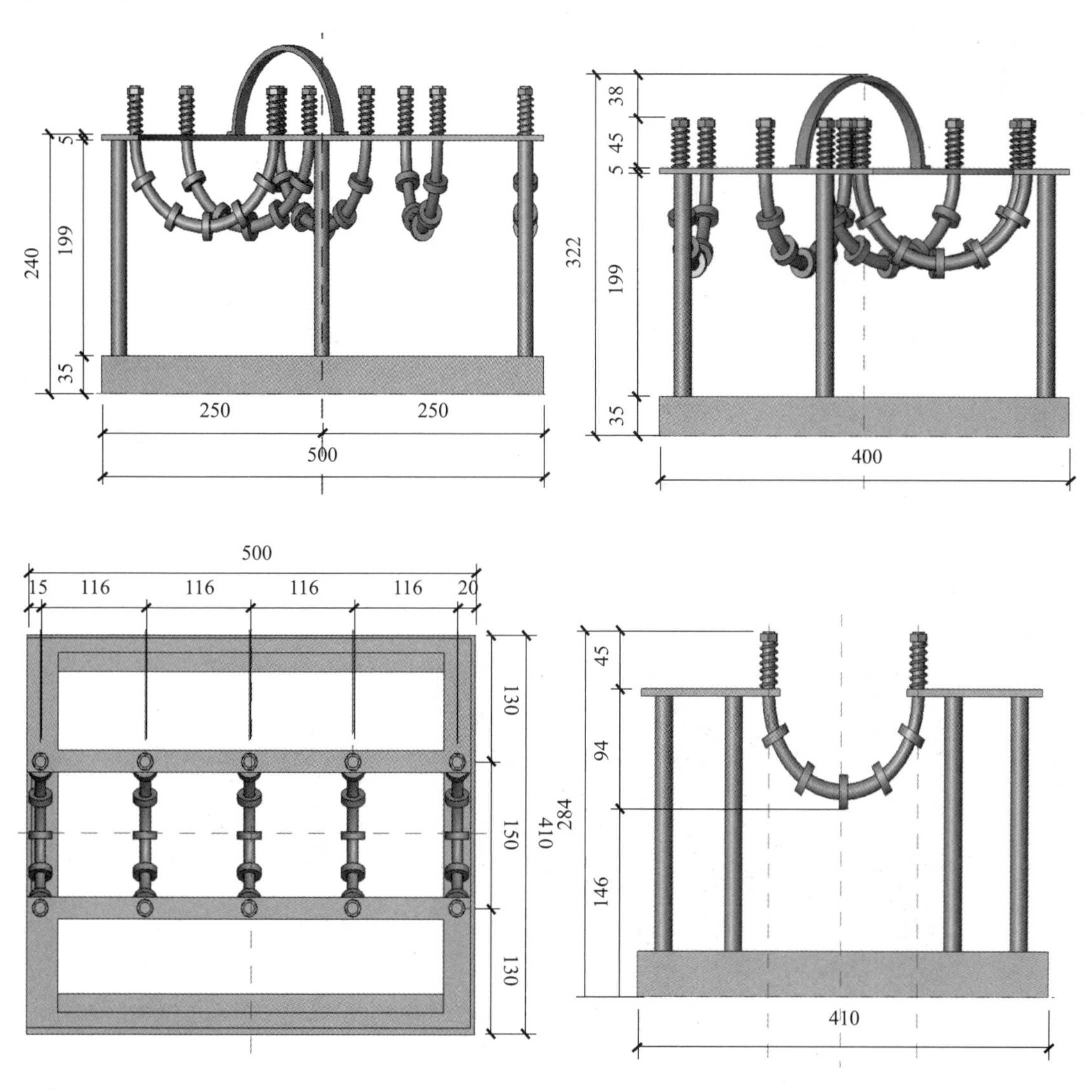

图 1　设计图纸（单位：mm）

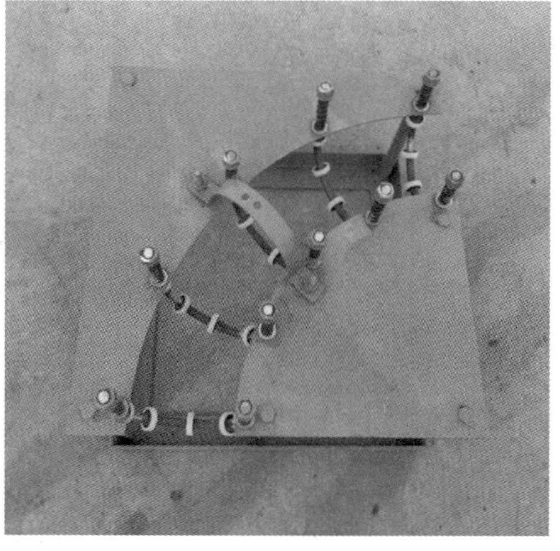

图 2　成品展示

3）设计原理及部件功能

该支架采用钢制泵管支座，放置泵管凹槽部位安装橡胶轴承，地辐热泵管在拖拽过程中，泵管在支架凹槽中进行滑动传送，见图 3。

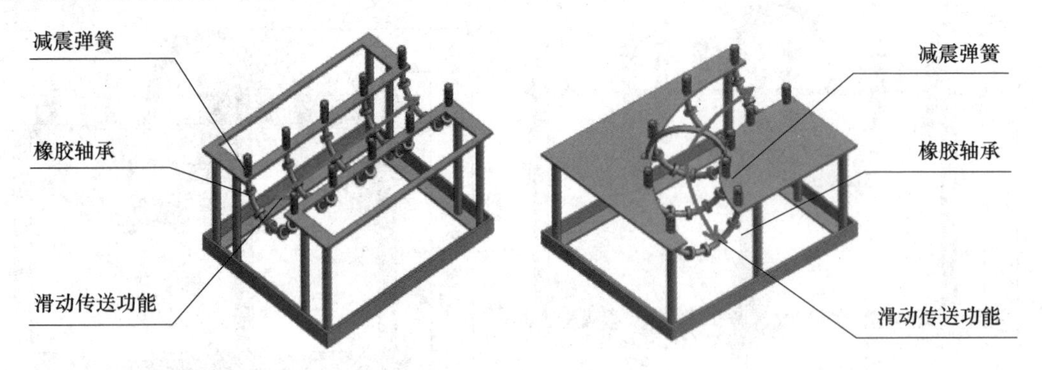

图 3　部件功能

4）工具加工步骤

第一步：焊接角钢底座。根据图纸由专业操作工人进行下料及焊接底座，经过质量员验收材料偏差在 3mm，材料尺寸合格，底座焊接完毕后使用目测法观察底座是否贴合地面，并对支架进行水平方向晃动，观察是否有翘脚现象，最终经过质量员验收，底座合格，见图 4。

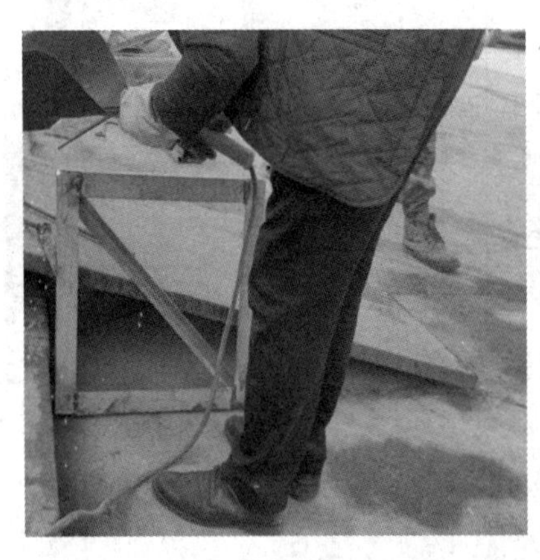

图 4　角钢底座焊制

第二步：焊接支架立柱。根据图纸由专业操作工人使用直角尺对立柱进行焊接，焊接完毕后质量员对立柱垂直度使用直角尺进行检查验收，检查结果立柱垂直底座，立柱垂直度合格，见图 5。

图 5　焊接支架立柱

第三步：切割安装面板。根据图纸由专业操作工人在钢板上进行放样，经过小组质量员检查，放样偏差 1mm，放样合格，放样完成用切割机进行切割，面板切割完成后，经过检查验收，误差为 3mm，面板合格，见图 6。

图 6　面板安装

第四步：轴承安装。根据图纸由专业操作工人将轴承焊接至 U 形箍上，焊接完成由质量员进行检查验收，对每一个焊接好的轴承用手转动，确保轴承转动顺畅不卡顿，经过初次验收，轴承安装合格。支架制作完毕采用泵管在支架上滑动进行二次验证，经过二次验证，泵管在橡胶轴承上滑动流程，未发现卡顿现象，经过验收，轴承安装二次验证合格，见图 7。

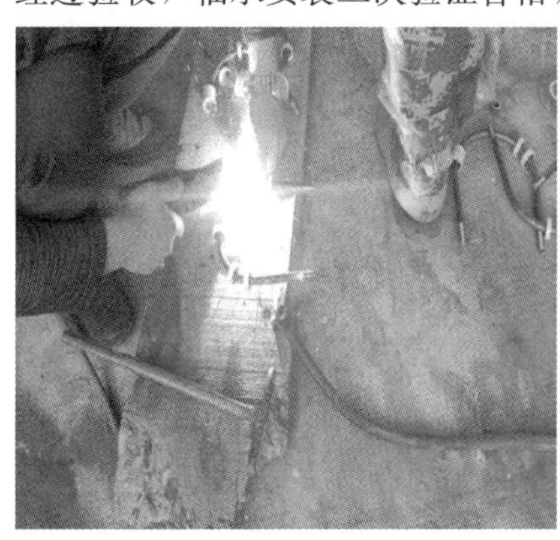

图 7　轴承安装

第五步：安装 U 形箍。根据图纸由专业操作工人将 U 形箍安装至面板开孔处，安装完毕后分别测量 U 形箍受压前弹簧尺寸以及 U 形箍受压后弹簧尺寸，经过小组质量员测量验收，测得 U 形箍沉降范围在 2～6cm，U 形箍沉降范围合格，见图 8。

图 8　安装 U 形箍

6. 工具操作步骤

将支架运至施工现场将泵管放置在支架上，扣紧卡箍，泵管在支架上滑动，见图 9。

图 9　支架操作

7. 注意事项

支架使用完后清理滑动滚轮上的混凝土，防止滑动滚轮卡死，施工完毕将支架运至下一个施工区域进行备用。

8. 相关知识产权

（1）实用新型专利："一种滑动式地辅热泵管减震支架"，专利号：ZL202121750245.8。

（2）学术文章：《房建楼地面施工新型泵管支架研究》，《建筑业年鉴》2022 年 25 期。

转角构造柱模板加固体系操作技术

1. 概述

传统构造柱模板通常采用木模板与螺杆加固，螺杆穿墙加固，存在加固时间长、砌体破坏量大、模板周转率低、质量缺陷维修成本高等问题，采用工具式构造柱模板加固体系能有效规避以上问题，该体系通过铝木结合的方式，采用铝合金作为加固背楞、竹胶板作为模板，采用T形螺杆作为紧固件，实现降本增效、质量一次成优的目标。

2. 关键词

转角构造柱、铝合金背楞、T形螺杆、模板加固体系。

3. 适用范围

本技术适用于二次结构转角构造柱施工。

4. 创新点

（1）利用马牙槎退槎处作为螺杆对拉空间，采用T形螺杆，实现一端紧固、一端约束的目的。

（2）采用铝木结合的加固方式，达到“刚柔并济”效果，提升模板与砌筑墙体的贴合度，减少质量通病。

（3）拆装便捷，操作时间短，周转率高，降低修补费用，节约施工成本。

5. 工具加工

1）主要材料、设备规格及参数

见表1～表2。

表1　材料应用表

序号	材料名称	规格
1	竹胶板	15mm厚
2	方木	50mm×70mm
3	铝合金背楞	4mm厚
4	T形螺杆	ϕ12mm
5	PVC套管	ϕ14mm
6	螺母	ϕ14mm
7	垫片	3mm厚40mm×40mm
8	钉子	50mm

表 2　工具设备应用表

序号	名称	规格	单位	用途
1	手工锯	/	把	模板制作
2	扳手	/	把	模板加固
3	钢卷尺	5m	把	模板校验
4	吊线锤	/	把	模板校验
5	压刨电锯	/	台	模板制作
6	切割机床	/	台	背楞制作
7	电焊机	/	台	背楞制作
8	钻孔机	/	台	模板制作
9	角磨机	/	台	背楞制作
10	圆盘锯	/	台	模板制作

2）设计加工图

见图 1～图 2。

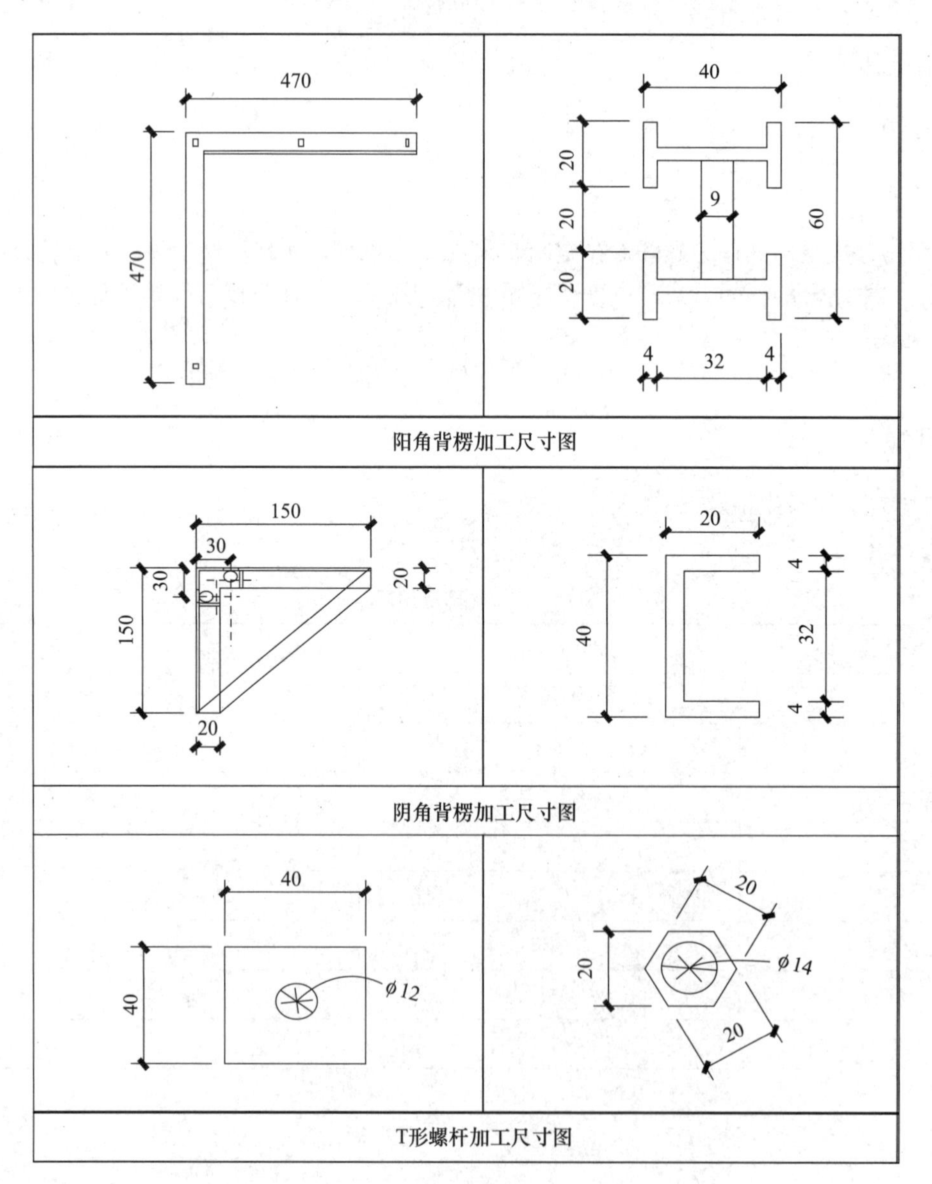

图 1　各部件设计（单位：mm）

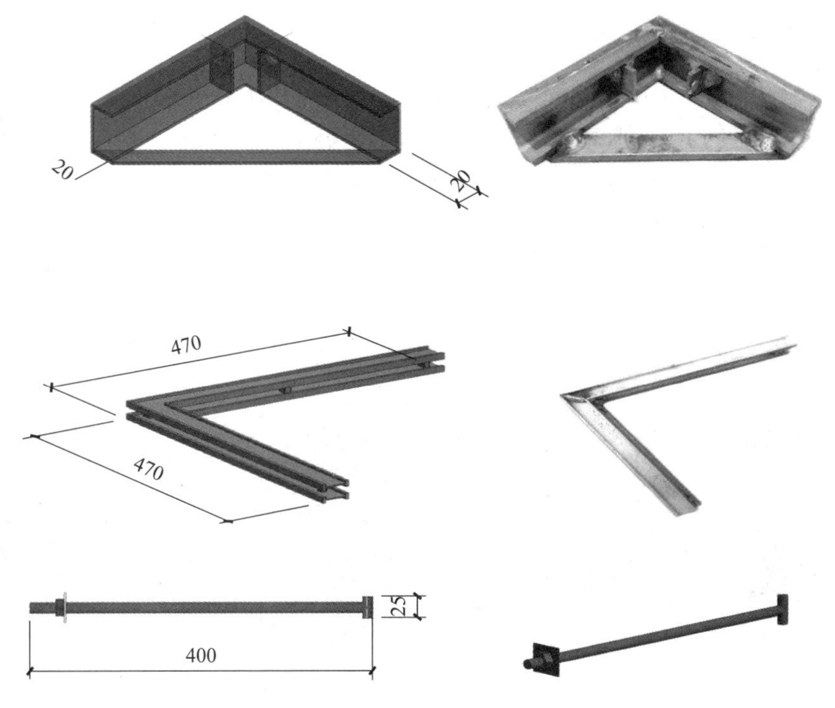

图 2　阴阳角背楞及 T 形螺杆加工效果图（单位：mm）

3）设计原理及部件功能

见图 3～图 4。

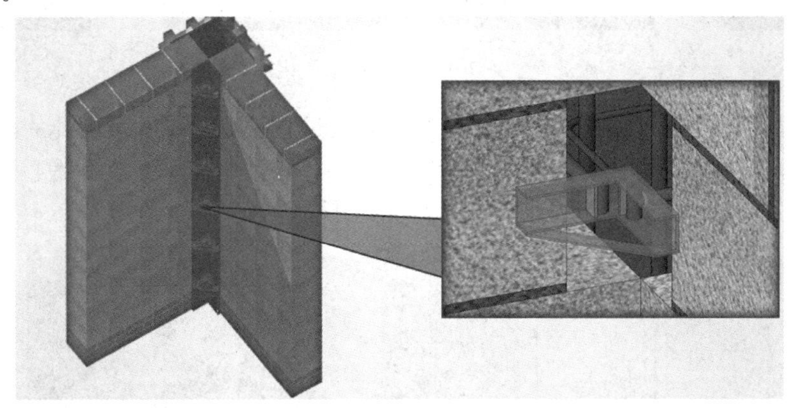

图 3　利用马牙槎退槎处 60mm 处设置对拉螺杆

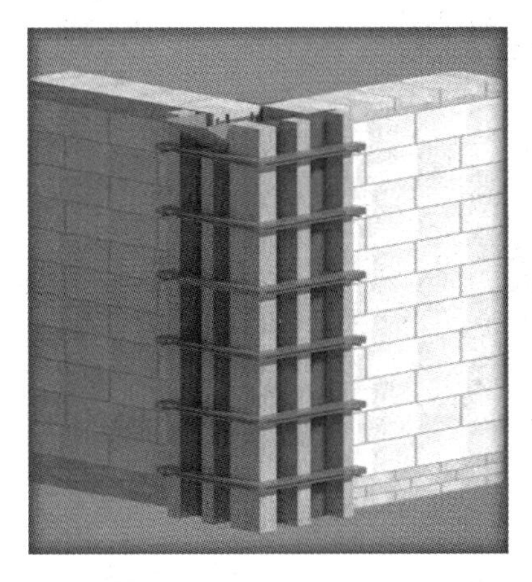

图 4　加固深化设计效果图

6. 工具操作步骤

第一步：模板配置。模板采用 15mm 厚多层镜面板，竖向背楞采用 60mm×80mm 方木（现场过压刨），模板表面螺杆利用钻孔器钻取直径为 14mm 孔洞，间距为 500mm。具体加工尺寸如下：外侧模板裁切宽度为构造柱宽度+170mm，其孔洞中心位置距离模板中心线宽度为：构造柱宽度/2+30mm；内侧阴角模板裁切宽度为 150mm，其孔洞中心位置距离模板一侧为 45mm。

第二步：定型化背楞制作。定型化背楞采用铝合金材料，阳角背楞采用两个 H 形焊接而成，截面尺寸 40mm×60mm；阴角背楞采用槽型铝合金，截面尺寸 20mm×40mm，距离阴角背楞最外侧 30mm 处钻孔（螺杆孔）。在螺杆孔一侧焊制 4mm 厚 20mm×25mm 挡板，形成螺杆一端约束、一端紧固，见图 5。

图 5　工具式加固组件工厂化加工

第三步：模板加固体系施工。将构造柱钢筋按照规范进行校正、绑扎。绑扎完成后，在柱四角挂设保护层塑料垫块。在砌筑过程中严格按照砌筑方案施工，保证砌体垂直度和平整度，确保构造柱两侧马牙槎退槎准确，高度一致。砌筑完成后组织验收，见图 6。

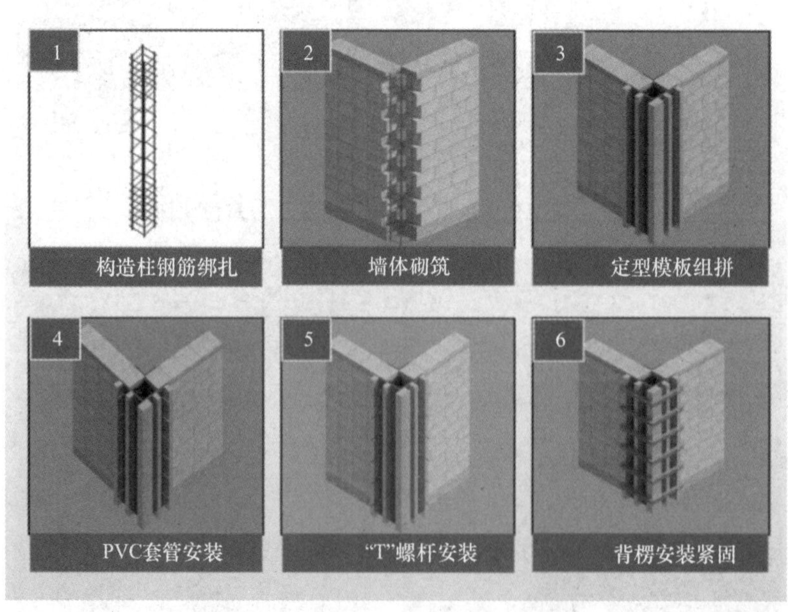

图 6　转角构造柱模板加固流程策划图

模板安装前，用双面胶带将构造柱马牙槎两侧拼缝处进行粘贴，粘贴完成后将制作好的模板进行组拼、合拢。安装 14mm 直径 PVC 套管，套管安装完成后进行阴角背楞安装，同时穿插 12mmT 形螺杆，穿插完成后外侧安装双 H 形背楞，并紧固，现场实操图见图 7。

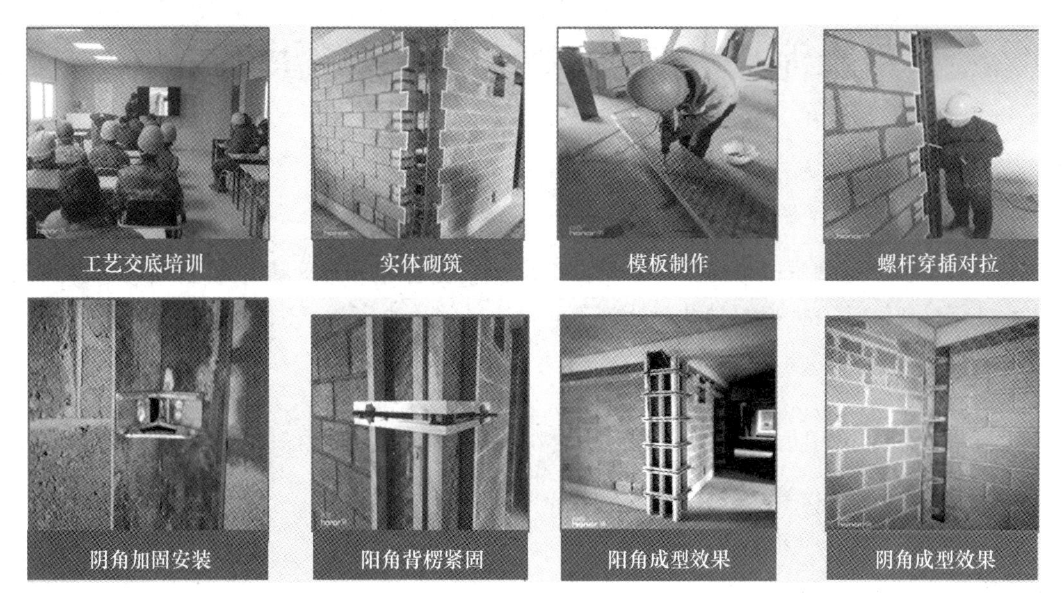

图 7　转角构造柱模板加固体系现场实操图

7. 注意事项

（1）质量控制注意事项：铝合金背楞规格及厚度必须符合质量标准，无弯曲、变形，有出厂合格证；采用的方木、镜面多层板的材质及规格符合要求，无腐朽、开裂现象，弯曲度应在可调整范围；模板、定型化背楞制作时严格按照图纸进行加工。

（2）安全控制注意事项：模板支设应按规定的作业程序进行，模板未固定前不得进行下道工序，严禁在定型化背楞上面攀爬，以免发生意外。

8. 相关知识产权

省级工法：一种新型背楞式构造柱模板加固施工工法，工法编号：SXSJGF2019-056。

利用水泥砂浆棒封堵铝模螺栓孔操作技术

1. 概述

为解决铝模剪力墙结构施工中螺栓孔封堵漏浆问题，设计并制作水泥砂浆封堵棒，并对水泥砂浆棒封堵技术进行优化设计，提高螺栓孔封堵施工质量，节约人力资源，加快施工进度，降低劳动强度。

2. 关键词

螺栓孔封堵、可调节式肋式模具。

3. 适用范围（适用场景）

铝模剪力墙结构。

4. 创新点

见表1～表2。

表1　费用对比表

序号	施工内容	螺杆孔数	砂浆	砂浆棒	人工费	综合单价
1	普通砂浆封堵	1300	1.2元/孔	/	1.56元/孔	2.76元/根
2	砂浆锥封堵	1300	0.2元/根	0.6元/根	0.29/孔	1.1元/根

注：以某项目为例，标准层每层1300个螺栓孔，每层可节约材料费800元。

表2　进度对比表

施工内容	螺杆孔数	2人用时	2人平均
普通砂浆封堵	1300	27h	24个/h
砂浆锥封堵	1300	5h	140个/h

5. 工具加工

1）主要材料、设备规格及参数

成品预制水泥砂浆封堵棒长200mm，小口直径19.5mm，大口直径30mm并带喇叭口，见图1。

图1　成品预制砂浆棒

2）设计加工图

见图 2～图 5。

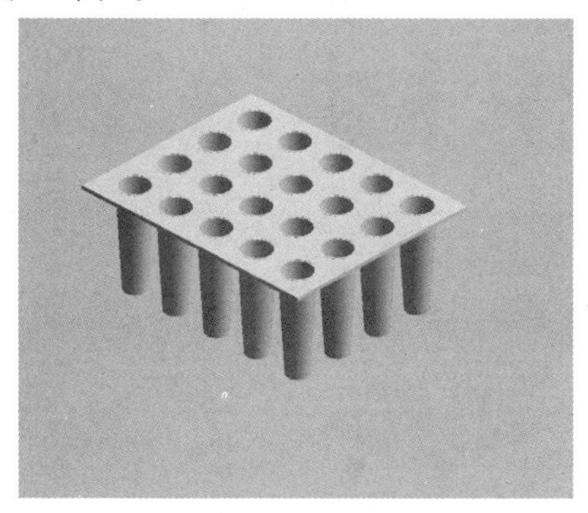

图 2　模具设计图一

图 3　模具设计图二

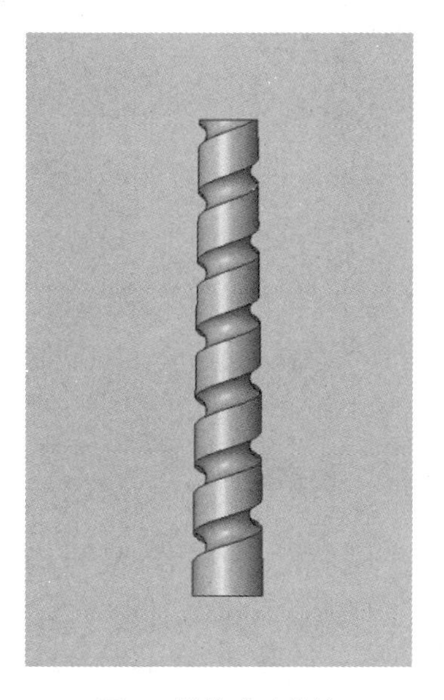

图 4　螺旋式砂浆棒

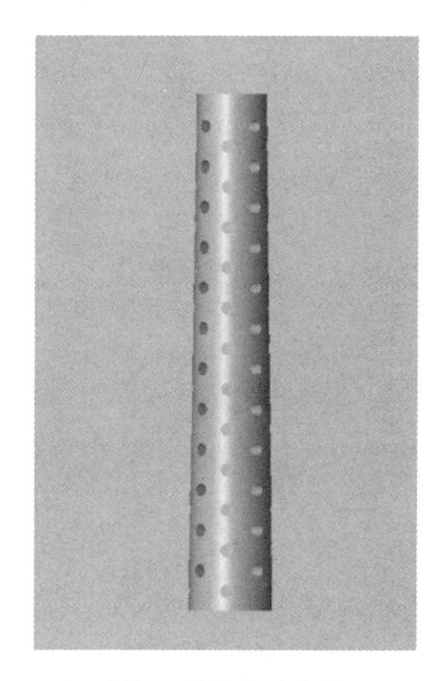

图 5　孔洞式砂浆棒

3）设计原理

见图 6～图 7。

图 6　砂浆棒模具

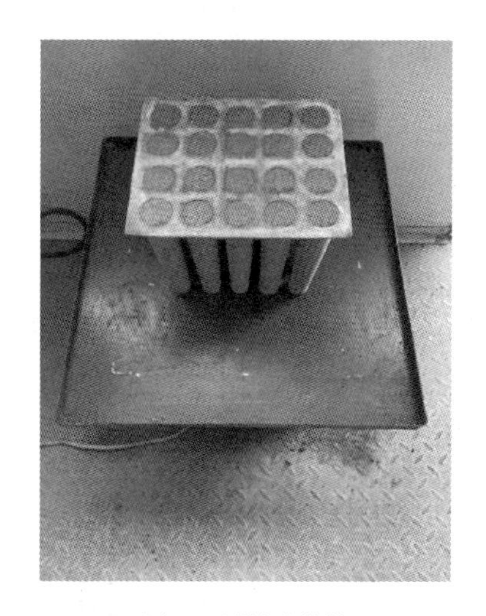

图 7　预制砂浆棒

孔洞式砂浆模具：以挤压砂浆通过孔洞的形式填充螺栓孔，见图 8。

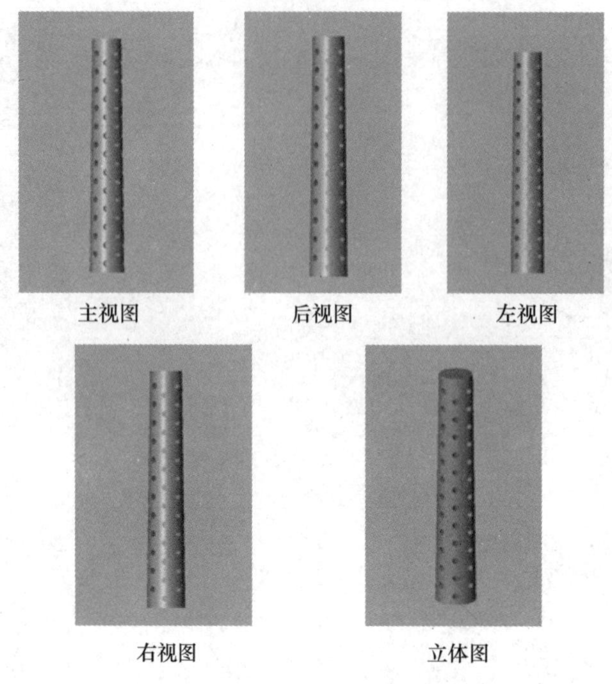

图 8　孔洞式砂浆棒

螺旋式砂浆棒：将砂浆棒设计成螺旋状，沾满砂浆后旋转式封堵螺栓孔，见图 9。

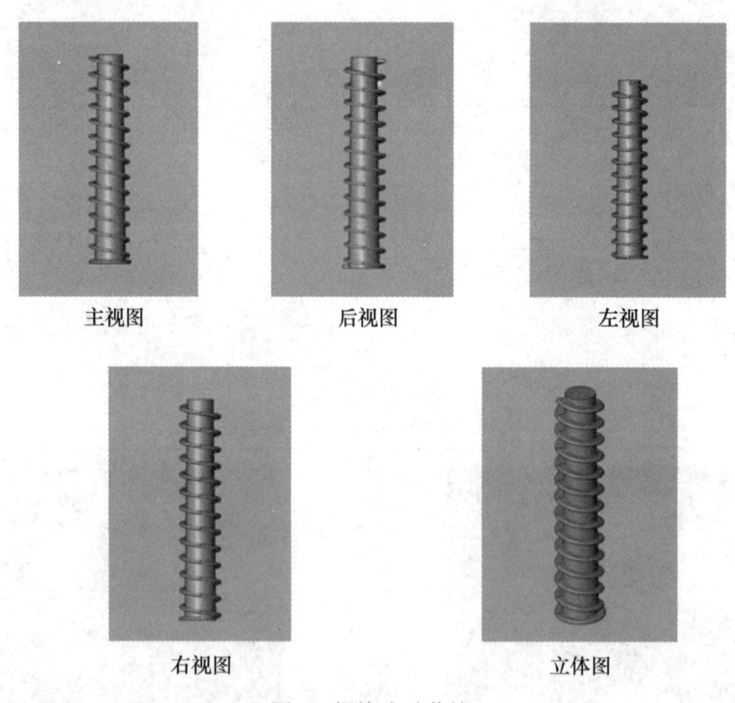

图 9　螺旋式砂浆棒

6. 工具操作步骤

见图 10。

（1）内墙抹灰施工前先将外侧螺栓孔内的 PVC 套管铲除。

（2）将螺栓孔周围刷毛，用水冲洗湿润，拌制防水砂浆（掺入 108 胶及微膨胀剂），砂浆棒沾满砂浆后插入螺栓孔内（严禁空孔）、外侧补成圆饼状并凸出墙面 2mm。

（3）穿墙对拉螺栓孔必须逐个封堵密实。

（4）封堵砂浆养护。

（5）孔洞砂浆硬化达到强度后进入下道工序。

清理浮灰　洒水湿润

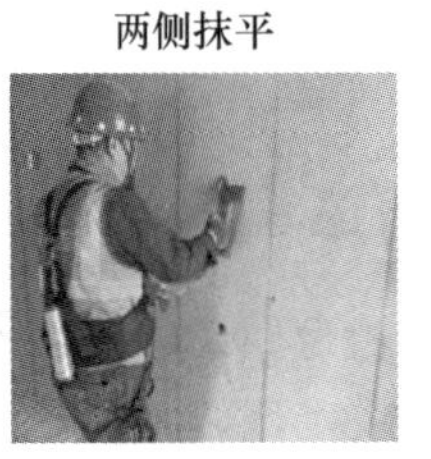

图 10　操作流程

7. 注意事项

（1）孔边松散混凝土必须凿除。

（2）在封堵螺栓孔前应该注意螺栓孔的清理，不能留有木屑尘土等杂物。

（3）冲洗时须将孔内浮浆完全清理。

（4）冲洗完后，应等孔内没有明水时再进行封堵，且应保证封堵前湿润。

（5）砂浆封堵必须饱满密实。

（6）砂浆棒填塞后应及时进行养护，并检查是否有细微裂缝或空鼓。

8. 相关知识产权

（1）实用新型专利：“一种新型砂浆棒”，专利号：202320478319.X。

（2）发明专利：“一种用于外墙锥形螺栓孔的砂浆棒制备及封堵方法”，专利号：202310235673.4。

可调角度式模板定位器操作技术

1. 概述

本工艺为异形建筑结构模板支撑体系，主要解决一些多段圆弧结构梁、异形结构柱的施工技术难题，通过采用可调角度式模板定位器，使异形结构模板施工操作简易化，增加了异形模板体系的稳定性，提高质量工效，保障施工安全。

2. 关键词

多段圆弧结构、圆弧结构梁、异形柱模板、异形结构。

3. 适用范围

适用各类建筑结构模板定位，尤其是异形结构夹角处模板安装测量定位施工。

4. 创新点

现阶段异形柱模板施工多采用方木和木制模板组合制作异形构件，使异形柱补缺构成普通方柱，见图 1。使用 BIM 技术进行施工模拟及对同类完工项目进行调研后，发现现有工艺存在角度误差难以控制、施工效率低、费用成本高等不足，无法满足项目施工需求，故而研发可调角度式模板定位器，降低异形结构支模难度，提高异形结构支模精度及施工效率，见表 1～表 2。

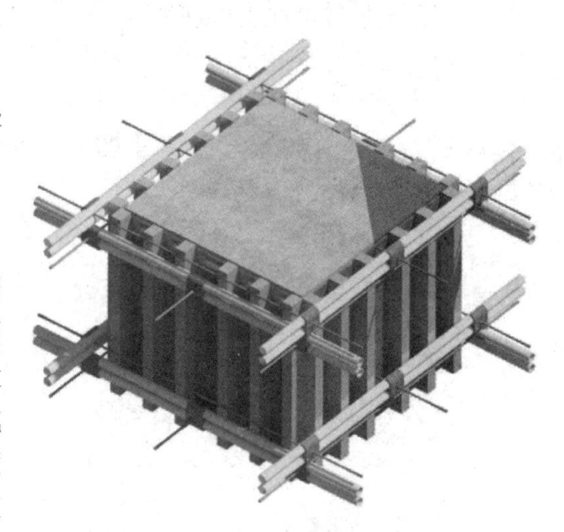

图 1　异形柱角补缺模板支设

表 1　现状调查表

项目	金辉长安	凤栖云筑	合计
调查点数	43	52	95
合格点数	32	43	75
不合格点数	11	9	20
合格率	74.4%	83.2%	78.8%

表 2　异形柱补缺模板施工

方案特征	数量	单价	费用（元）	合计	加工周期
模板	6 张	57/张	342	725 元	1 工日
方木	0.048m^3	1700/m^3	83		
人工费	1 工日	300/工日	300		

5. 施工准备

1）技术准备

通过广泛调研并结合过程特点，总结应做的一些工作，主要包括以下内容：

（1）设计并制作标准化尺寸定位器，包括左右两侧角钢，同时在两侧角钢预留螺栓孔。

（2）制定连接方案，两侧角钢通过与铰链平开合页焊接在一起，形成可转动的整体。

（3）确定安装方案，将高强螺母穿过预留螺孔同时配合连接高强螺栓，将可调角度式模板定位器固定在连接结构上，增加定位器的稳定性，见图2。

（4）对施工操作人员进行书面技术交底，其主要内容为：应注意的事项和操作要求、细部构造及技术质量要求。

（5）熟悉设计图纸、施工工艺标准及相关技术规程，了解模板安装的工序做法。

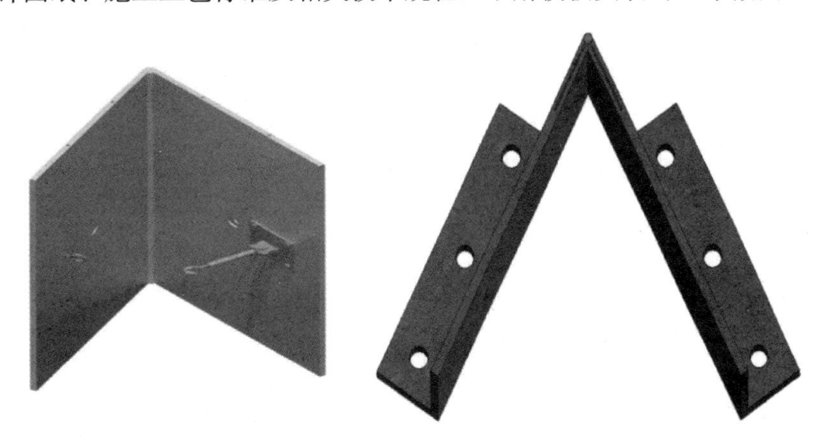

图2　可调角度式模板定位器构想设计图

2）物资准备及选用

对可调角度式模板定位器的研制结合现场实际情况展开讨论，经过整理、分析形成亲和图，可调角度式模板定位器体系组成，见图3。

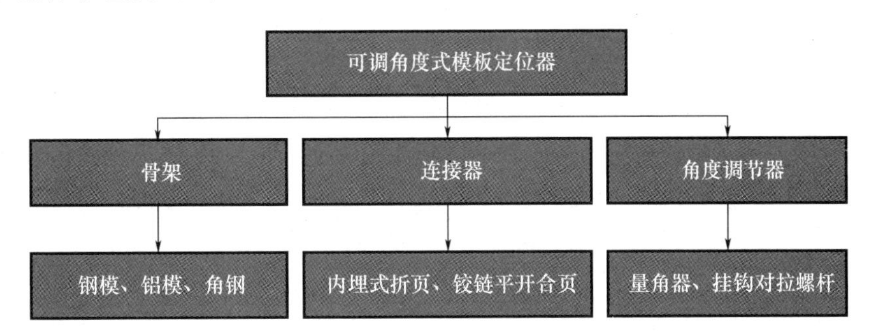

图3　可调角度式模板定位器体系

（1）不锈钢角钢：以角钢合金作为定位器主要材料，同时验算不同角钢承载力，并现场试验刚度是否满足要求。

（2）不锈钢制铰链平开合页：选取与骨架尺寸相匹配的铰链平开合页，定位器两侧角钢通过与铰链平开合页连接在一起，形成可转动调节的整体。

（3）不锈钢量角器表盘：在合页上部安装直径7.5cm的不锈钢量角器表盘，根据图纸设计异形结构角度调节开合角钢模板，配合量角器表盘确定合页开合角度，提高模板安装的精度。

（4）高强螺栓、高强螺母。

骨架、连接器、角度调节器材料选用详见表3～表4。

表 3 材料清单表

名称	规格/型号
不锈钢制角钢	50cm/5#
不锈钢制铰链平开合页	50mm×29mm / 16.5mm×19mm
不锈钢量角器表盘	直径 4cm
高强螺丝	M5×50
高强螺母	M5

表 4 机具清单表

名称	规格/型号
卷尺	5m
角磨机	LWF23001
电钻	J1Z—FF16A
钻头	ϕ6
角磨片	ϕ100
电焊机	WS-315s

6. 工艺流程及操作要点

见图 4。

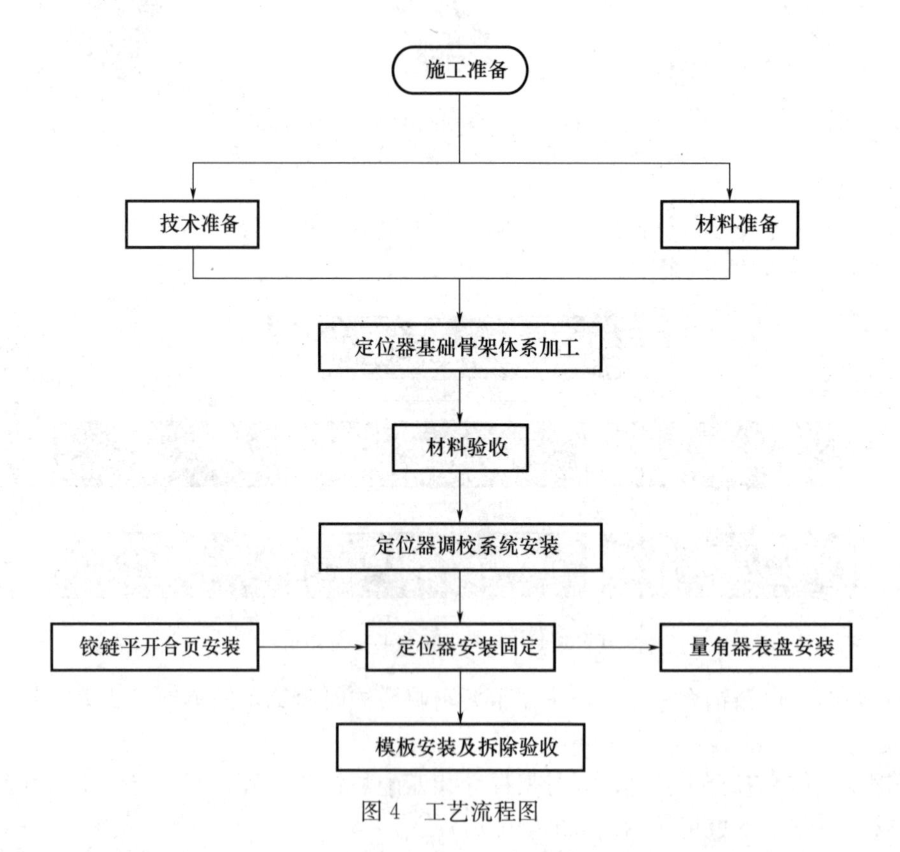

图 4 工艺流程图

1）定位器基础骨架体系加工

根据设计方案，按照 50mm 模数选用角钢铝合金进行加工制作可调角度式模板定位器基础骨架体系，包含左右两侧角钢，并在两侧角钢分别预留螺孔，见图 5。

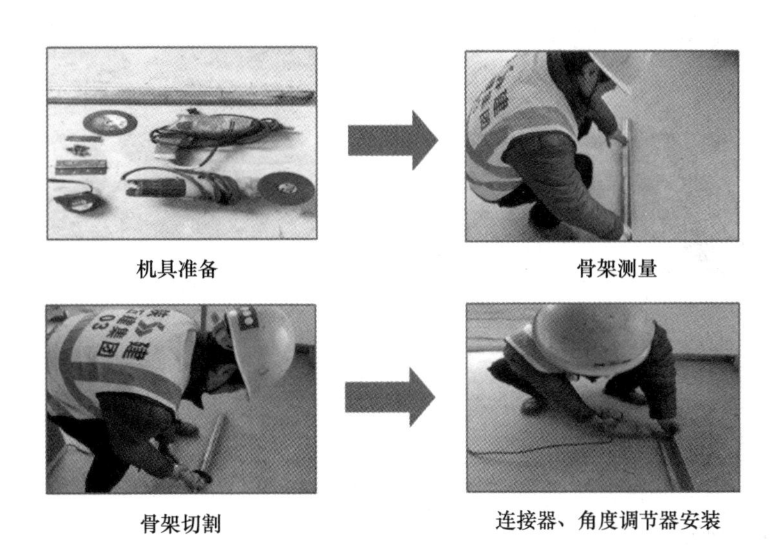

图 5　加工过程

2）材料验收

（1）对预制定位器的外形、尺寸、孔洞预留情况进行检查，并做好进场检查验收记录，如有不符合安装要求的预制构件模板必须退场。

（2）产品进场时，必须附有检验质量合格证，同时说明安装的部位、数量。

3）定位器调校系统安装

定位器调校系统指通过焊接不锈钢制铰链平开合页安装与不锈钢量角器表盘，使得本工法能够有效地适应不同角度建筑施工的模板支模需求，同时保证稳定性。

（1）不锈钢制铰链平开合页安装

选择不锈钢制铰链平开合页 50mm×29mm，将两侧合页使用高强螺栓与螺母（双螺母）与预制定位器基础骨架连接在一起，形成可转动调节的定位器，见图 6。

图 6　不锈钢制铰链合页

（2）不锈钢量角器表盘安装

选择 7.5cm 不锈钢量角器表安装在定位器上，先将合页一侧与左侧表盘进行焊接，后将合页使用高强螺栓与螺母连接在骨架侧面，根据图纸设计的角度调节开合角钢模板，通过量角器表盘直接读取合页开合角度，以确定模板的平面位置，见图7。

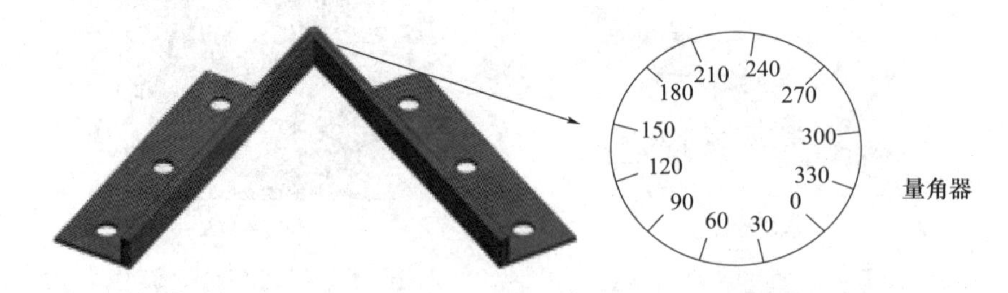

图7　不锈钢量角器表盘安装

4）定位器安装固定

将高强螺母穿过预留螺孔同时配合连接高强螺栓，可将异形建筑结构可调节角度式内模板在板模板底部固定牢靠。图8为可调角度式模板定位器安装示意图。

5）模板安装及拆除验收

当混凝土强度达到要求强度即可拆除模板，模板拆除后对异形框柱感观、角度、截面尺寸进行全面检查验收。

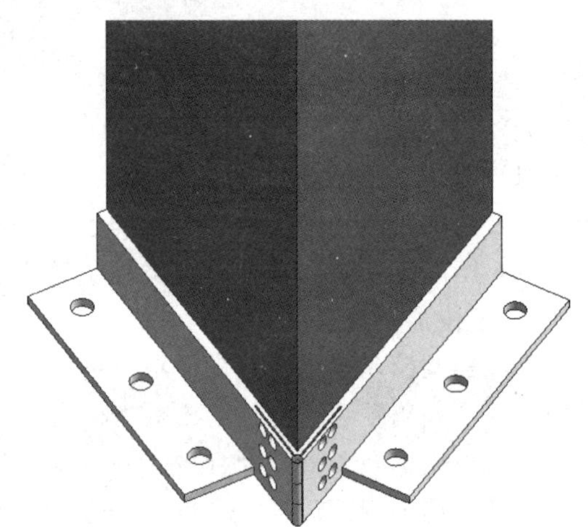

图8　定位器安装

7. 质量控制

（1）选择定位器骨架材质时，需对骨架所需承受最大侧压力进行计算，同时验算不同角钢承载力，确保刚度满足要求。

（2）可调角度式模板定位器制作时，需按照设计图纸进行下料及组装，对制作全过程跟踪检查，确保模板定位器制作精度误差控制在1mm以内。

（3）铰链平开合页选取时，需与骨架尺寸相匹配，并查验产品合格证、检测报告，现场试验合页转轴开合顺滑度。

（4）量角器表盘精度需准确，并可满足定位器开合角度。

（5）定位器安装时依据实际设计角度进行调节定位，安装必须横平竖直，误差控制在2mm以内。

（6）现浇混凝土结构模板安装允许偏差和检验方法，应符合表5的规定。

表5　安装要求

序号	项目		允许偏差值（mm）	检验方法
1	轴线位移	柱、墙、梁	5	尺量
2	底模上表面标高		±5	水准仪或拉线尺量
3	截面模内尺寸	基础	±10	尺量
		柱、墙、梁	+4、−5	
4	竖向模板垂直度	层高不大于5m	6	经纬仪或吊线、尺量
		大于5m	8	
5	表面平整度		5	靠尺、塞尺
6	阴阳角	方正	—	方尺、塞尺
		顺直	—	线尺
		螺栓外露长度	+10、0	

8. 相关知识产权

（1）实用新型专利：“一种可调式角模板”，专利号：ZL202022217404.X。

（2）企业级工法：新型异形角柱模板加固体系施工工法，工法编号：SWJQB-GF-202114。

（3）核心期刊论文：《多段圆弧混凝土结构高精度测量关键技术研究》，《施工技术》2022第22期。

混凝土结构水雾化智能养护操作技术

1. 概述

传统混凝土结构养护有覆盖薄膜、铺设棉毡、定期浇水等方式，但竖向结构基本靠人工洒水或养护液进行养护，不仅效率低下，养护效果也无法达到预期。通过在架体上安装自动化喷雾养护系统，提高空间整体湿度，改善养护环境。该系统节省人力，提高效率，减少了混凝土干缩裂缝出现的几率，提升了混凝土竖向构件的养护效果。

2. 关键词

喷雾养护、自动控制、水雾化、可循环。

3. 适用范围（适用场景）

适用于混凝土结构竖向构件养护。

4. 创新点

替代传统人工养护方式、提高混凝土整体养护效果，制作安装便捷、造价低、工效高、绿色环保、可周转利用并实现自动化控制。经济、环境及社会效益显著。

5. 工具加工

1）主要材料、设备规格及参数

见表1。

表1　物资计划表

序号	名称	规格型号	用途
1	PE耐高压软管	ϕ10压力管	连接喷头与喷雾柜
2	喷头	高压微雾喷头	将水雾化喷出
3	湿度控制仪	GK-Ⅱ	监测控制湿度
4	加压泵	/	加压、供水
5	控制柜	/	整合设备
6	扎带	150mm	用于软管固定
7	净化器	/	养护用水净化

2）设计加工图

见图1。

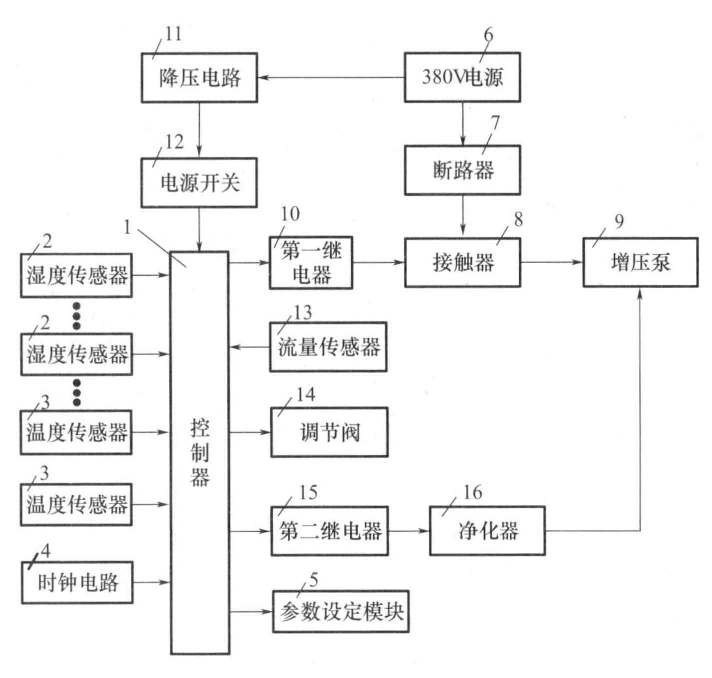

图 1　系统分解图

3）设计原理及部件功能

自来水经过净化器净化后，通过加压泵加压，形成水雾化颗粒。在混凝土养护环境内设置湿度感应器，设置一定的湿度目标值，当养护环境湿度低于设定目标值时，系统自动开启喷雾，实现自动控制，达到混凝土养护的效果。

4）工具加工步骤

第一步：水雾化环境混凝土结构智能养护系统选用材料准备，见图 2～图 6。

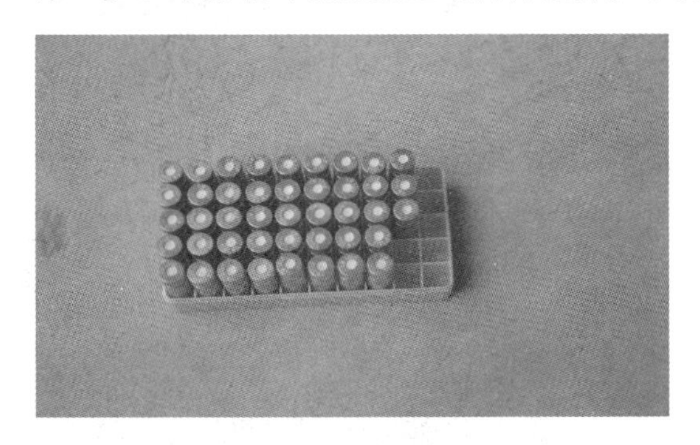

图 2　高压微雾喷头

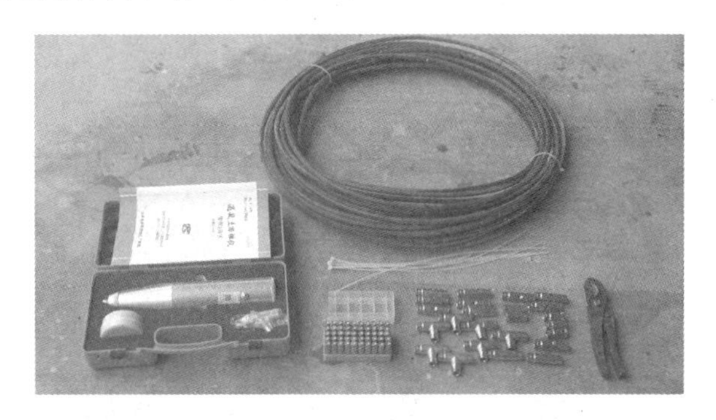

图 3　喷雾软管、回弹仪、管钳

图 4　加压泵

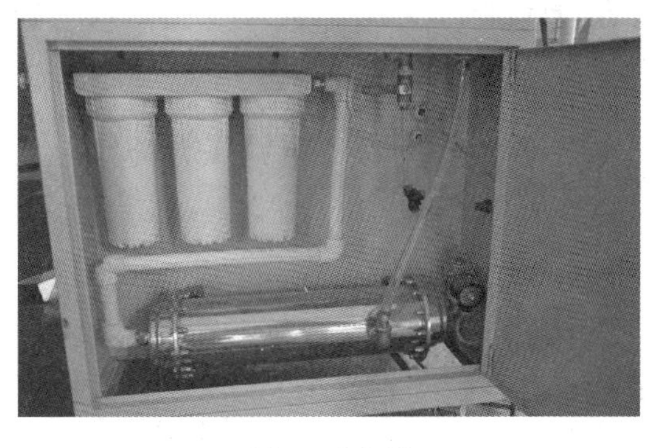

图 5　净化器

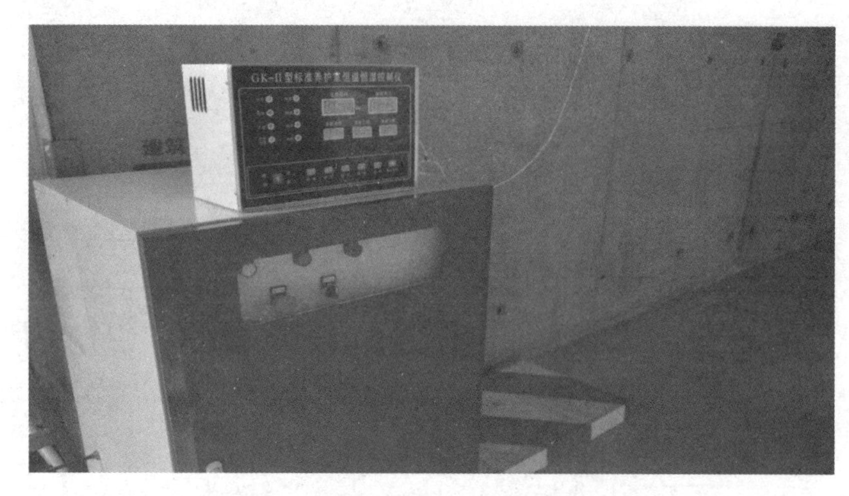

图 6　温度湿度控制仪及温度感应器

第二步：将高压微雾喷头与连接件组装，中间采用三通型连接件，端头采用直角型连接件，见图 7。

第三步：将喷雾软管按照 1m 长度裁剪成若干短节，见图 8。

图 7　高压微雾喷头的连接

图 8　喷雾软管的裁剪

第四步：将高压微雾喷头组合与喷雾软管组装，使喷雾软管短节连成一个整体，见图 9～图 10。

图 9　喷雾软管与高压微雾喷头组装

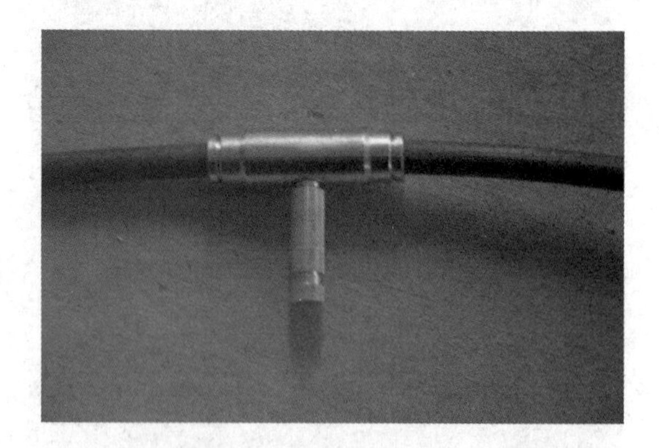

图 10　喷雾软管与高压微雾喷头组装成型效果

6. 工具操作步骤

第一步：以支模架为支架，顺墙布设喷雾软管，竖向布设两层。软管与支模架钢管采用扎带绑扎，见图 11～图 12。

图 11　喷雾软管与满堂架固定

图 12　喷雾软管与满堂架固定

第二步：将加压泵和净水器安装到位，见图 13。

图 13　电器系统及加压泵

第三步：安装湿度控制仪，湿度控制仪探头避免设置在喷嘴较近部位，以免影响数据采集的准确性，见图 14。

第四步：将组装好的控制系统接入水源、电源；控制系统与喷雾软管接头连接，见图 15。

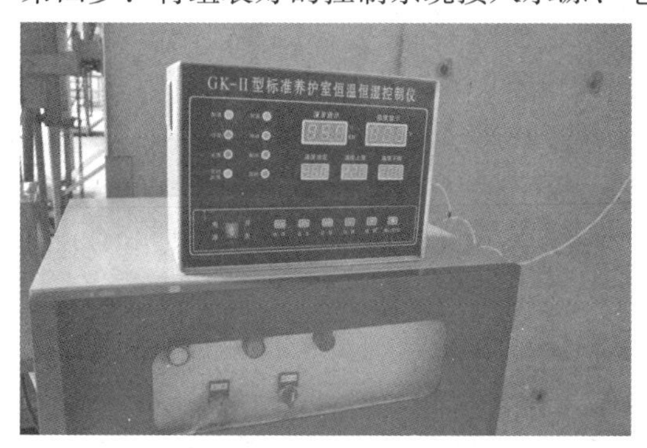

图 14　温度控制仪安装

图 15　控制系统接入水源、电源，与喷雾软管连接

第五步：控制系统调试，喷雾软管防漏、布设位置及效果检测，见图 16～图 19。

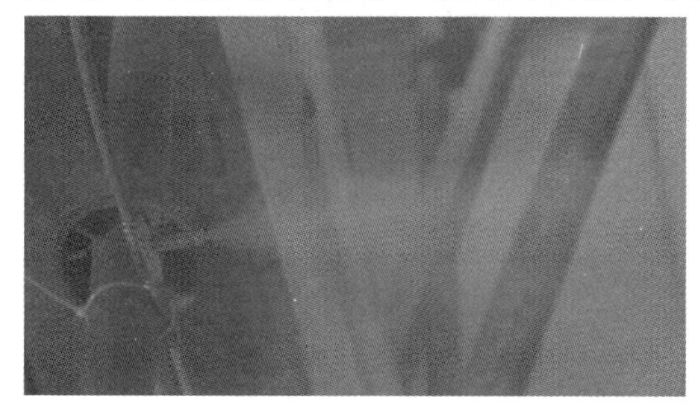

图 16　喷雾效果检测

图 17　喷雾效果检测

图 18　喷雾效果检测

图 19　喷雾效果检测

第六步：喷雾养护效果监测，见图 20～图 21。

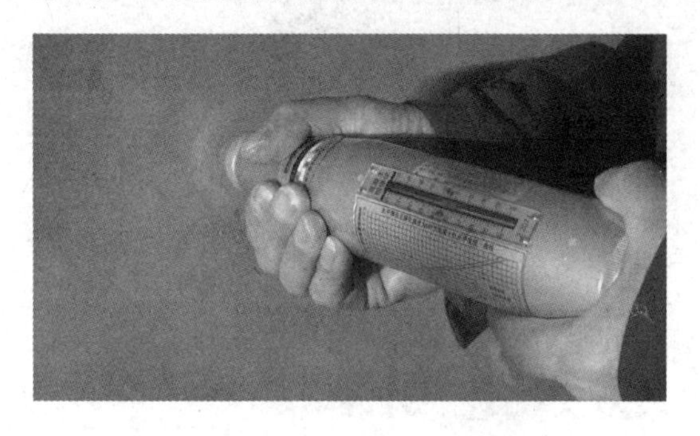

图 20　混凝土实体质量检测

图 21　剪力墙外观质量效果

7. 注意事项

(1) 喷头型号、规格应符合设计要求。

(2) 外观应无加工缺陷和机械损伤，喷头螺纹密封面应无伤痕、毛刺、缺丝或断丝现象。

(3) 喷头安装应在系统测试合格后进行，喷头安装时不得对喷头进行拆装、改动。

(4) 喷雾控制柜及湿度控制仪应可靠接地，且不得放置在喷雾范围内，无法避免时应采取隔离措施。

(5) 喷雾系统使用时，由于混凝土处于潮湿的养护环境，电源线、配电箱采取防漏电及接地保护措施。

8. 相关知识产权

(1) 实用新型专利："混凝土竖向构件自动喷雾养护系统"，专利号：ZL201621255921.3。

(2) 发明专利："混凝土竖向构件自动喷雾养护系统"，专利号：ZL201611032971.X。

(3) 省级工法：基于水雾化环境的混凝土结构智能养护系统施工工法，工法编号：SXSJGF2017-084。

装配式钢板道路操作技术

1. 概述

传统混凝土道路施工周期长、损坏返修率高，为解决以上问题，施工现场临时道路通过采用装配式钢板替代传统混凝土。装配式钢板安装便捷、周转率高，避免后期临时施工道路破除造成成本增加及环境影响。装配式钢板道路符合建筑节能发展方向，避免混凝土一次性浪费，应用效果良好。

2. 关键词

钢板、装配式、可周转、临时道路。

3. 适用范围

适用于施工现场临时道路及临时坡道。

4. 创新点

替代传统的混凝土硬化路面，制作简单、安装便捷、连接牢固、工期短、工效高、适用性强，具有节约成本、绿色环保等特点。

5. 工具加工

1）主要材料、设备规格及参数

见表1。

表1　物资计划表

序号	名称	规格型号	用途
1	预制混凝土块	300mm×300mm×200mm	固定钢板
2	钢板	2000mm×4000mm×20mm	钢板路面
3	10＃槽钢	80mm×80mm×5mm	导水槽
4	连接耳板	100mm×200mm×10mm	连接钢板

2）设计加工图

见图1～图4。

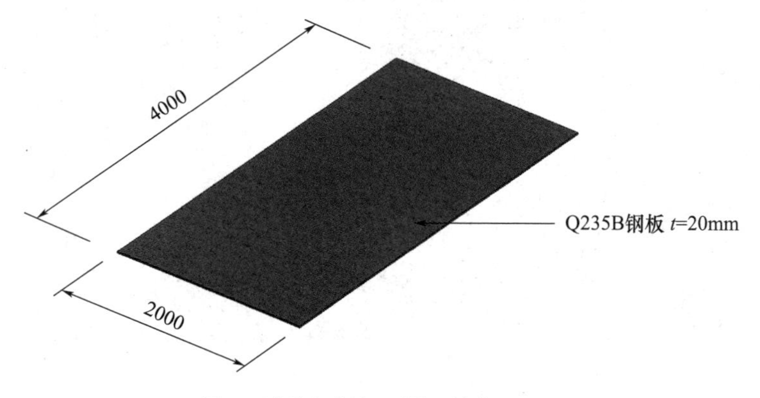

图1　道路钢板加工图（单位：mm）

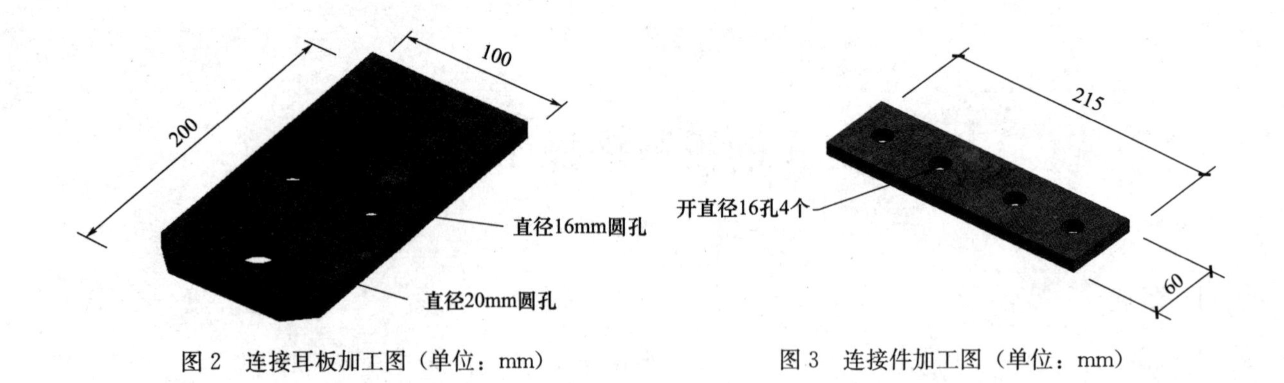

图 2　连接耳板加工图（单位：mm）

图 3　连接件加工图（单位：mm）

图 4　导水槽加工图（单位：mm）

3）设计原理及部件功能

钢板道路通过耳板连接，接缝处安装槽钢进行排水，下部用钢筋将预制混凝土块与耳板连接，防止钢板道路滑移。

4）工具加工步骤

第一步：根据施工现场道路宽度设置，按照规定，单行道宽度不小于 3.5 米，双行道不小于 6.5 米。

第二步：连接耳板采用 100mm×200mm×10mmQ235B 钢板，耳板与连接件通过 Φ14 螺栓固定，再与道路钢板焊接，形成整体路面。

第三步：导水槽及道沿采用 10＃槽钢。

6. 工具操作步骤

1）现场测量放线

根据策划方案在现场放出道路边线，见图 5。

图 5　现场测量放线

2）基础夯实

在施工区域内，对地面进行清理整平并夯实，道路基础符合相关规范要求。

3）地基处理与导水槽设置

测量定位后，放置导水槽，见图6～图7。

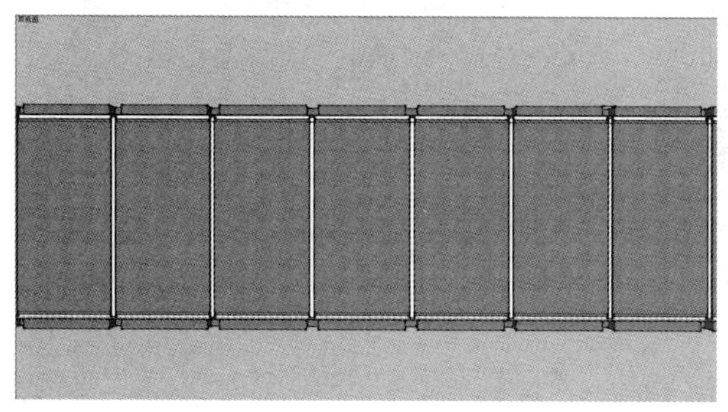

图6　导水槽定位图

图7　导水槽安装

4）二次找平

以导水槽标高为基准进行二次找平，见图8。

图8　二次找平

5）铺设钢板

将钢板铺设在路基上，相邻两块钢板以导水槽中心线为基准，留10mm距离，随安装随检查，相邻两块钢板高差不得大于2mm，钢板端部四角高差不得大于5mm，见图9～图10。

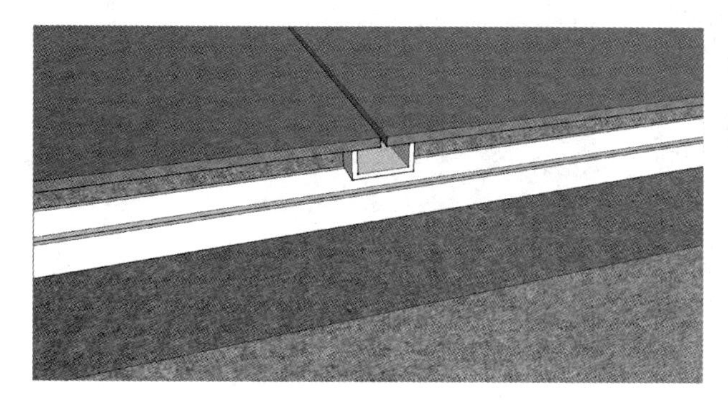

图9　连接构造

图10　现场铺设

6）耳板连接

将两块耳板用 ϕ14 螺栓与连接件连接，并焊接在钢板上，见图 11～图 12。

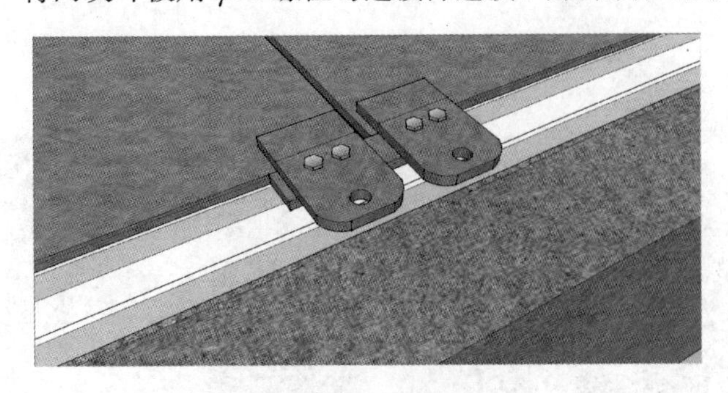

图 11　耳板连接图

图 12　耳板安装

7）预制混凝土块安装

将预制混凝土块安装在耳板下部，并钢筋连接固定，见图 13～图 14。

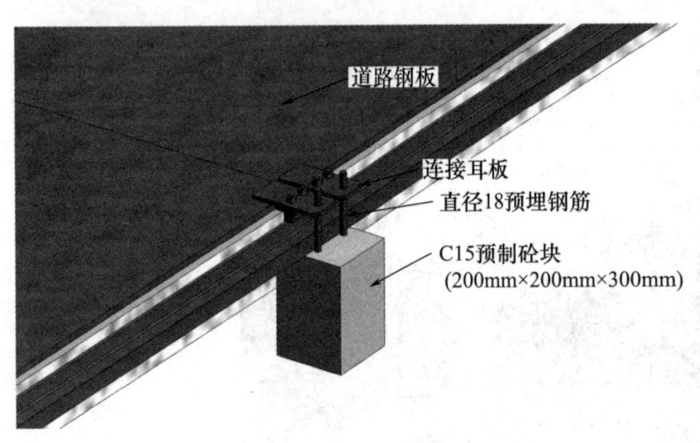

图 13　防滑措施

图 14　预制混凝土块固定

8）路沿安装

钢板铺设完成以后，安装两侧道沿，见图 15～图 16。

图 15　道路策划

图 16　现场照片

7. 注意事项

如使用钢板坡道，钢板面可焊接 ϕ14 螺纹钢充当防滑条，间距宜小于 150mm，与水平道路连接处应考虑车辆转向问题，见图 17。土方及冬季施工过程中应及时清理泥土及冰雪。

图 17　坡道防滑措施

8. 相关知识产权

（1）实用新型专利："装配式钢板道路结构"，专利号：ZL201720225010.4。

（2）省级工法：施工现场装配式钢板道路施工工法，工法编号：SXSJGF2017-099。

装配可调式钢楼梯操作技术

1. 概述

近年来，施工现场钢楼梯随着施工技术的不断进步，越来越先进便捷，目前在行业内应用较广的是组合式钢楼梯，钢楼梯踏面板与楼梯梯梁焊接或用螺丝固定连接，根据现场实际高度加工钢楼梯，高度改变时往往要重新加工或修改原有钢楼梯，除耗费材料、劳动力，效率低以外，还会导致现场钢楼梯堆放困难，影响现场文明施工。为了解决上述问题，研制装配可调式钢楼梯，通过调节钢楼梯的倾斜角度实现钢楼梯高度的调节，提高了适应范围，避免钢楼梯重加工，且提高了施工效率。

2. 关键词

装配式、高度及角度可调节、钢楼梯。

3. 适用范围（适用场景）

适用于施工现场高度 1.5～2.5m 台阶处的人行通道。

4. 创新点

（1）各部件为模块化，各部件可组装和拆卸。

（2）将钢楼梯梯梁设计为矩形方管，通过调节矩形方管梯梁与上下安装件转动连接，以使矩形方管梯梁之间的倾斜角度可调节，从而实现钢楼梯高度的调节。

（3）提高适应范围的同时改变了传统焊接方法，避免了钢楼梯重复加工和每一种高度对应一种楼梯的局限性。重量轻便，方便搬运，适应性强，可周转使用，节约材料，安拆工效高。

5. 工具加工

1）主要材料、设备规格及参数

见表 1。

表 1　主要材料表

序号	制作部位	材料类型	规格尺寸
1	梯梁	方钢	40mm×60mm×3mm
2	踏步板	花纹钢板	3mm
3	侧面封板	钢板	6mm
4	扶手	圆管	ϕ33×3mm
5	安装件	方钢和钢板	30mm×50mm×2mm 150mm×150mm×5mm

2）设计加工图

见图 1～图 3。

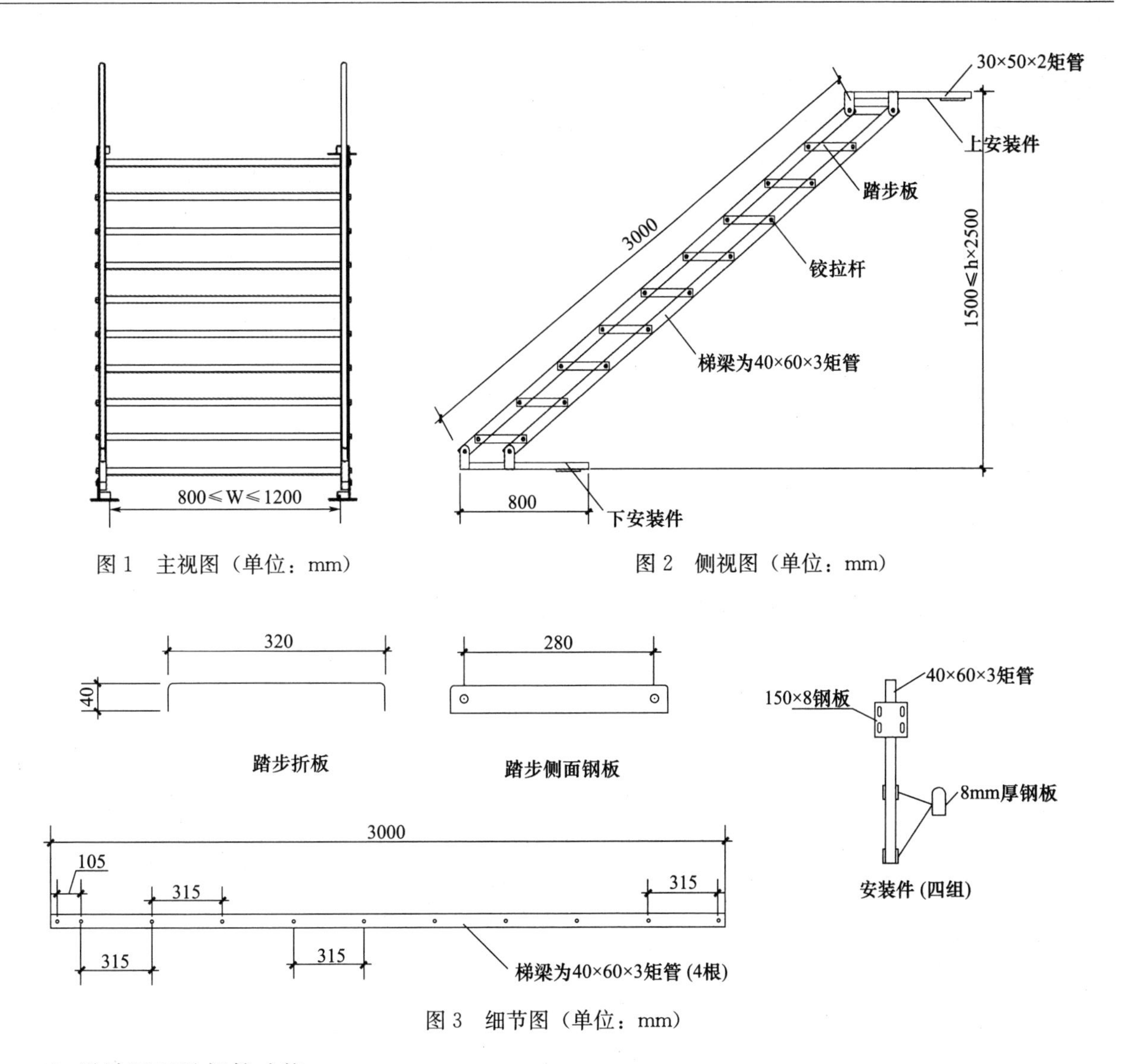

图1　主视图（单位：mm）

图2　侧视图（单位：mm）

图3　细节图（单位：mm）

3）设计原理及部件功能

见图4。

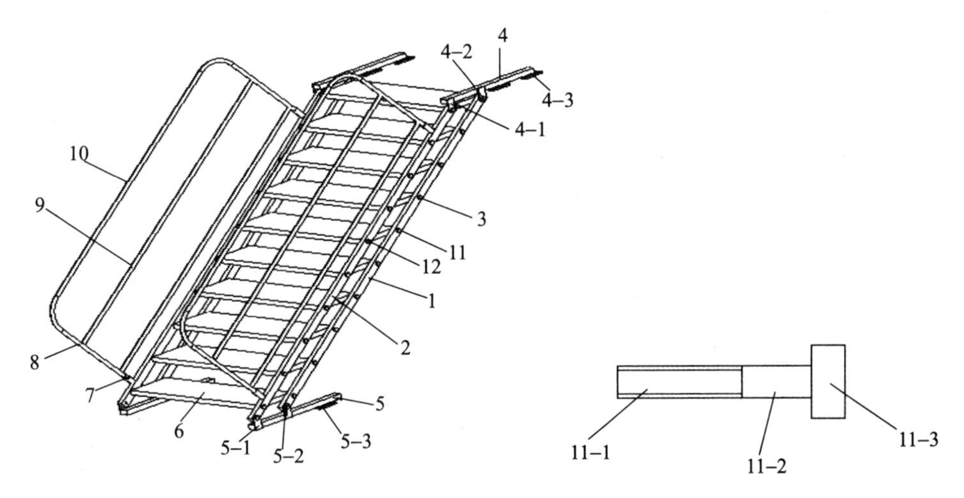

图4　设计原理图

1—第一矩形方管梯梁；2—第二矩形方管梯梁；3—梯梁组件；4—上铰接管；4-1—上安装座；4-2—上铰接轴；4-3—上锚固安装板；5—下连接管；5-1—下安装座；5-2—下铰接轴；5-3—下锚固安装板；6—踏步板；7—套管；8—端护栏杆；9—中部扶手杆；10—顶扶手杆；11—第一连接件；11-1—螺纹杆部；11-2—光杆部；11-3—六角头部；12—第二连接件

6. 工具操作步骤

第一步：分别将两侧梯梁矩形方管与上下安装件采用铰接螺杆连接。

第二步：根据踏步长度，将安装好的两组梯梁架空所需要安装楼梯位置台阶处，保持两组梯梁平行。

第三步：将底部踏步和顶部踏步与两侧梯梁采用铰接螺杆连接，调整宽度和高度，依次将每个踏步安装到梯梁处。

第四步：将上下安装件采用膨胀螺栓固定到地面。在不同高度位置使用时，通过旋转两组梯梁角度，调整不同高度。

7. 注事项

此钢楼梯仅适用于人行通道，严禁搬运重物通过楼梯。

8. 相关知识产权

实用新型专利："一种装配可调式钢楼梯"，专利号：ZL202223448648.4。

便携式角度可调节钢坡道操作技术

1. 概述

建筑施工现场经常因上翻梁、小台阶产生高差，物料运输时平板车难以通过，现场一般采取架设木模板或焊接钢制坡道，费时费力且不美观，结构稳定性差且不能二次利用，增加施工成本。为解决以上问题，设计一种结构简单的便携式角度可调节钢坡道，操作便捷。通过调节支撑机构的转动，既能调节钢坡道角度，又能对坡道走道进行支撑，提高了适应范围，且集成度高，便于整体携带搬运。

2. 关键词

便携式、角度可调节、钢坡道。

3. 适用范围（适用场景）

适用于物料运输时平板车上翻梁、小台阶产生的高差，高差范围：200mm$\leqslant H \leqslant$500mm。

4. 创新点

（1）设置坡道底座、坡道走道和调节支撑机构集成一体，调节和支撑一体实现简化结构，重量减少，便于整体携带搬运。

（2）设置上铰接杆，与坡道框上部铰接，便于调节支撑机构通过上铰接杆绕坡道走道底部转动调节，以改变调节支撑机构的倾斜角度，从而实现钢坡道倾斜角度的调节。

（3）设置限位板和限位槽，对下限位杆的两端进行限位，通过下限位杆的限位实现调节支撑机构的限位，以使调节支撑机构调节到位后对坡道走道进行支撑，便于承载。

5. 工具加工

1）主要材料、设备规格及参数

见表 1。

表 1　主要材料表

序号	制作部位	材料类型	规格尺寸
1	坡道底座	方钢	40mm×60mm×3mm
2	坡道走道	方钢	40mm×60mm×3mm
		花纹钢板	3mm
3	调节支撑杆	方钢	40mm×60mm×3mm
4	限位槽	方钢	40mm×60mm×3mm
5	铰接杆	圆钢	ϕ20

2）设计原理及部件功能

见图 1。

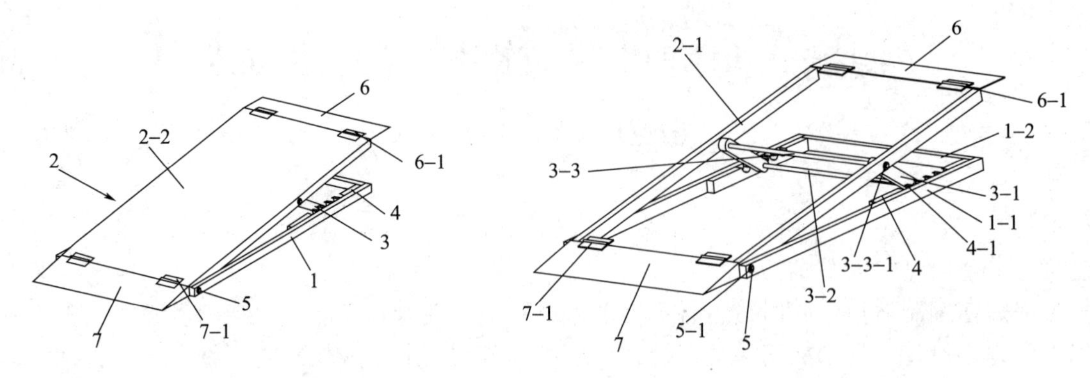

图 1　设计原理及部件功能

1—坡道底座；1-1—底座框杆；1-2—底座连杆；2—坡道走道；2-1—坡道框；2-2—走道钢板；3—调节支撑机构；3-1—调节支撑板；3-2—下限位杆；3-3—上铰接杆；3-3-1—上锁紧螺母；4—限位板；4-1—限位槽；5—下铰接杆；5-1—下锁紧螺母；6—上翻板；6-1—上重型合页；7—下翻板；7-1—下重型合页

6. 工具操作步骤

第一步：将坡道放置于现场所需位置。

第二步：根据所需高度，通过旋转坡道走道，将支撑杆上的铰接杆放置于限位卡槽中

第三步：将下翻板放置于地面，上翻板与台阶位置搭接。

7. 注意事项

运输物料平板车载重量小于 500kg。

8. 相关知识产权

实用新型专利：“一种便携式角度可调节钢坡道”，专利号：ZL202223449534.1。

利用传感器进行架体监测操作技术

1. 概述

模板支撑脚手架应当对强度、刚度、稳定性等进行验算，但强度、刚度、稳定性受到架体立杆承载力（轴力）的影响，施工验算时会对单根立杆设定一个最不利状态下受力极大值，一旦施工荷载接近或超过此值就要停止加载并对架体采取措施，否则将有可能出现异常状况导致危险发生，因此在施工过程中对架体变形、单根立杆极限承载力（轴力）进行监测是必要的。

2. 关键词

拉压传感器、架体变形、脚手架监测。

3. 适用范围（适用场景）

适用于危大工程或超危大工程的模板支撑架体监测。

4. 创新点

拉、压力传感器常用于工业制造、加工领域，经过研究发现对传感器进行优化改进具备架体变形监测的能力，具体方法是在脚手架搭设时在监测点安装传感器，此时可读出一个初始值（Q_1），在浇筑混凝土环节再次对监测点进行读数（Q_2-Q_n），后者减去前者即可计算出单根立杆所承受承载力（轴力）值大小，与方案计算值进行比对从而做出安全性判断。本次创新利用传感器进行内力读取解决以往架体难以实现监测的困扰。

5. 工具加工

1）主要材料、设备规格及参数

见表1。

表1　主要材料表

	材料	规格
仪表		30kN
传感器	压力	15kN
	压力	15kN
	压力	15kN
	拉力（2块）	10kN
数据线	数据线	10米/5根

2）设计加工图

见图1～图2。

图 1　带底座加工完成图（也可不带底座）

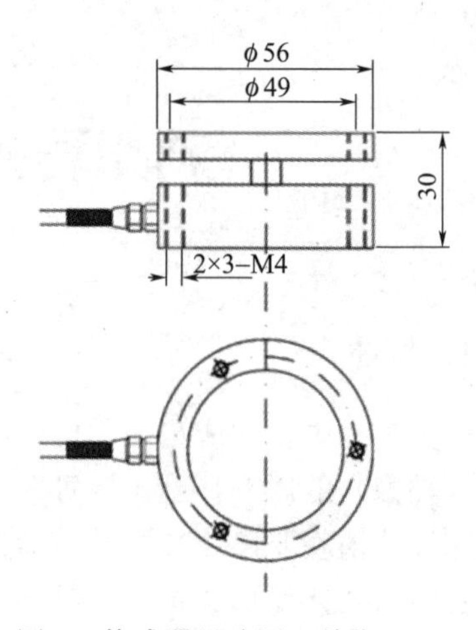

图 2　传感器尺寸图（单位：mm）

3）设计原理及部件功能

见图 3。

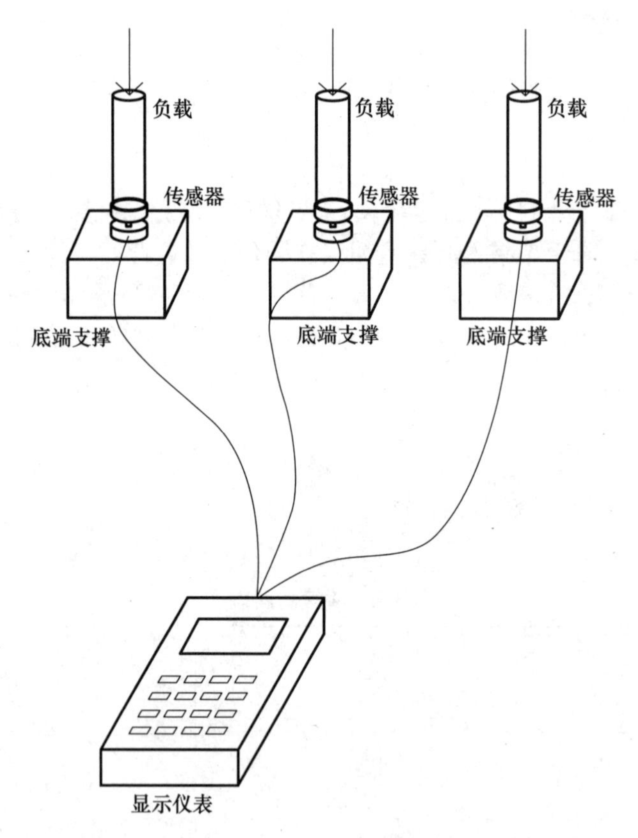

图 3　设计原理图

如图 3 所示在监测点立杆底部安装传感器，传感器与仪表相连，当立杆受到负载后传感器会反映出压力变化，通过数据线将模拟信号传输到仪表，仪表通过数字方式体现变化情况，以实现监测到读取的目的。

4）工具加工步骤

第一步：传感器工地组装，见图 4。

第二步：传感器与仪表连接并进行称量试验，见图 5。

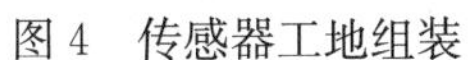

图 4　传感器工地组装

图 5　传感器与仪表连接并进行称重实验

6. 工具操作步骤

见图 6～图 9。

第一步：确定监测点。

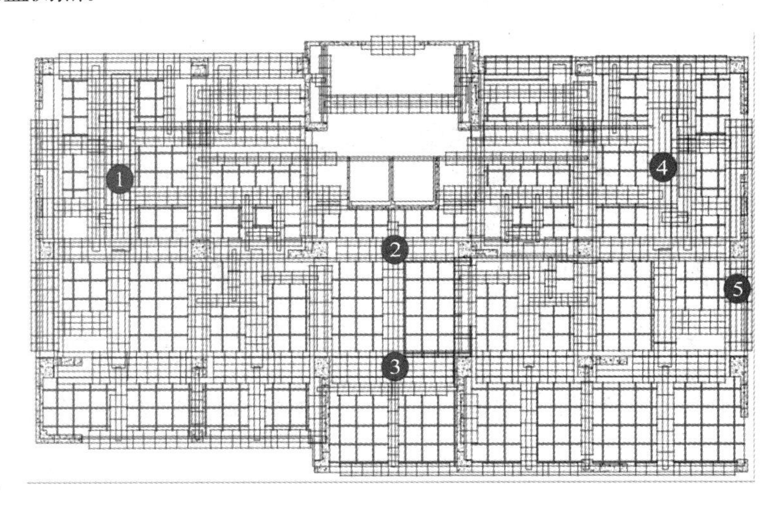

图 6　方案中确定监测点

第二步：架体监测点安装传感器。

图 7　架体监测点安装传感器

第三步：传感器监测数据读取。

图 8　浇筑环节传感器监测数据读取

第四步：监测数据得出结论与计算书对比。

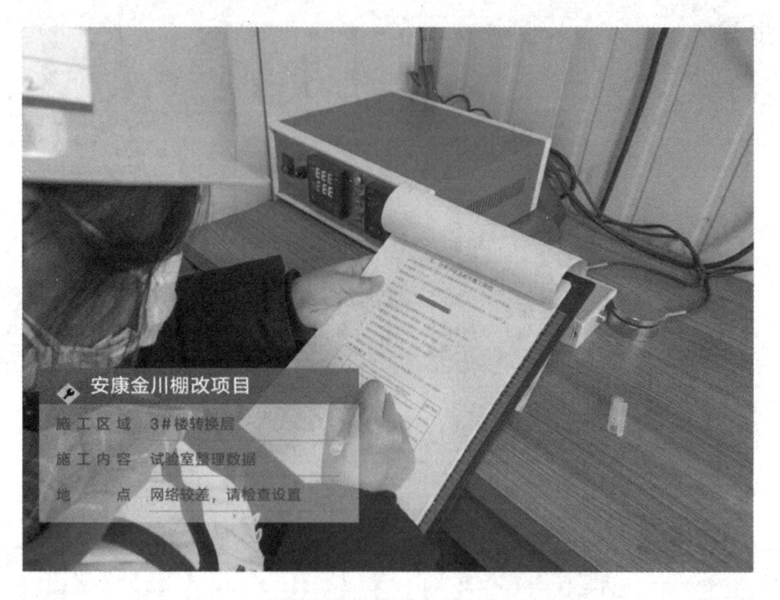

图 9　监测数据得出结论与计算书对比

7. 注意事项

（1）传感器量程必须大于待测值量程。

（2）传感器与仪表进行校准，确保灵敏、及时读出变化。

（3）浇筑过程中当出现仪表无显示或明显数值异常确认安全后，再进入架体检查与传感器线路连接。

（4）龄期到达拆除架体同时才能收回传感器。

（5）监测结论应当与计算书进行比对。

8. 相关知识产权

省级 QC 三类成果：一种危大架体变形监测装置的研发，证书编号：SJX2023062024。

可调节预制楼梯模具装置操作技术

1. 概述

在国家大力推行装配式建筑政策的环境下，混凝土预制构件的应用日渐增长。预制构件迎来了大规模生产，但由于项目对工期的控制使得预制构件供货紧张，在满足供货的需求下，需进行生产成本控制。可调节预制楼梯模具用于预制楼梯生产，各部件由螺栓固定组装，操作简单，能够缩短模具加工周期，解决不同项目不同楼梯尺寸模具共模，减少模具套数，提高模具使用率，从而降低模具成本。

2. 关键词

可调节、楼梯模具、预制楼梯。

3. 适用范围（适用场景）

适用于不同尺寸的预制楼梯生产。

4. 创新点

底座可拆卸，面板模块化，侧挡边标准化，增加模具使用寿命，最大程度节约成本。

5. 工具加工

1）主要材料、设备规格及参数

（1）12＃槽钢

① 将12＃槽钢按照设计尺寸裁剪焊接加工成底座。

② 在槽钢固定位置设置限位块，用于支撑板的左右滑动。

（2）钢板

① 将6mm厚钢板裁剪焊接，按照设计图纸分别加工支撑板、面板、侧挡边、挑耳工装等。

② 在指定位置开孔用于螺栓连接。

（3）堵浆条

① 采购成品10mm×10mm塑料密封条，按照模具尺寸裁剪。

② 在模具拼缝处设置凹槽，构件生产时将堵浆条设置于凹槽处避免漏浆。

（4）主要材料

见表1。

表1　主要材料应用表

序号	材料名称	规格型号	单位	备注
1	Q235钢板	6mm厚	kg	
2		8mm厚	kg	
3	槽钢	12＃	m	
4	密封条	10×10mm	m	

（5）施工机械、机具

见表 2。

表 2　主要施工机械设备、机具

序号	名称	规格	单位
1	行车	16T	台
2	套筒扳手		把
3	钢卷尺	5m	把
4	塞尺		把
5	振动棒	ZN35	台
6	刮杠	2m	条
7	抹泥刀		个

2）设计加工图

模具设计包含模具底座、滑动式支撑板、可拆卸面板、可调节侧挡边、可调节挑耳工装等，见图 1。

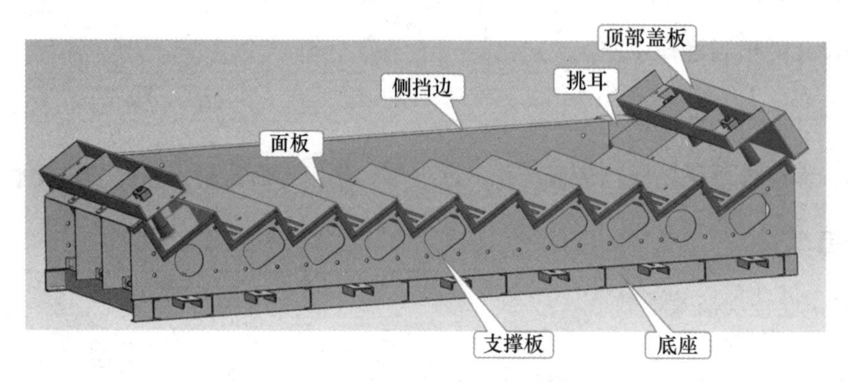

图 1　楼梯模具设计三维图

3）设计原理及部件功能

（1）模具底座设计

依据设计图纸加大底座尺寸，并在模具底座上开孔用于安装限位器，底座与支撑板通过限位块固定，将模具只作为螺栓连接的可调节组合式，项目结束后，拆掉模具，保留底座，通过改变模具底座螺栓孔限位装置，进行区间可调节安装，实现模具的可调节。接到下个项目图纸后，根据现有底座通过调节支撑板达到图纸要求，然后将其拼装，见图 2。

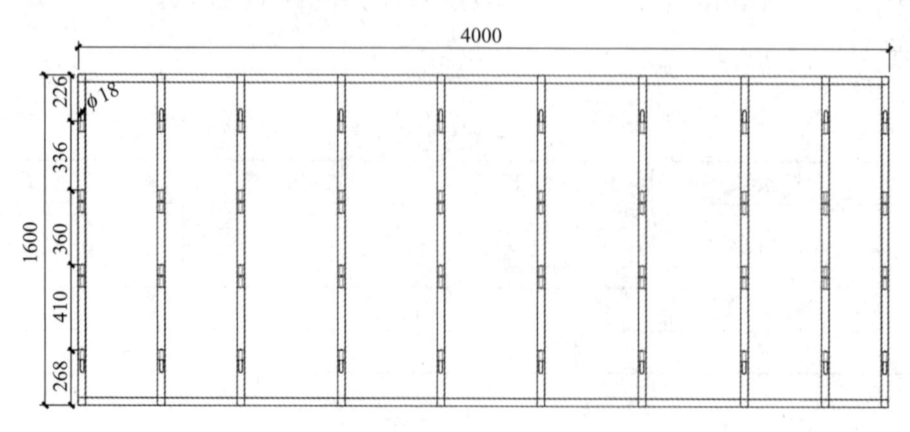

图 2　楼梯底座设计图（单位：mm）

（2）滑动式支撑板设计

将支撑板按照目前楼梯最大踏步数量（10个踏步）设计为滑动式，生产时通过滑动支撑板踏步来满足不同踏步楼梯的生产，当楼梯平台处尺寸过大时仅需加工支撑板两端，将支撑板中间部位作周转使用，见图3～图5。

图3　滑动式支撑板三维图

图4　滑动式支撑板三维图

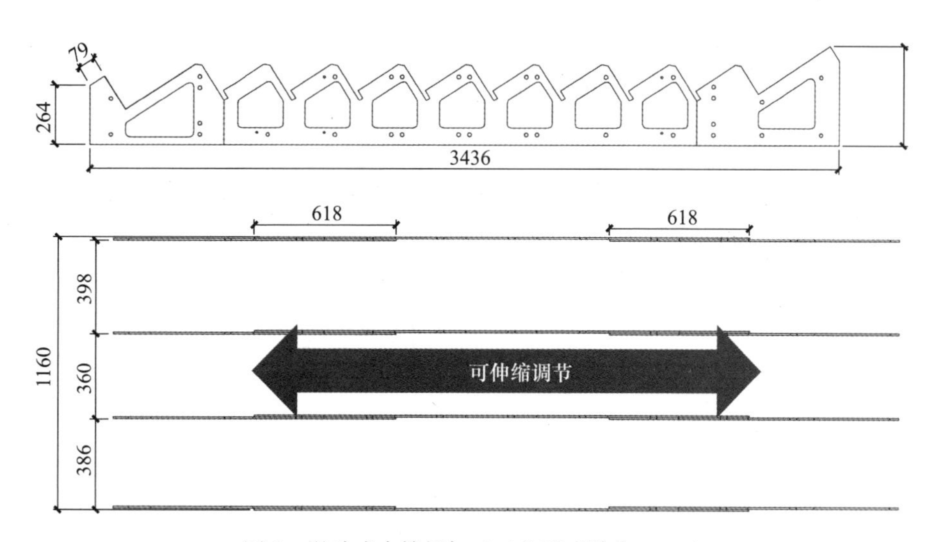

图5　滑动式支撑板加工工艺图（单位：mm）

（3）可拆卸面板设计

将面板化整为零，以踏步为单位进行设计，以抽拉滑动方式进行安装，依据楼梯宽度的不同随时更换不同尺寸的面板，且生产时可根据实际项目楼梯踏步数量进行自由组合，踏步面板使用螺栓进行连接，见图6。

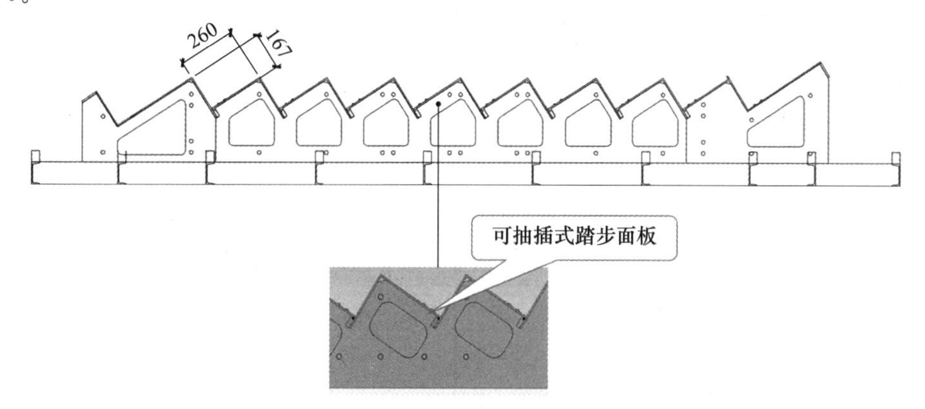

图6　可拆卸面板设计图（单位：mm）

（4）可调节侧挡边

将侧挡边设计成可拼装式，通过螺栓可靠连接，更换项目时仅需更换两端端头，中间段可重复使用，见图 7～图 10。

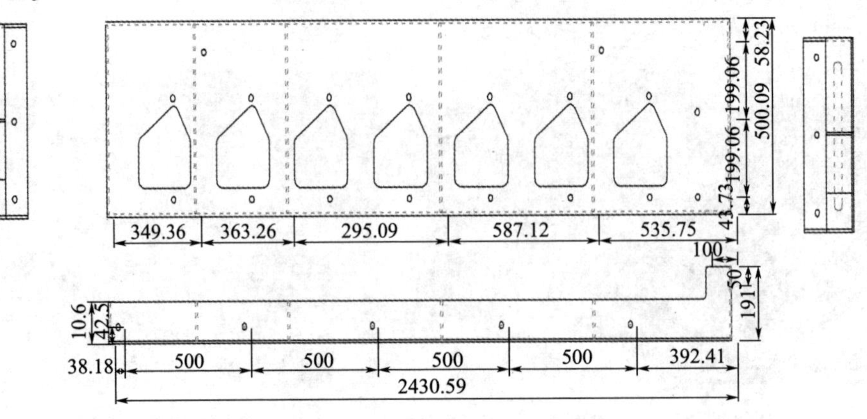

图 7　侧挡边中间段设计图（单位：mm）

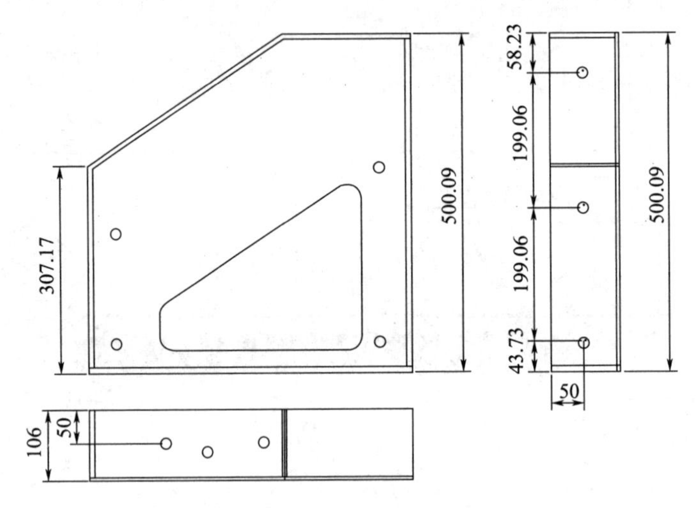

图 8　侧挡边下端头设计图（单位：mm）

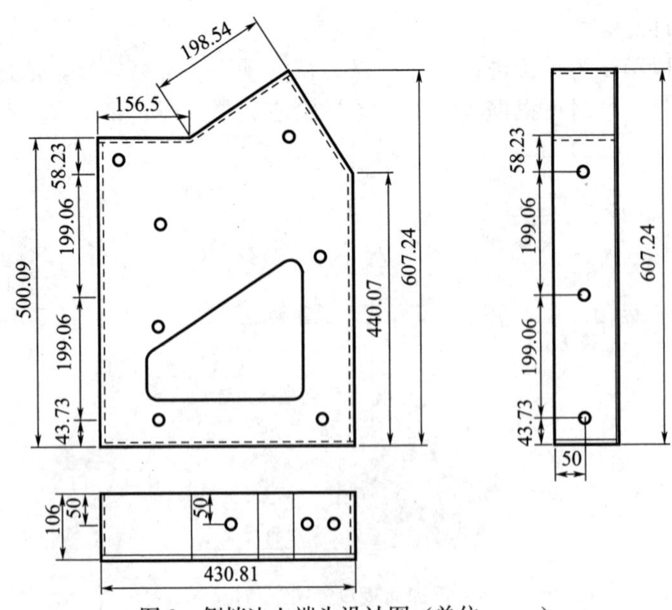

图 9　侧挡边上端头设计图（单位：mm）

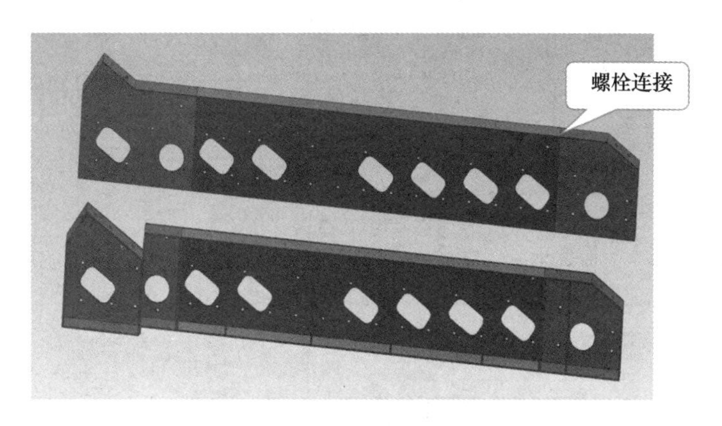

图 10　可调节侧挡边三维图

（5）可调节挑耳

预制楼梯根据梯井及安装方向的不同，挑耳尺寸、位置也不一致，因此在楼梯模具设计时在楼梯模具两侧均设置挑耳，根据各个楼梯的不同挑耳位置及尺寸来在挑耳处设置工装，与侧挡边通过螺栓连接，见图 11～图 13。

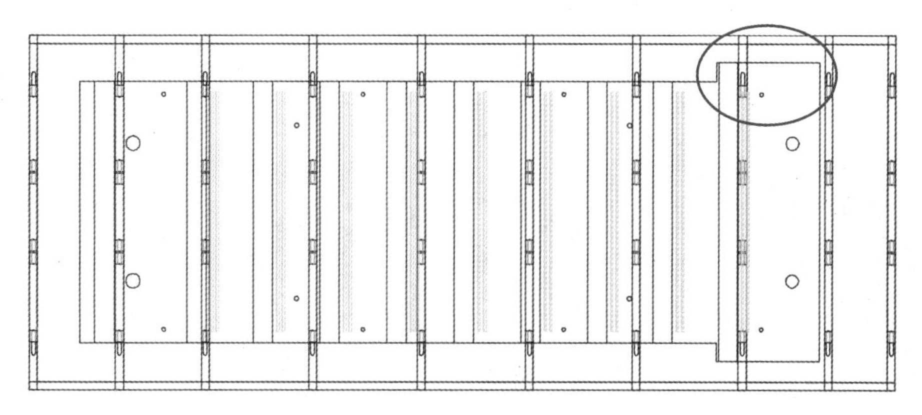

图 11　可调节挑耳设计工艺图

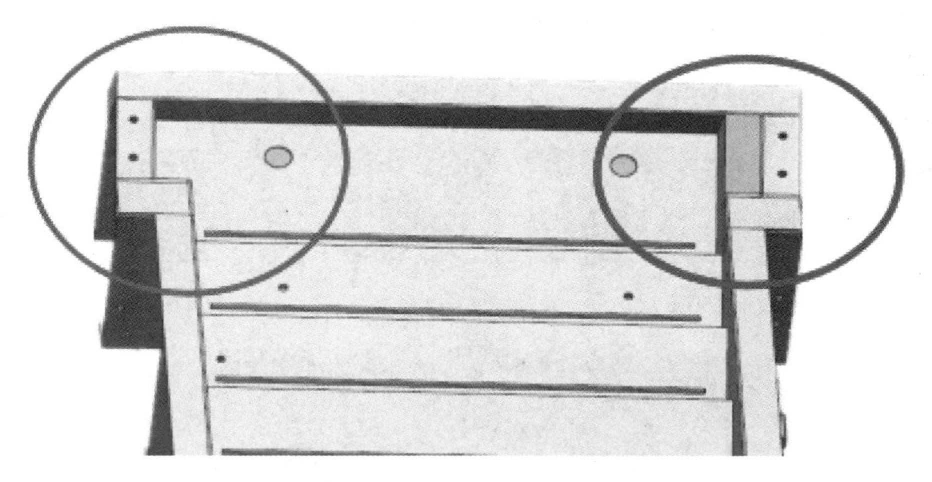

图 12　可调节挑耳工装模拟图

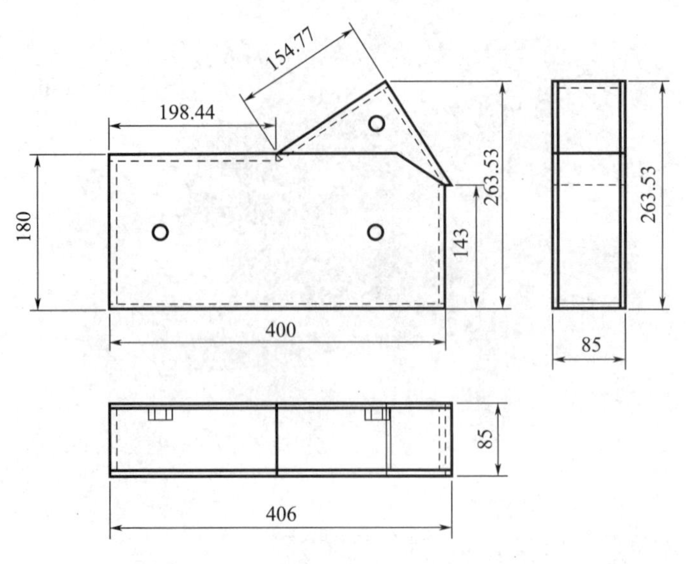

图 13　可调节挑耳工装设计（单位：mm）

4）模具加工

可调节预制楼梯模具加工依据模具设计图纸，各部件为焊接件，委托模具厂加工，按照设计图纸将楼梯各部件拆分，使用高精度激光机床进行各部件下料后，用螺栓连接组装，见图 14～图 18。

图 14　底座加工连接支撑板

图 15　滑动式支撑板

图 16　可拼装面板加工安装

图 17　可调节侧挡边

图 18　可调节挑耳

6. 工具操作步骤

1）模具组装

可调节预制楼梯模具零部件较多，因此模具在模具厂组装调试后，整体运输至预制构件加工厂，后期需模具厂安排相关技术人员进行技术交底，见图 19～图 20。

图 19　整体组装模具

图 20　加工组装完成

2）模具调节

支撑板调节：根据适用楼梯图纸调节踏步滑动支撑板，确保能够适用楼梯生产，见图 21。

图 21　滑动支撑板调节图示

踏步面板安装：将踏步面板一一组合固定在支撑板上，根据楼梯工艺图纸，重新加工两端平台面板，后与踏步面板进行安装连接，见图 22。

图 22　踏步面板安装图示

侧挡边安装：拆除侧挡边两端端头，保留中间段，根据楼梯工艺图纸，加工侧挡边端头并连接，见图 23。

图 23　侧挡边安装图示

验收：模具安装完成后测量模具尺寸，若不符合图纸要求尺寸，则继续调整，直至满足生产要求为止。

3）预制楼梯生产

经过钢筋制作绑扎、合模、预埋件预埋、混凝土浇筑一次成型、采用“固定台模蒸汽养护”、脱模吊装、堆码成垛，见图 24～图 29。

图 24　置筋预埋

图 25　浇捣混凝土

图 26　收面

图 27　蒸汽养护

图 28　脱模

图 29　堆码成垛

7. 注意事项

（1）模具组模或拆除时应避免暴力拆模，螺栓连接拼缝处应紧密、严实。

（2）模具拆除时，混凝土强度应达到设计强度的 50%且不低于 15MPa。

（3）预留的暖卫、电气暗管，地脚螺栓及插筋，在浇筑混凝土过程中不得碰撞，不得使之产生位移。

（4）应按设计要求预留孔洞或埋设螺栓和预埋铁件，不得后凿洞埋设。

（5）混凝土浇捣应按照相关规范或者工艺要求进行施工，防止后期产生质量问题。

（6）混凝土拆模后，应检查其外观质量，并作好记录。有混凝土裂缝、蜂窝、麻面等质量问题时应及时处理，并派专人负责，由专业人员修补。

8. 相关知识产权

（1）实用新型专利："一种装配式楼梯模具"，专利号：ZL202221016023.8。

（2）实用新型专利："一种楼梯模具用尺寸可调节的支撑座"，专利号：ZL202221017423.0。

（3）企业级工法名称：可调节预制楼梯模具施工工法，编号：SWJQB-GF-202216。

混凝土现浇楼板厚度控制
——自制钢筋插钎操作技术

1. 概述

混凝土结构楼板厚度的控制在土建工程中极为重要，若板厚不足，将发生结构板易开裂渗漏等风险；若板厚偏厚，会使楼面找平层施工困难，出现净空高度不足等问题。为了解决这一问题，采用零料钢筋一端弯折一定角度（90°左右）以形成弯钩，自制插钎法控制楼板厚度工具。

2. 关键词

混凝土现浇楼板、厚度控制。

3. 适用范围（适用场景）

该工具适用于楼板混凝土浇筑施工找平。

4. 创新点

自制钢筋插钎具备操作灵活、结构简单、方便携带、可周转、成本低廉的优点。

5. 工具加工

1）主要材料

（1）钢筋：ϕ12 带肋钢筋。

（2）焊条：焊条牌号应符合设计规定。

2）施工机具准备

见表1。

表1　现场机械设备配置表

序号	设备名称	型号
1	钢筋弯曲机	GW40
2	钢筋切断机	QJ40
3	电焊机	AX5-500
4	砂轮切割机	QJ32-1

3）设计加工图

见图1。

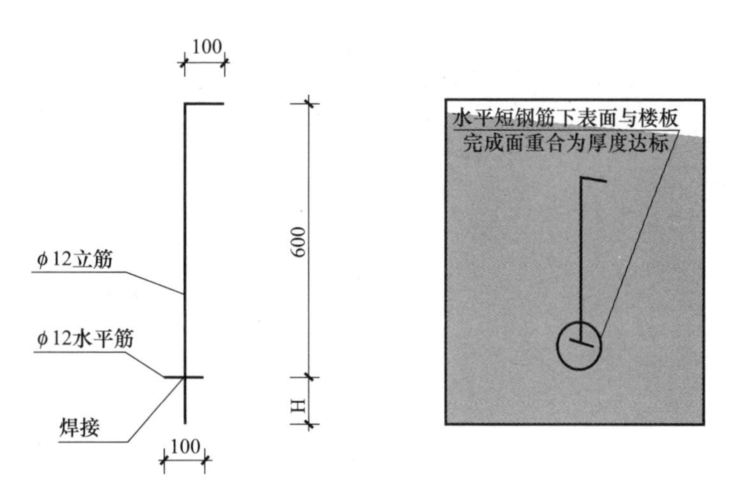

图1　自制S钢筋插钎工具示意图（单位：mm）

4）工具加工步骤

第一步：现场取调直且无锈蚀的 ϕ12 带肋钢筋。截取长度 600mm 作为立筋，100mm 作为水平筋，见图 2～图 3。

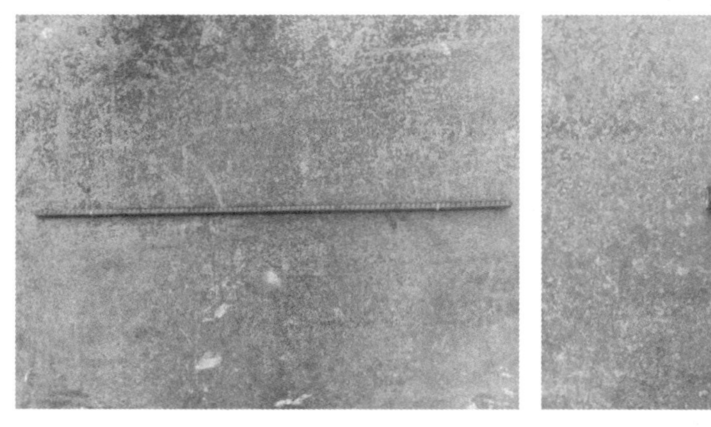

图2　立筋

图3　水平筋

第二步：从立筋一端量取 100mm 做标记，用钢筋弯曲机做 90°弯钩作为控制器手柄，见图 4。

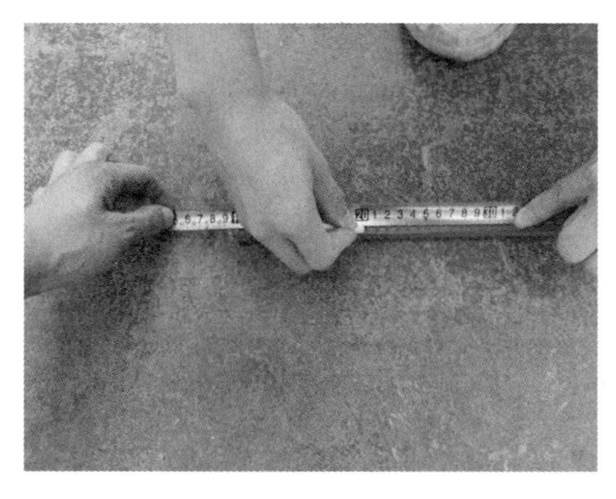

图4　控制器手柄

第三步：从立筋一端根据图纸标注浇筑混凝土的厚度 H 对应尺寸做标记，在标记处将水平筋的中点垂直于立筋进行焊接，见图 5。

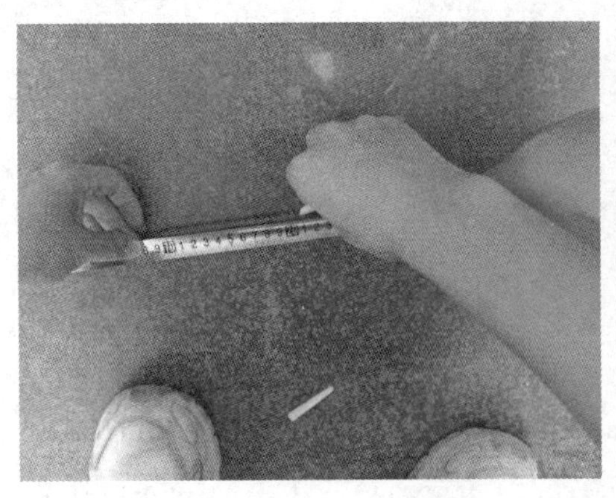

图 5　立筋焊接

第四步：用尺度工具复核水平短筋下端的立筋长度是否与图纸标注浇筑混凝土的厚度 H 吻合，见图 6。

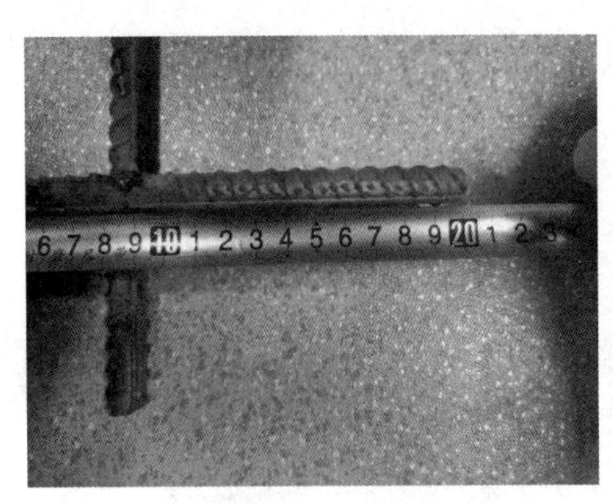

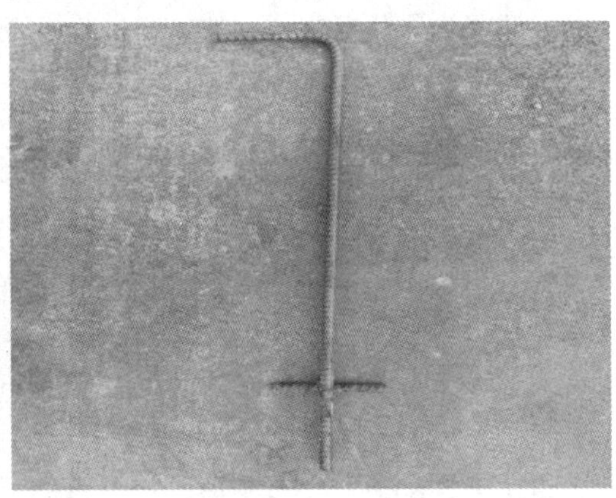

图 6　插钎成品

6. 工具操作步骤

第一步：在模板支设完成后，检查模板顶标高，误差控制在标准范围内，见图 7～图 8。

图 7　模板支设

图 8　检查顶板标高

第二步：顶板钢筋绑扎施工完成，满足施工规范要求，见图 9。

第三步：在混凝土摊铺过程中，随时将钢筋插钎垂直插入检测位置混凝土内，使钢筋插钎底端触及模板顶面，混凝土上平面与钢筋插钎水平筋下表面平齐时，表明该检测点混凝土厚度与设计厚度一致，对高出部位的混凝土铲除，不够高的部位给予补平，见图 10。

图 9　顶板钢筋绑扎

图 10　摊铺过程插钎

第四步：在混凝土找平过程中，每房间不少于 5 点（房间四角及房间中心部位）且间距不超过 2m，见图 11。

图 11　找平过程插钎

第五步：混凝土浇筑完成后养护，见图 12。

图 12　覆盖及浇水养护

7. 注意事项

（1）在钢筋插钎工具使用之前，技术人员要对各级管理人员和工人进行技术规范交底和关键部位施工交底。

（2）钢筋端头间隙、焊接位置应符合规定。

（3）每次使用完后应将工具清理干净。

墙柱钢筋可调节定位工具操作技术

1. 概述

在施工墙柱钢筋时，经常会因各种原因导致钢筋间距不满足质量要求，而目前施工现场对钢筋间距的控制多采用焊接一次性梯子筋的方法，此方法在面对大量不同钢筋间距、肢数及不同墙柱截面时需重复焊接。为解决以上问题，应用一种可调节墙柱钢筋定位工具，将固定钢筋间距的固定件做成滑动式，达到了灵活控制钢筋间距的目的，实现了一套工具即可满足不同的钢筋间距、肢数、不同墙柱截面的钢筋定位需求。相较于传统梯子筋显著节约了材料及人工。

2. 关键词

可调节定位工具、钢筋定位、滑动装置。

3. 适用范围（适用场景）

适用于钢筋工程中不同钢筋型号、间距的墙柱钢筋定位及异形柱的钢筋定位。

4. 创新点

采用方管作为骨架并结合圆钢、螺栓组装成连接件和固定件，固定件可以根据不同钢筋间距调整距离并固定，连接件可将骨架拼接成矩形，改变连接件角度也可拼接成各种异形。

5. 工具加工

1）主要材料、设备规格及参数

见表1。

表1　主要材料表

	材料	规格
骨架	20×20×2 方管	1200mm
固定件	25×25×2 方管	30mm
	ϕ10 圆钢	30mm
	M10 高强螺栓	30mm
连接件	25×25×2 方管	30mm
	M10 高强螺栓	30mm

2）设计加工图

见图1～图3。

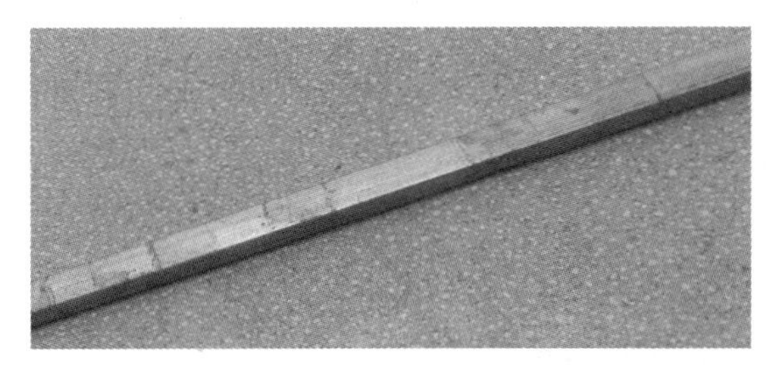

图1　骨架：1200mm长镀锌 20×20×2 方管

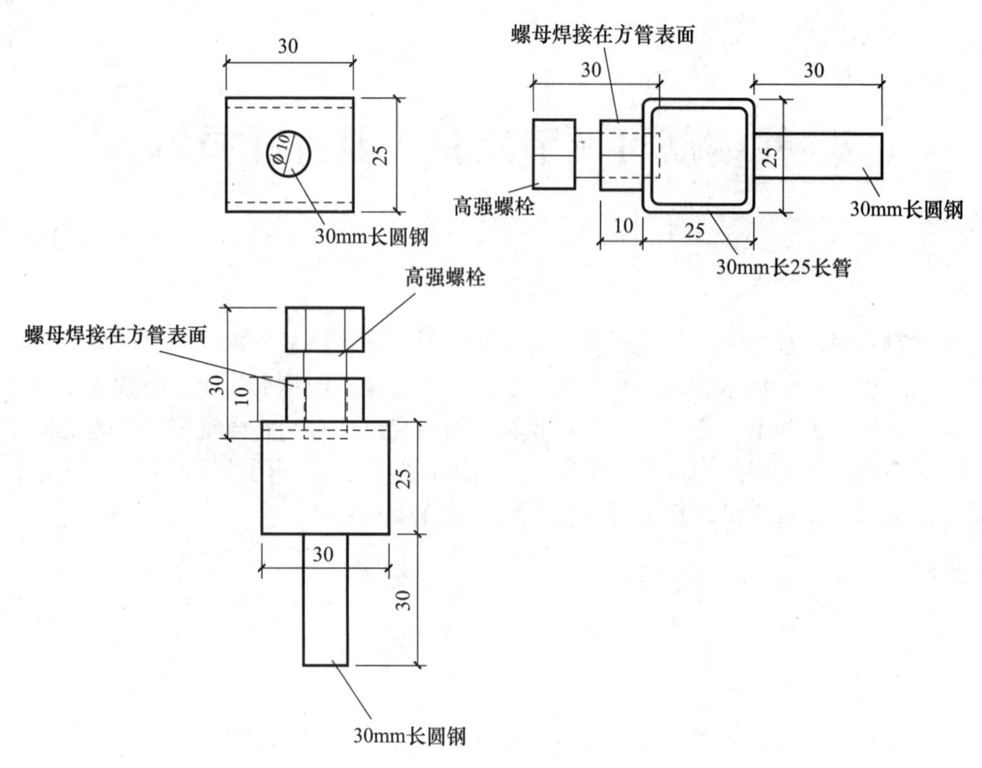

图 2　固定件三视图（单位：mm）

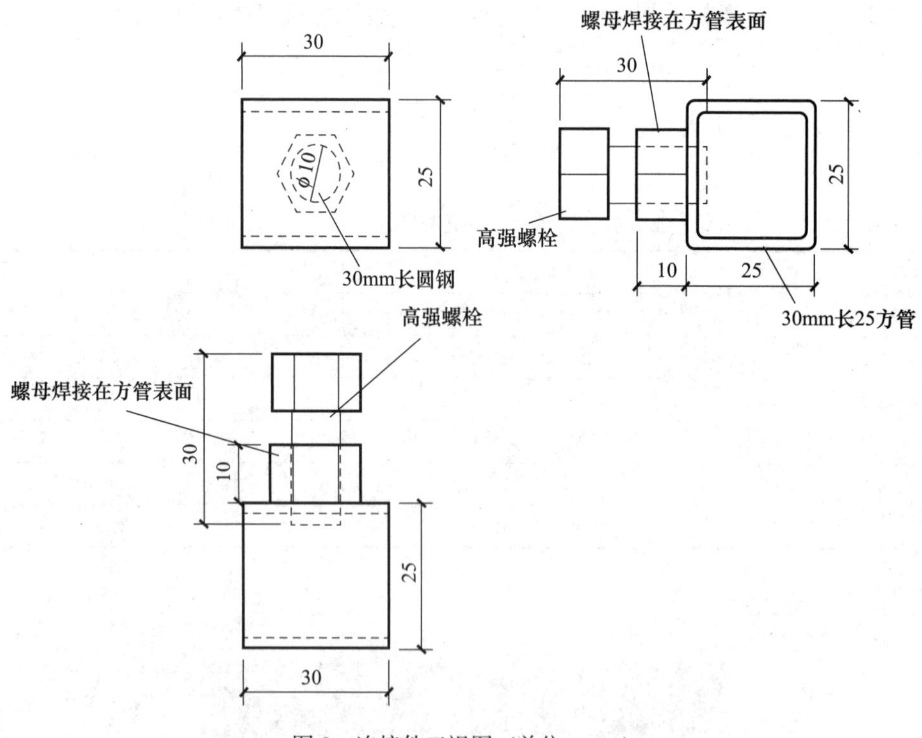

图 3　连接件三视图（单位：mm）

3）设计原理及部件功能

固定件在骨架上来回滑动控制间距，见图 4～图 5。

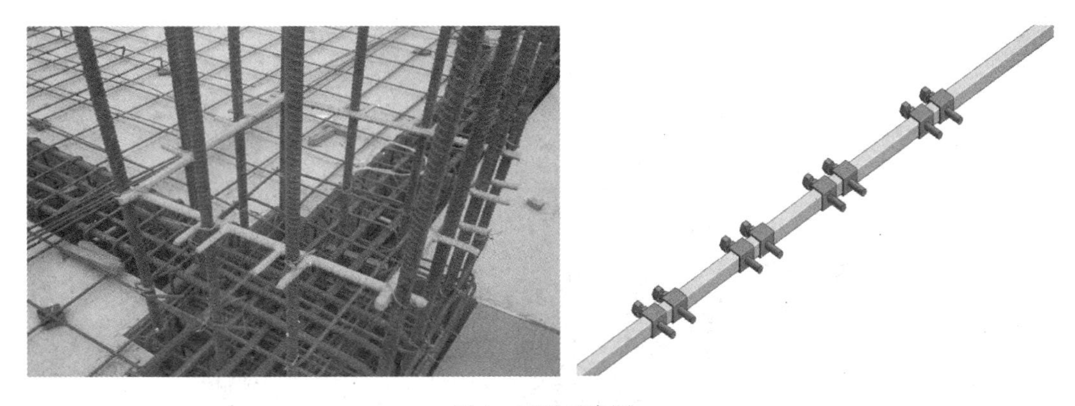

图4　工具示意图

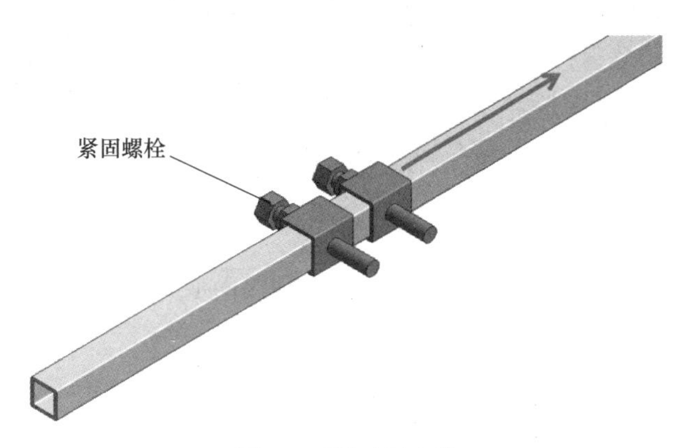

图5　可滑动固定件

根据钢筋规格和钢筋间距调整固定件两两一组，确定好位置后旋转螺栓进行固定，见图6。

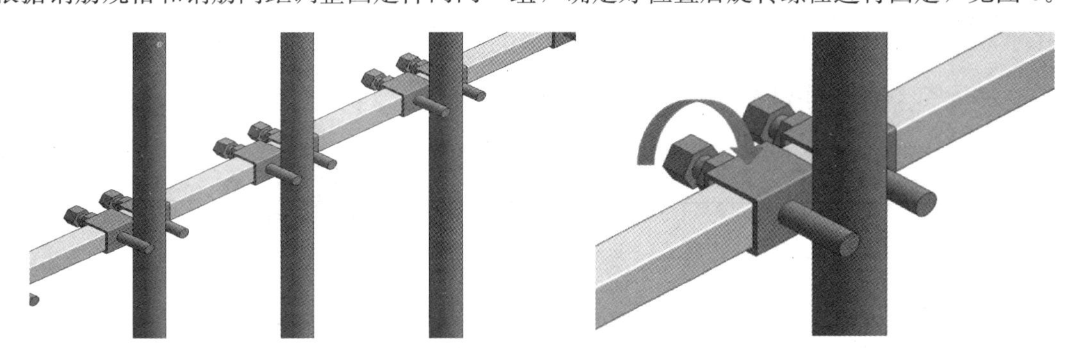

图6　固定件

连接件两两一组根据墙柱截面以一定角度进行焊接（以矩形截面为例成90°焊接），连接件穿过龙骨起到连接固定作用，见图7。

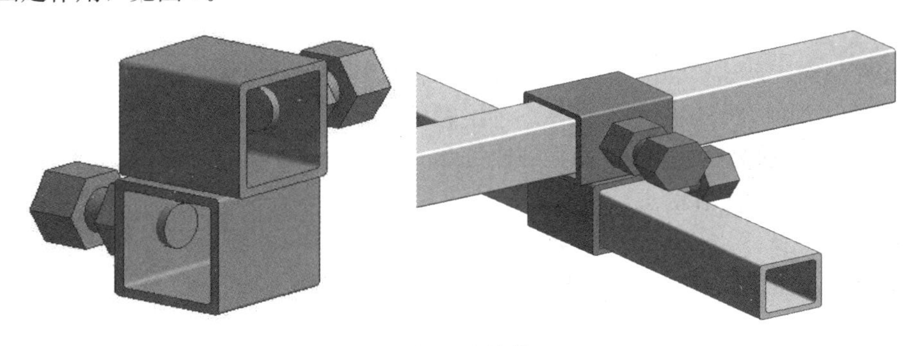

图7　连接件

4）工具加工步骤

第一步：骨架加工。骨架采用 20 镀锌方管，加工时切割成 1200mm，见图 8。

图 8　骨架加工

第二步：固定件加工。固定件由螺栓、圆钢、方管焊接而成，见图 9。

方管：25 方管切割成 30mm 小段，并在一面开 ϕ10 圆孔。

圆钢：ϕ10 圆钢切割成 30mm 小段备用。

螺栓、螺母：螺栓及螺母采用 M10 高强螺栓。

（1）将螺母对准方管上的孔洞进行焊接。

（2）将圆钢焊接到螺母对侧。

（3）将螺栓进行安装。

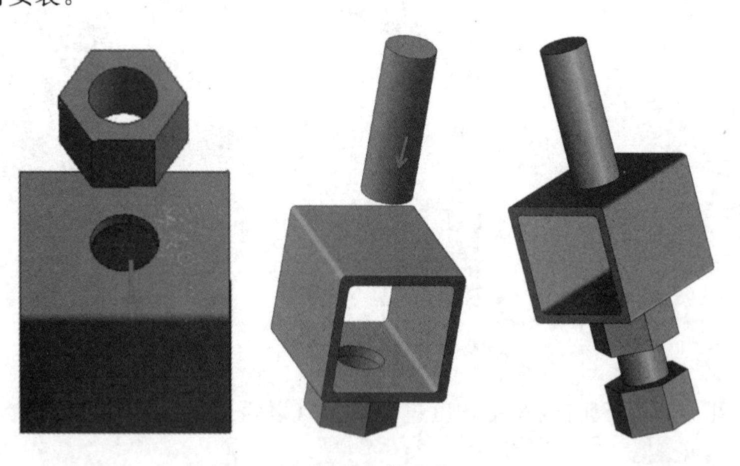

图 9　固定件安装

第三步：连接件加工。连接件由螺栓、方管焊接而成，见图 10。

方管：25 方管切割成 30mm 小段，并在一面开 ϕ10 圆孔。

螺栓、螺母：螺栓及螺母采用 M10 高强螺栓。

（1）将螺母对准方管上的孔洞进行焊接。

（2）将螺栓进行安装。

（3）连接件两两进行焊接，焊接角度根据墙柱截面形式确定。

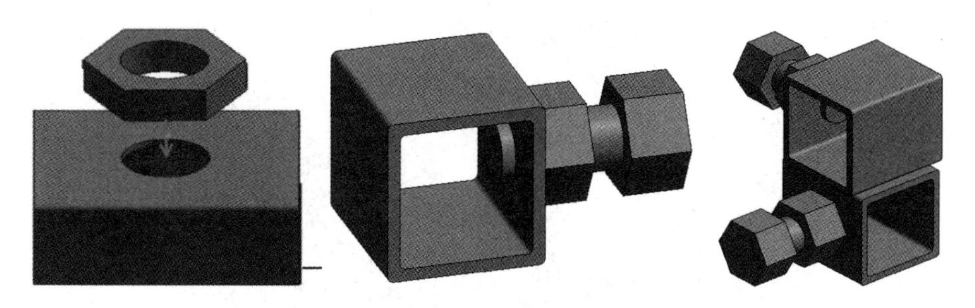

图 10　连接件安装

第四步：根据所需定位的钢筋肢数和间距进行组装，见图 11。

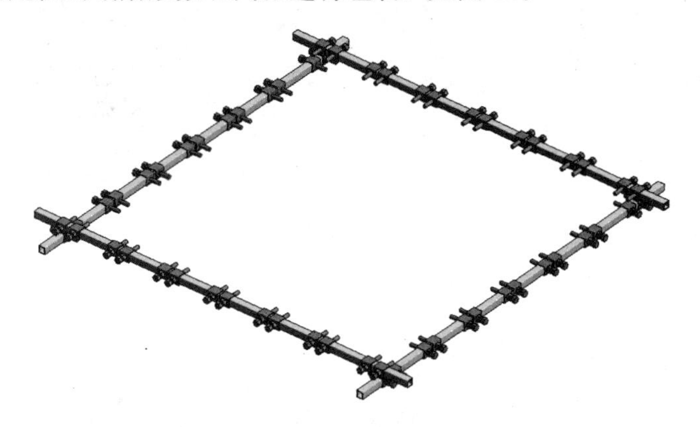

图 11　定位工具组装

6. 工具操作步骤

第一步：单面拼装，根据钢筋肢数和间距调整固定件数量和间距，见图 12。

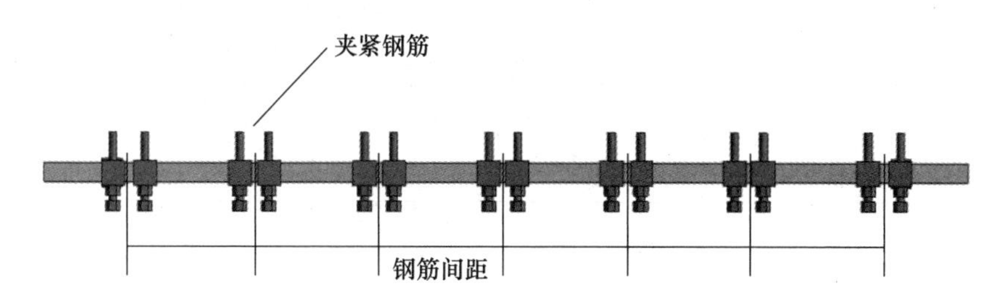

图 12　组装立面图

第二步：整体拼装，使用连接件将单面骨架进行连接，见图 13。

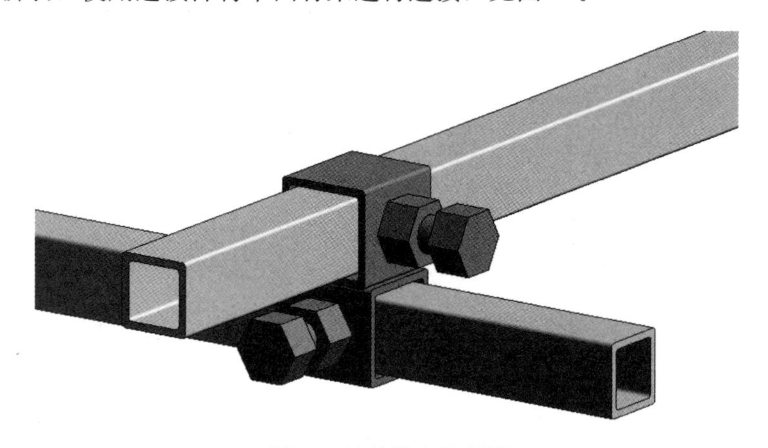

图 13　连接结点示意图

第三步：工具四面骨架连接好之后将工具进行安放固定，见图 14。

图 14　工具安装

第四步：进步尺寸复核，见图 15。

图 15　尺寸复核

7. 注意事项

（1）使用过程中要将各部分螺栓拧紧，避免发生松动。
（2）每次使用完后应将工具清理干净。
（3）工具安装高度控制在距离板面 1m 高度。

8. 相关知识产权

实用新型专利：“一种可调节式定位箍筋”，专利号：ZL202121414002.7。

第二部分　施工工艺类

筒仓锥壳钢丝绳悬挂网空间支模施工工艺

1. 概述

随着建筑行业的不断发展，筒仓类建筑在煤炭行业、粮食存贮行业屡见不鲜，其主体结构主要由筒体结构、仓下漏斗、仓顶锥壳和框架结构四部分组成。目前同类筒仓工程的传统施工做法，是利用滑模工艺施工至锥壳下部时，在高空将滑模硬平台改装成型钢辐射梁支撑平台，作为锥壳模板支撑体系。传统施工做法存在大量高空吊装作业，危险性较大、工期较长。筒仓锥壳钢丝绳悬挂网空间支模施工工艺通过借鉴钢丝绳张拉工艺，并进行改进、优化，形成筒仓锥壳钢丝绳悬挂网空间支模施工工艺，即采用钢丝绳在高空编织形成水平网状结构施工平台，在平台上搭设模板支撑，完成锥壳结构钢筋工程、混凝土工程的施工。该工艺适用煤仓、筒体结构的仓顶锥壳、屋盖等部位，施工更加便捷、安全，应用效果良好。

2. 关键词

钢丝绳悬挂网、模板支撑体系、筒仓锥壳、施工平台。

3. 适用范围

本工艺适用于筒仓直径小于 30m 的筒仓类屋盖或锥壳结构施工，也可拓展应用于建筑工程的展览大厅、酒店大厅等高、大空间的屋顶结构或悬空搭设操作平台等的施工。

4. 创新点

筒仓锥壳钢丝绳悬挂网空间支模施工平台，避免了从底部搭设满堂架，自重小，安装、拆卸简单，可控性好，安全性高，适应面广，缩短工期，节约成本，实用性强，具有较高的推广价值。

5. 施工准备

1）技术准备

根据结构图纸和材料性能，选择合适的钢丝绳和绳卡，确定钢丝绳的排布图，利用“有限元”软件进行建模，测算钢丝绳的最大内应力和钢丝绳支模体系的中心最大沉降量，编制专项施工方案，并组织专家论证，见图 1～图 2。

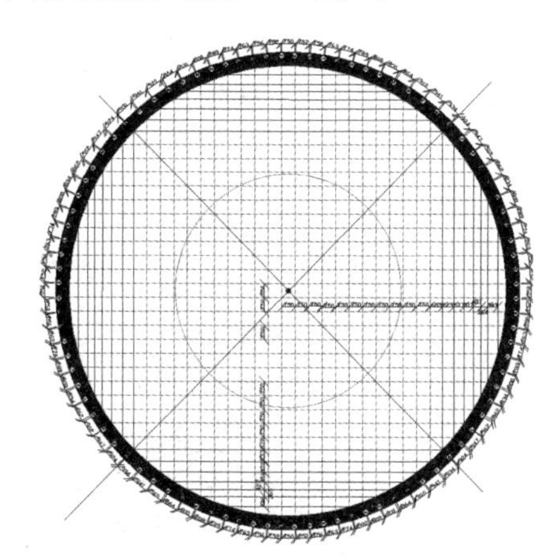

图 1　钢丝绳网平面布置图

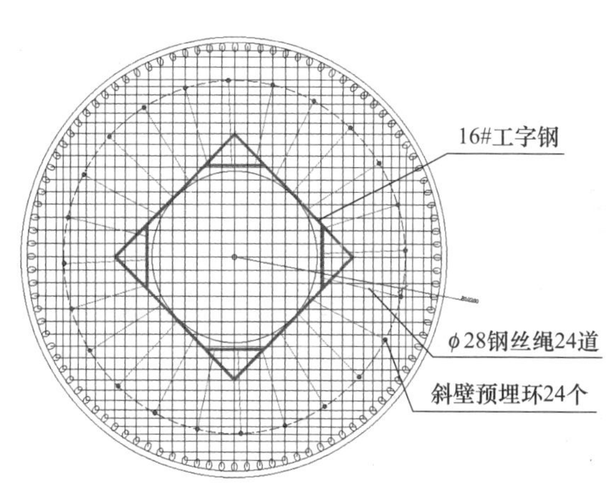

图 2　施工平台骨架和卸荷载钢丝绳布置图

(1) 根据结构图纸，计算上部结构的均布荷载和冲击荷载。

(2) 依据钢丝绳和绳卡性能，选择合适的钢丝绳，细化钢丝绳加固方式，确定钢丝绳排布图，建立钢丝绳悬挂网。

(3) 利用“有限元”软件建模，测算钢丝绳内应力，确保内应力值在钢丝绳屈服力和绳卡的抗滑移力范围内。

(4) 确定满堂架体系，包括桁架剪刀撑、斜支撑、模板圆弧主龙骨和副龙骨。

(5) 确定分多次均衡增加施工荷载和混凝土浇筑顺序。

2) 现场准备

(1) 根据专项方案内容，绘制各节点做法，提前采购材料。

(2) 根据节点做法要求，现场加工预埋环、中心龙骨、圆弧龙骨等。

(3) 在现场地面上对钢丝绳的安装工序进行模拟试验，检查可操作性。

(4) 对所有进场材料进行100%检查，对预埋环、绳卡、钢丝绳、锻式卸扣等材料进行力学性能复试检验。

(5) 现场施工前，对操作工人进行交底。

3) 劳动力准备

见表1。

表1 劳动力准备情况

序号	工种	施工内容
1	钳工	钢丝绳安装、拆除
2	架子工	木架板铺设、满堂架搭设
3	焊工	预埋环、骨圈安装
4	管理人员	沉降监测、钢丝绳内应力监测
5	木工	锥壳结构模板安装
6	钢筋工	锥壳结构钢筋绑扎
7	混凝土工	锥壳结构混凝土浇筑

4) 机具准备

见表2。

表2 机具准备情况

序号	名称	规格	用途
1	振动棒		混凝土浇筑
2	塔吊	WA6017-8B	材料垂直运输
3	电焊机		中心龙骨加固
4	全站仪		测量定位放线
5	水准仪		测量放线
6	手提切割锯		模板支撑体系加工
7	导链	5T	钢丝绳安装
8	混凝土输送泵	68m	混凝土浇筑
9	钢丝绳拉力计	5t	钢丝绳安装
10	力矩扳手	0~360N. m	绳卡螺栓扭矩检查
11	扳手	20#	绳卡螺栓紧固
12	钢管弯弧机	10#	弯弧钢管加工
13	应力传感器		满堂架应力变形监测
14	笔记本		应力变形监测终端
15	钢丝绳测力仪		施工全过程监测钢丝绳内应力

6. 材料管理

见表3。

表3　材料准备情况

序号	名称	规格、型号	单位	备注
1	木模板	915mm×1830mm，12mm厚	mm^2	
2	对拉螺栓	ϕ14mm×1100mm	根	
3	木方	45mm×65mm×4000mm	mm^3	
4	钢管	ϕ48mm×2.7mm	根	全检壁厚
5	扣件	铸铁材料，ϕ48	个	
6	螺旋托撑	ϕ38	个	全检托板
7	木架板	300mm×50mm×4000mm	mm^2	操作平台
8	工字钢	300mm×200mm×10mm×12mm	根	中心骨架
9	钢丝绳	型号6×19　ϕ28（48.5t）	mm	
10	绳卡	国标28	个	钢丝绳固定
11	锻式卸扣	17t（1—1/2）	个	
12	圆钢	ϕ25	mm	预埋环
14	小眼安全网	100mm×100mm	mm^2	水平防护网
15	安全带	五点式	副	安全作业
16	镀锌铁皮	镀锌、0.8mm厚	mm^2	平台防火

7. 工艺流程

见图3。

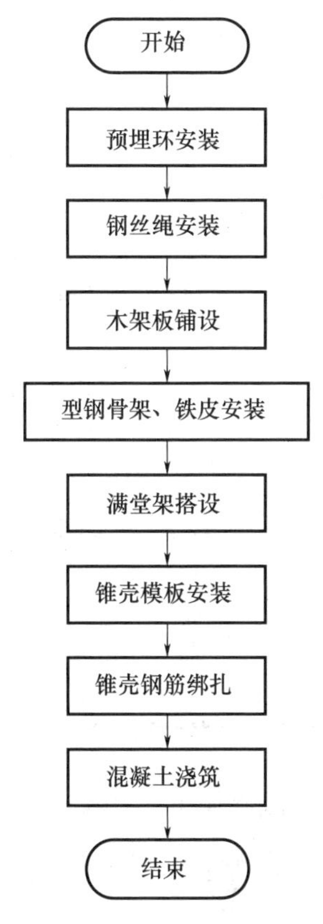

图3　施工工艺流程图

8. 操作步骤

第一步：预埋环安装。根据钢丝绳的排布间距，确定预埋环的位置和数量，在浇筑筒仓直壁混凝土前安装固定完成，浇筑时严禁碰撞、破坏预埋环，保证预埋环的位置准确，见图 4～图 5。

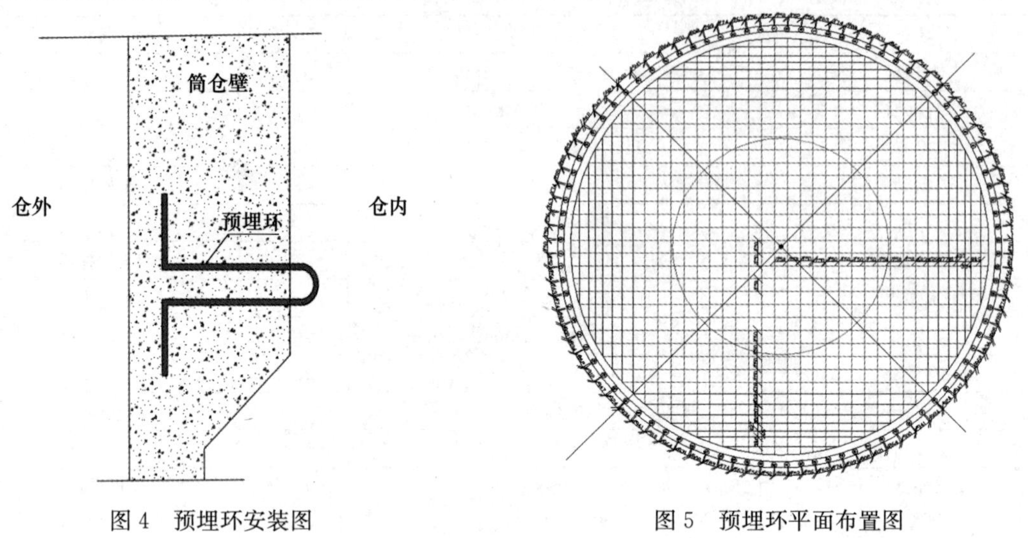

图 4　预埋环安装图　　　图 5　预埋环平面布置图

第二步：钢丝绳安装。按照钢丝绳排列图，从中心向四周开始安装，纵横向交叉，每五根钢丝绳为一组，顺时针方向上下穿插。钢丝绳安装时，利用辅绳、吊环、拉力计及电葫芦进行安装，施加一定的预拉力，用绳卡与预埋环固定，保持所有钢丝绳的预拉力均衡受力，见图 6～图 7。

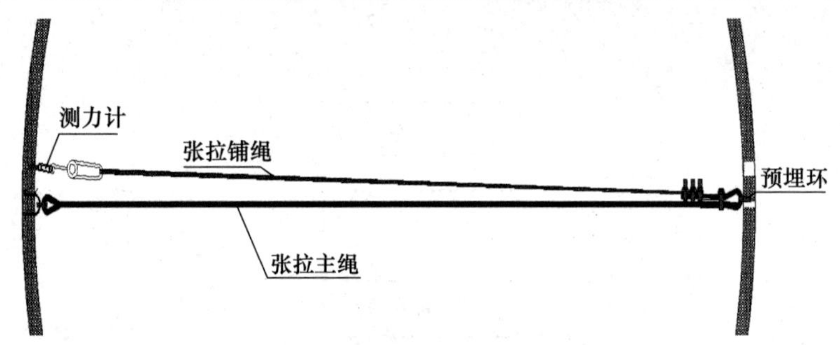

图 6　单根钢丝绳安装图

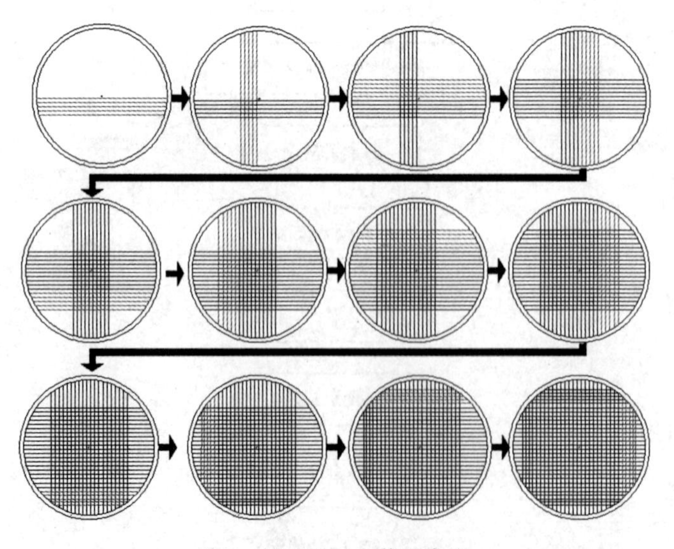

图 7　钢丝绳网安装顺序图

第三步：木架板铺设。在钢丝绳网状平台上满铺木架板。木架板拼接位置用12mm厚木模板加固，并在木架板上铺设一层0.8mm厚的防火铁皮，见图8～图9。

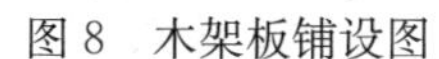

图8　木架板铺设图

图9　防火铁皮铺设图

第四步：型钢骨架安装。在平台中心区域设置型钢骨架，利用夹板将骨架与下部钢丝绳网固定连接，减少支撑架体中心圈的最大变形和沉降，将中心圈的荷载向四周传递，见图10～图11。

图10　型钢骨架安装图

图11　夹板安装图

第五步：满堂架搭设。在铁皮上确定钢丝绳位置，满堂架搭设时，将立杆全部设置在钢丝绳的交叉节点上，立杆间距为750mm×750mm，水平杆布距1.2m。满堂架在搭设过程中，因荷载逐步增加，导致钢丝绳支撑体系中心区域下沉量不断增大，需要多次调整水平杆的水平度，见图12～图13。

图12　钢丝绳放线位置定位

图13　满堂架立杆定位

在满堂架的纵横两个方向各设置五排剪刀撑，模拟桁架结构。并在筒仓锥壳斜壁上设置两圈斜向卸荷载钢丝绳，见图 14～图 15。

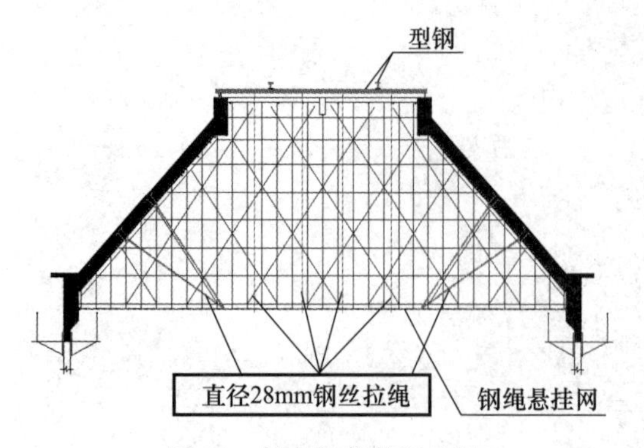

图 14　斜向卸荷载钢丝绳

图 15　桁架式剪刀撑

第六步：模板安装施工。以某工程为例，锥壳坡度为 45°，采用内外双层模板加固，底层模板主龙骨选用圆弧钢管，副龙骨选用方木和小块模板拼接组成，外层模板主龙骨选用 ϕ14 的钢筋，副龙骨选用方木，内外两层模板采用 ϕ14 对拉螺杆加固。在锥壳斜壁钢筋绑扎完成并验收合格后，分层安装外侧模板，每层模板的斜向长度不易过长，见图 16～图 17。

图 16　圆弧龙骨安装

图 17　曲面模板散拼安装

第七步：钢筋绑扎。锥壳为悬挑结构，纵向钢筋不得有接头。钢筋绑扎顺序为：下环梁钢筋→上环梁钢筋→锥壳斜壁钢筋。

第八步：混凝土浇筑。锥壳混凝土采用由下向上分环段绕圈法浇筑，分多批环段浇筑完成。每一个环段沿圆环周圈分层浇筑，直至浇满，浇筑完成后及时养护。待第一环圈段混凝土强度达到 75%以后，进行第二层混凝土施工，以此类推，直至锥壳顶部混凝土浇筑完毕，见图 18。

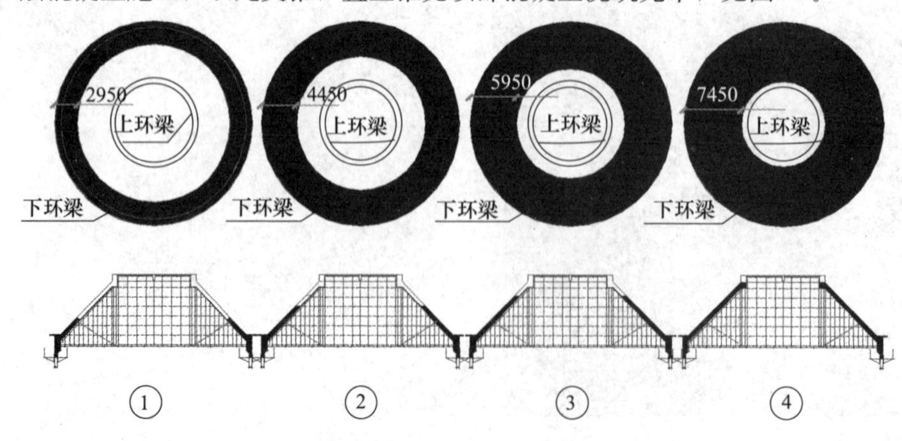

图 18　锥壳混凝土分层浇筑顺序（单位：mm）

9. 注意事项

(1) 满堂架立杆步距和钢丝绳的间距相同，立杆应在钢丝绳各个交叉点上，筒仓结构为异型，预埋环安装时，需严格按照钢丝绳排版图进行安装。

(2) 钢丝绳安装时，应使用测力计和力矩扳手，控制所有钢丝绳的预拉力一致，宜控制在20kN±20N区间内。钢丝绳卡螺母的拧紧力矩须满足相关规范的要求。

(3) 木架板铺设时，悬挑端的长度不得超过400mm，并采用木模板进行加固，在主要钢丝绳位置设置400mm×600mm检查口，采用盖板防护。

(4) 型钢骨架安装时，夹板应将钢丝绳网的最下部钢丝绳与型钢骨架固定，起到荷载传递的作用。

(5) 斜向卸荷载钢丝绳安装时，须在混凝土强度达到50%时，进行安装张拉。

(6) 满堂架搭设时，水平杆需要根据沉降变形进行多次调整，最后确保所有扣件的拧紧力矩≥45N·m。

(7) 混凝土结构采用分层支模、分层浇筑，每一次支模的斜方向长度宜控制在1.5m以内，混凝土分层浇筑厚度不得超过300mm，整圈浇筑完成后，再进行上层混凝土浇筑。

(8) 向上吊运钢管、扣件、模板及钢筋等材料时应分散对称堆放，严格控制上料管理，严禁材料堆载过多。

(9) 提前在锥壳斜壁上设置预留口，作为模板材料出料口，满堂架拆除时，从上至下，由外向内依次进行拆除。

(10) 钢丝绳悬挂网拆除时，先解开所有钢丝绳的绳卡固定端，悬挂于筒仓内壁，再解开锻式卸扣，从筒仓下部的漏斗部位依次退出。

10. 主要相关建设标准

(1)《建筑施工扣件式钢管脚手架安全技术规范》(JGJ 130—2011)。
(2)《钢丝绳 实际弹性模量测定方法》(GB/T 24191—2009)。
(3)《钢丝绳 验收及缺陷术语》(GB/T 21965—2020)。
(4)《钢丝绳 破断拉力测定方法》(GB/T 8358—2023)。
(5)《重要用途钢丝绳》(GB/T 8918—2006)。
(6)《无损检测仪器 钢丝绳电磁检测仪技术条件》(GB/T 26832—2011)。
(7)《钢丝绳夹》(GB/T 5976—2006)。
(8)《混凝土结构工程施工质量验收规范》(GB 50204—2015)。
(9)《建筑工程施工质量验收统一标准》(GB 50300—2013)。
(10)《钢丝绳吊索插编索扣》(GB/T 16271—2009)。

11. 相关知识产权

(1) 实用新型专利："一种仓顶锥壳施工用平台"，专利号：202120324043.0。
(2) 实用新型专利："一种仓顶锥壳施工结构"，专利号：202120324951.X。
(3) 省级工法：筒仓锥壳钢丝绳悬挂网空间支模施工工法，工法编号：SXSJGF2021-018。

车库顶板后浇带超前止水施工工艺

1. 概述

传统的车库顶板后浇带施工，常采用木模板封闭以及混凝土盖板封闭，其中模板封闭属于临时封闭，材料浪费严重，后期存在漏水以及安全隐患；混凝土盖板封闭，其盖板加工周期长、成本高、安装不方便，维修频率高，存在质量隐患，往往出现大面积渗漏等一系列质量问题。后浇带超前止水施工工艺，采用同主体结构一次成型的混凝土反坎与钢盖板的有效结合，克服了以上缺陷，利于工程施工部署，车库顶板室外工序可以提前穿插进行，加快工程施工进度，能有效改善后浇带封闭渗漏问题，实现降本增效。

2. 关键词

后浇带、超前止水、防水反坎、钢板、浇筑导管。

3. 适用范围

本工艺适用于车库顶板平面后浇带封闭施工。

4. 创新点

（1）防水性能好、浇筑质量佳。同主体结构一次成型并且预留企口的混凝土坎台，有效增强了结构自身的防水性能，坎台的设置增大了混凝土的流动空间，保证后浇带有效截面的完整性。

（2）沉降影响小、安全可靠。水平面 3mm 厚带肋钢盖板，减小后浇带不均匀沉降造成的影响。

（3）施工易操作、穿插效率高。150mm 口径铸铁自密实混凝土浇筑导管，与泵送管道相匹配，方便自密实混凝土的浇筑，室外工序提前穿插，缩短工期、提高效益。

5. 施工准备

1）技术准备

对后浇带封闭体系进行深化设计和受力分析，并编制深化设计方案和后浇带超前止水施工工艺实施方案，通过同主体结构一次成型并且带防水企口的现浇混凝土坎台，二者有效结合，提高防水性能，见图 1。

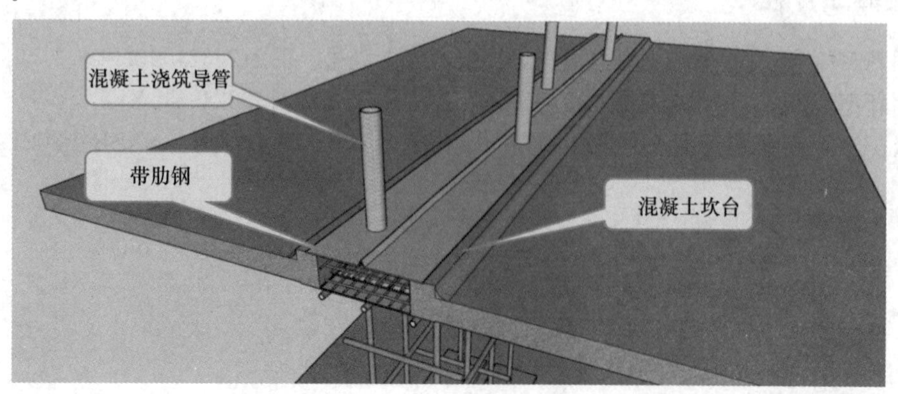

图 1　工艺深化设计图

用3mm厚带肋成品钢板作为平面封闭材料，带肋解决了不均匀沉降造成的影响；采用150mm口径铸铁管作为自密实混凝土浇筑导管，布置间距2500mm，确保有效填充，保证施工质量。

2）物资准备

见表1。

表1　材料应用表

序号	材料名称	规格
1	钢板	3mm厚
2	铸铁管	DN150
3	混凝土	高于设计强度一个标号加微膨胀
4	SBS改性沥青防水卷材	3mm+4mm

3）现场准备

3mm厚带肋钢板、150mm口径铸铁管、打磨机、切割机、电焊机、钻孔机等准备到位，见图2。

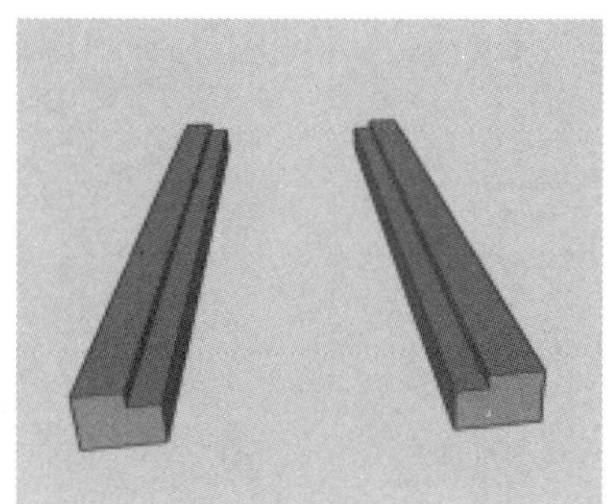

混凝土坎台

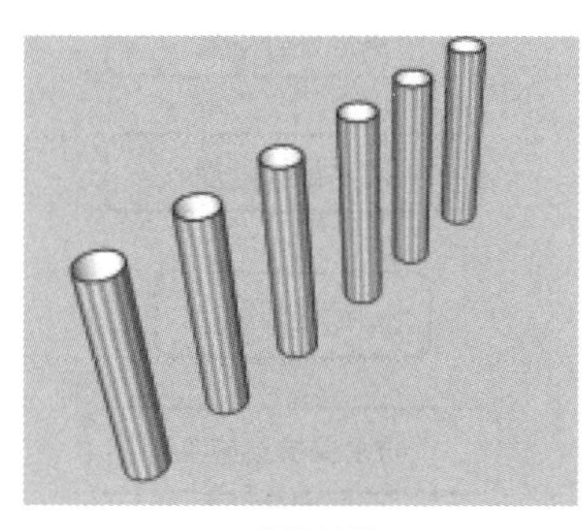

浇筑导管

带肋钢板

图2　后浇带超前止水施工策划图

4）施工机具准备

见表2。

表2　工具设备应用表

序号	名称	单位	用途
1	钢卷尺	把	模板校验
2	手工锯	把	模板制作
3	压刨电锯	台	模板制作
4	电焊机	台	焊接钢板、导管
5	钻孔机	台	钻导管连接口
6	打磨机	台	坎台修补
7	刀子	把	裁切卷材
8	喷火枪	把	卷材加热
9	液化气瓶	个	卷材加热

6. 工艺流程

见图 3。

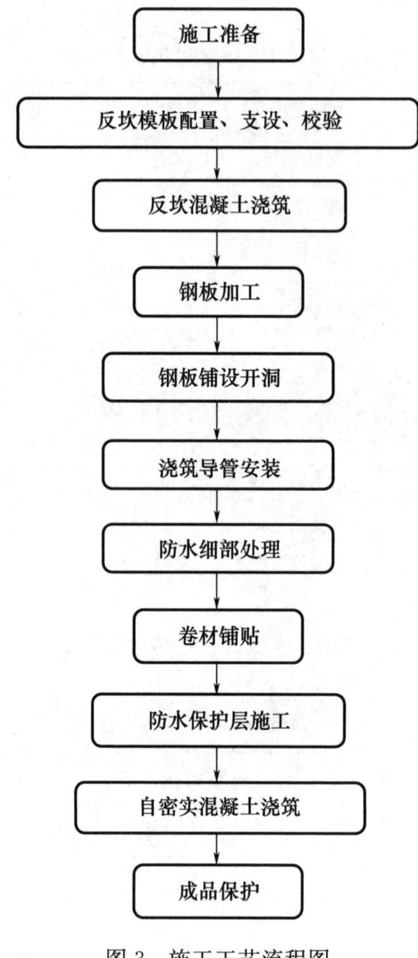

图 3　施工工艺流程图

7. 操作步骤

1）施工准备

完成对工人的安全技术交底，将 3mm 厚带肋钢板、150mm 口径铸铁管、打磨机、切割机、电焊机、钻孔机等准备到位。

2）反坎模板配置、支设、校验

反坎模板采用 15mm 厚多层镜面板，背楞采用 50mm×70mm 方木（现场压刨），模板表面螺杆孔利用钻孔器钻取直径为 16mm 孔洞，间距为 400mm，将模板与方木进行有效连接。支设完成后拉通线校验，合格后方可浇筑。

3）反坎混凝土浇筑

模板、钢筋验收合格后进行混凝土浇筑，基层清理，浇筑混凝土应连续进行，并应在前层混凝土初凝之前浇筑完毕，平整度控制在±2mm，浇筑完及时进行养护。

4）钢板加工

钢板采用 3mm 厚、1080mm 宽的优质钢板，长度根据项目实际情况确定，用专业机床在钢板宽度的中央压制边长为 60mm 的等边三角肋，钢板进场验收合格后方可使用。

5）钢板铺贴、开洞

钢板铺贴前彻底清除后浇带内杂物，衔接处焊接牢固，拐角处需要裁切成45°角，钢板中央带肋部分衔接处应对接平顺。待钢板铺设完成后，每隔2500mm标记出浇筑管道与钢板衔接的圆心点，用钻孔器逐一开孔，见图4。

图4　钢板铺贴开洞

6）浇筑导管安装

管道与钢板所开的孔洞逐一对应紧密衔接，焊缝应密实，无咬边、夹渣、气孔、裂缝、漏焊等现象，见图5。

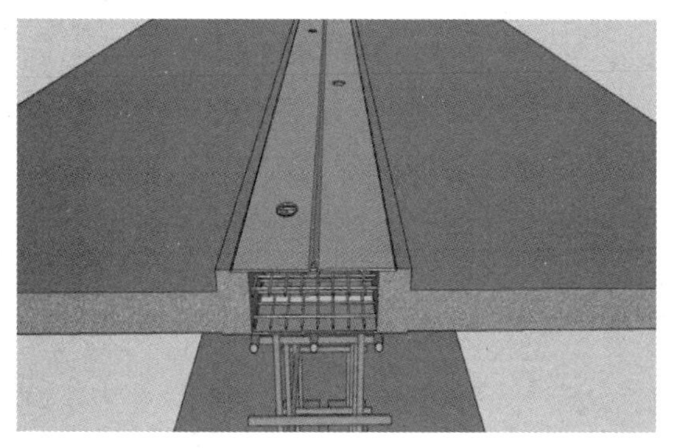

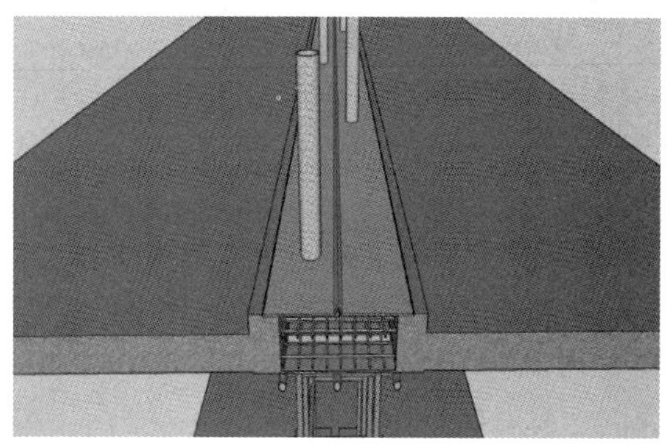

图5　浇筑导管安装

7）防水细部处理

钢板与坎台之间的缝隙采用非固化沥青进行封堵，浇筑管处防水先施工至浇筑管立面顶部，待后浇带混凝土浇筑完成后，用混凝土将浇筑管填筑密实再进行平面防水收口。

8）卷材铺贴

卷材铺贴前将基层表面清理、修补到位，均匀涂刷冷底子油，并对节点附加层增强处理，进行定位、弹线、试铺，然后进行卷材铺贴、收头处理、节点密封，防水卷材的铺设方向平行于防水反坎。

9）防水保护层施工

采用钢筋细石混凝土保护层，保护层施工前在防水层上铺设隔离层，振捣时采用人工拍实，不得采用机械振捣，以免破坏防水层，振实后随即压光抹平。

10）自密实混凝土浇筑

确定车库顶板后浇带浇筑方案，为保证混凝土填充密实，粗骨料的粒径不宜大于 20mm，根据自密实混凝土拌合物特性以及浇筑导管的布置间距设置合适的布料点，见图 6。

图 6　自密实混凝土浇筑

11）成品保护

未进行防水收口的浇筑导管进行防锈处理，对已经封闭完成的后浇带搭设临时围挡，进行隔离保护。

8. 注意事项

（1）模板校正验收：要求模板安装符合设计要求。

（2）钢板及导管焊接：焊缝应密实，无咬边、夹渣、气孔、裂缝、漏焊等现象。

9. 主要相关建设标准

（1）《建筑工程施工质量验收统一标准》（GB 50300—2013）。

（2）《钢结构设计标准》（GB 50017—2017）。

（3）《混凝土结构工程施工质量验收规范》（GB 50204—2015）。

（4）《混凝土结构设计规范》（GB 50010—2010）。

（5）《自密实混凝土应用技术规程》（JGJ/T 283—2012）。

（6）《地下防水工程质量验收规范》（GB 50208—2011）。

10. 相关知识产权

（1）实用新型专利："一种后浇带超前止水装置"，专利号：ZL202221035005.4。

（2）企业级工法：车库顶板后浇带超前止水施工工法，工法编号：SWJQB-GF-202210。

（3）省级 QC 一类成果：后浇带超前止水施工工艺的研发，编号：2022050267。

附着式花篮螺栓悬挑架施工工艺

1. 概述

常规悬挑脚手架工艺，锚固工字钢在建筑楼层内占用空间大，且外墙预留洞口，存在较大的渗漏隐患。本工艺直接将悬挑钢梁与外剪力墙结构采用高强螺栓连接，钢梁悬挑端上部由花篮螺栓拧紧受力，抗弯性能良好，有效解决结构外墙钢梁洞口封堵的渗漏隐患，减少对内部空间的占用，安全可靠、施工便捷，应用效果好。

2. 关键词

附着式、花篮螺栓、悬挑架、钢梁。

3. 适用范围

适用于施工高度不大于 100m 的建筑物或构筑物，且一次性脚手架搭设高度不宜超过 15m 或四层，不适用于结构外墙有悬挑部位（如阳台）。

4. 施工准备

1）技术准备

（1）根据图纸确定悬挑钢梁平面布置点位、悬挑高度、纵向间距、使用类型（普通型、加长型、超长型）、数量等，绘制平面布置图及剖面图，编制施工方案。

（2）检查“双头螺柱”和“斜拉杆”、高强螺栓等原材检验报告、半成品抗剪抗拉的复试报告、《悬挑梁探伤检测报告》等文件。

2）现场准备

（1）按照平面布置图确定悬挑架材料的堆放、加工场地。

（2）结构混凝土达到安装强度要求。

（3）悬挑架下部的支撑架体搭设完成，预埋管安装校验完成，且悬挑梁定位放线完成。

（4）根据施工方案要求，加工花篮螺栓、钢拉杆、工字钢端部等构件，并进场验收合格。

3）物资准备

见表 1。

表 1　物资准备情况

序号	材料名称	型号	备注
1	工字钢	16＃	悬挑承载力钢梁、连梁
2	高强螺栓	8.8 级 M20 螺栓	悬挑钢梁、钢拉杆固定锚栓
3	花篮螺栓	M50 高强螺母＋3ϕ14mm 钢筋	钢拉杆调节松紧
4	钢拉杆	ϕ20mm 螺杆	承载上部荷载
5	钢板	80mm×80mm×8mm	垫板
6	钢板	200mm×180mm×10mm	悬挑钢梁连接钢板
7	盘扣架	ϕ48.3mm×3.6mm	悬挑架
8	钢脚手架板	250mm 宽	操作平台与防护

续表

序号	材料名称	型号	备注
9	密目式钢板网	1.2m×2m	悬挑架防护
10	水平安全网	网眼直径≤10cm	悬挑架防护
11	铁红醇酸防锈漆	15kg	悬挑架防护
12	油漆刷子	宽 100mm	悬挑架防护
13	空压机	LV2008AS（8kg/单相/1.5kW 电机）	悬挑架防护

4）劳动力准备

见表 2。

表 2　劳动力准备情况

序号	工种	施工内容
1	电焊工	连系梁连接
2	架子工	工字钢安装及架体搭设
3	塔吊司机	安拆过程中工字钢、悬挑架体材料吊运
4	信号工	配合塔吊材料吊运
5	普工	安拆过程中分类堆放整理材料

5）机具准备

见表 3。

表 3　机具准备情况

序号	名称	用途
1	塔吊	工字钢、脚手架等材料垂直运输
2	气割设备	材料切割
3	扳手	加固扣件及螺栓
4	力矩扳手	检查扣件拧紧力度
5	5m 钢卷尺	检查弯曲程度和搭设中的距离或长度
6	50m 钢卷尺	
7	游标卡尺	检查钢管外径和壁厚、外表面锈蚀深度

5. 材料管理

见表 4。

表 4　材料准备情况

工字钢型号	尺寸（mm）			长度（mm）
	高	腿宽	腹厚	
16#	160	88	6.0	2600
				1800
				1300
				1600
				2300
				1900
				2100
				2200

续表

<table>
<tr><td colspan="5">材料计划</td></tr>
<tr><td>钢管型号</td><td colspan="2">长度（m）</td><td>扣件</td><td>尺寸（mm）</td></tr>
<tr><td rowspan="3">ϕ48.3mm×3.6mm</td><td colspan="2">6</td><td>转向扣件</td><td rowspan="3">外径 48、
壁厚 3.5</td></tr>
<tr><td colspan="2">1</td><td>旋转扣件</td></tr>
<tr><td colspan="2">1.5</td><td>对接扣件</td></tr>
<tr><td rowspan="2">钢制脚手板</td><td>尺寸</td><td>长度（m）</td><td rowspan="2">挡脚板</td><td>尺寸（mm）</td></tr>
<tr><td>1200mm×300mm×5mm</td><td>10880</td><td>高 150</td></tr>
<tr><td rowspan="2">高强螺栓</td><td>规格型号</td><td>长度（mm）</td><td>数量（根）</td><td rowspan="2">M20 花篮螺杆</td></tr>
<tr><td>ϕ20</td><td>250</td><td>1920</td></tr>
</table>

6. 工艺流程

见图 1。

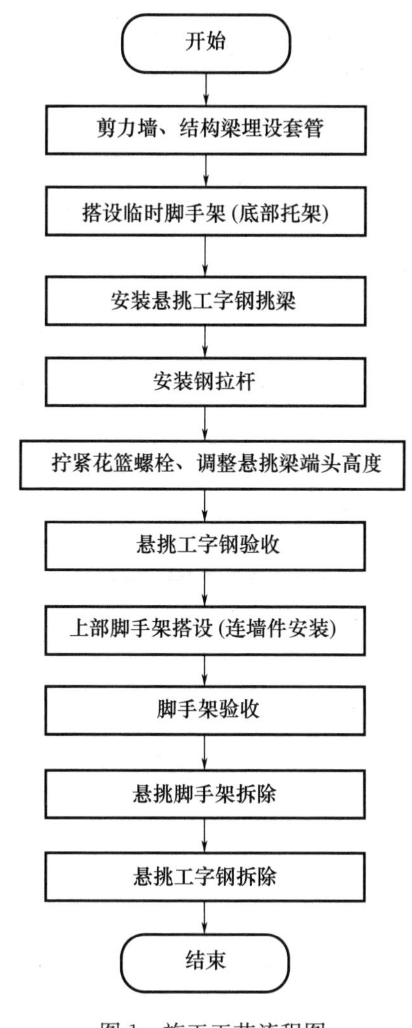

图 1　施工工艺流程图

7. 操作步骤

第一步：剪力墙、结构梁埋设套管。

悬挑工字钢在竖向构件合模前，在下端工字钢及上端钢拉杆固定位置预埋 ϕ25mm×200mm 套管，并进行平面定位及套管的高度复核。

第二步：搭设临时脚手架（底部托架）。

在结构强度未达到安装强度要求前，悬挑钢梁安装时，下部采用临时脚手架进行支撑，见图 2。

第三步：安装悬挑工字钢挑梁。

混凝土的强度达到安装强度要求后，疏通预埋梁内套管，将 ϕ20mm×300mm 高强螺栓加垫片（5mm 厚）穿过套管，进行固定。

转角处采用 Y 形工字钢悬挑梁和连系梁。首层转角处的连系梁待两侧悬挑梁安装完成后，根据实际尺寸下料、安装，见图 3。

图 2　底部临时脚手架支撑

图 3　转角处采用 Y 形工字钢悬挑梁安装

第四步：安装钢拉杆。

将钢拉杆下端与工字钢耳板采用高强螺栓固定，上端耳板与结构主体采用高强螺栓固定，花篮螺栓分别与下拉杆、上拉杆丝扣对接，见图 4～图 6。

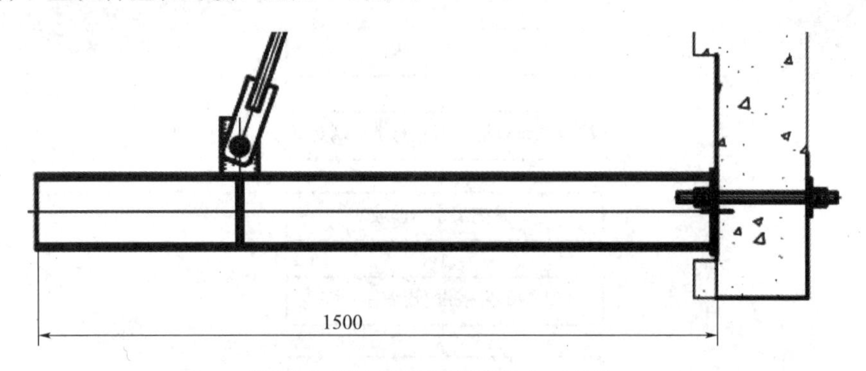

图 4　钢拉杆下端与工字钢连接节点（单位：mm）

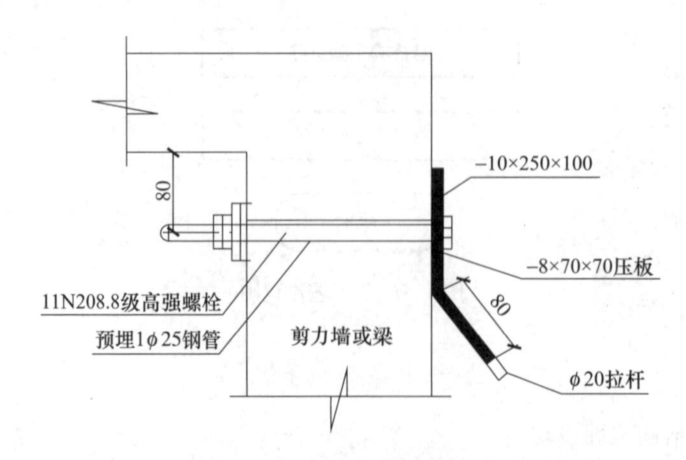

图 5　钢拉杆上端与结构连接节点（单位：mm）

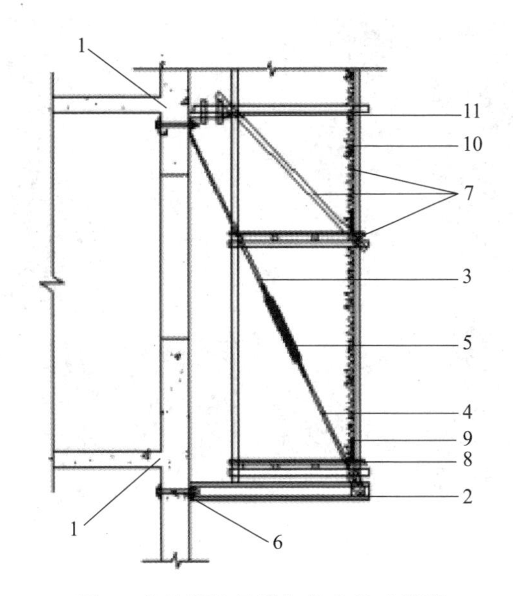

图 6　花篮螺栓悬挑架节点构造说明

1—主体结构；2—型钢支座；3—上节拉杆（下端带有螺纹）；4—下节拉杆（上端带有螺纹）；5—花篮组件；6—穿墙螺栓；7—钢管；8—脚手板；9—踢脚板；10—安全网；11—连墙件

第五步：拧紧花篮螺栓，调整悬挑梁端头高度。

旋转花篮螺栓，调整悬挑梁端头高度，直至确认拉杆拧紧，结束上下拉杆的安装，见图 7。

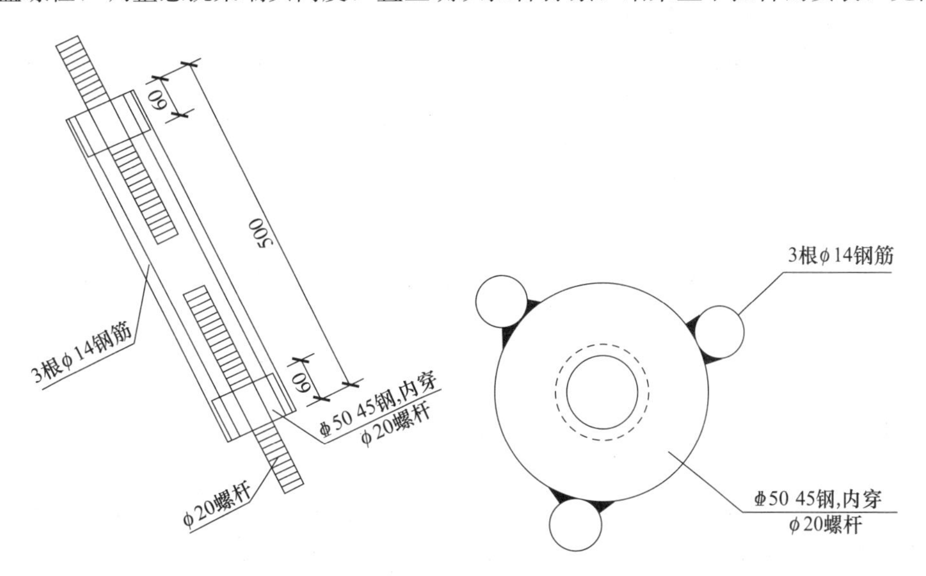

图 7　花篮螺栓连接节点（单位：mm）

第六步：悬挑工字钢验收。

对照施工方案，用扭力扳手检查高强螺栓、花篮螺杆，校核悬挑梁端头长度和水平度。

第七步：上部钢管脚手架搭设。

立杆设置：

（1）立杆固定：根据立杆定位，在型钢主梁或纵向连梁上，设置钢管固定卡，防止立杆滑移，见图 8。

（2）立杆底部套在定位卡具上，上部采用对接接头连接，立杆与纵向水平杆采用直角扣件连接。接头位置交错布置，两个相邻立杆接头不应同步同跨，高度方向错开距离不小于 50cm，各接头中心距主节点的距离不大于步距的 1/3，见图 9。

（3）立杆的垂直偏差不应大于架高的 1/300。

图 8　立杆定位固定节点

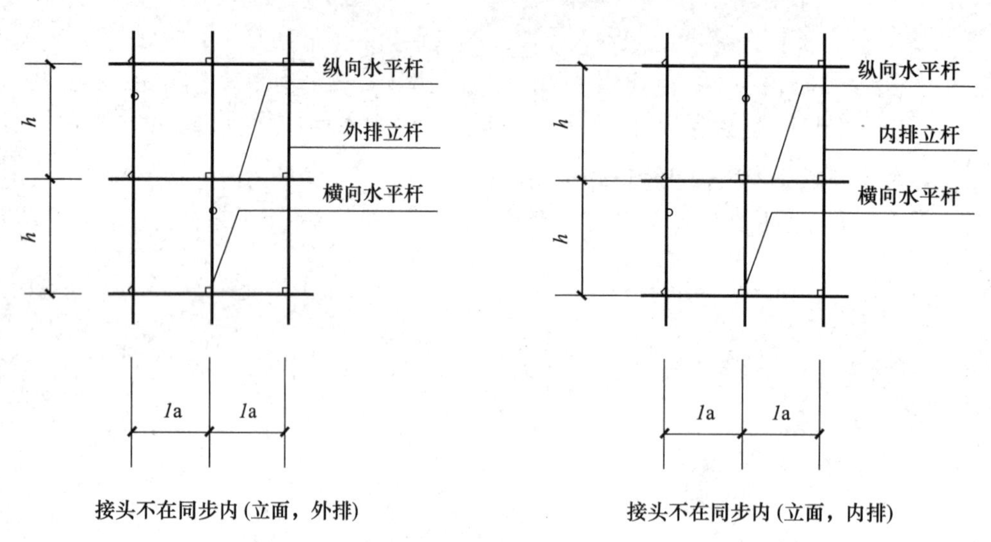

图 9　立杆对接接头布置

纵、横向水平杆：

(1) 纵向水平杆设置在立杆内侧，长度不小于 3 跨。纵向水平杆接长宜采用对接扣件连接，也可采用搭接。

(2) 当采用对接时，对接扣件应交错布置，两根相邻纵向水平杆接头不宜设置在同步或同跨；两相邻接头在水平方向错开距离不应小于 500mm，各接头中心至最近主节点的距离不宜大于纵距的 1/3。

(3) 当采用搭接时，搭接长度不应小于 1m，应等间距设置 3 个旋转扣件固定，扣件端部外露长度不应小于 100mm，见图 10。

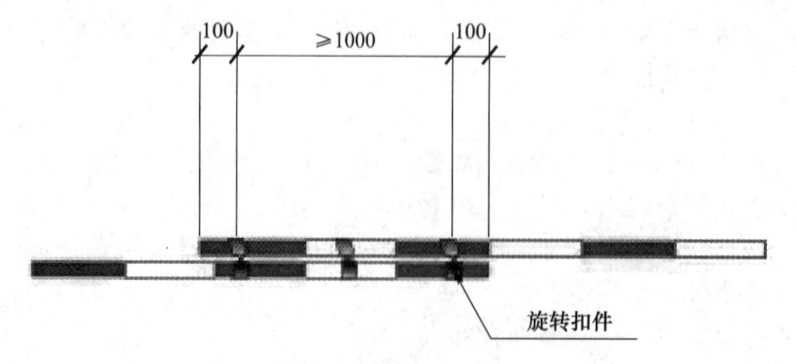

图 10　搭接做法示意图（单位：mm）

(4) 水平杆应纵横双向设置，两端固定在立杆上，保证空间结构整体受力，见图 11。

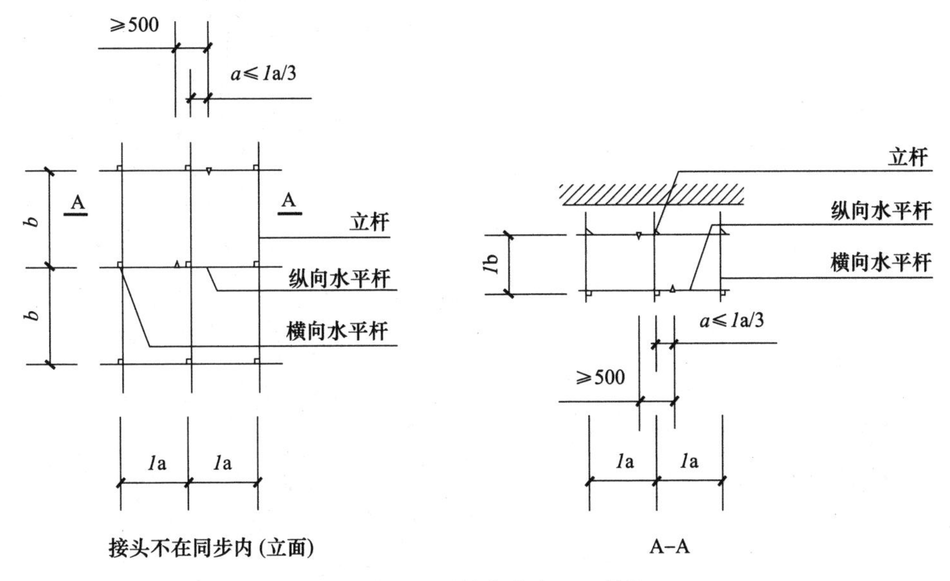

图 11　纵向水平杆对接接头布置（单位：mm）

剪刀撑、连墙件设置：

剪刀撑、连墙件、脚手板等工序均应符合脚手架搭设规范要求，见图 12～图 14。

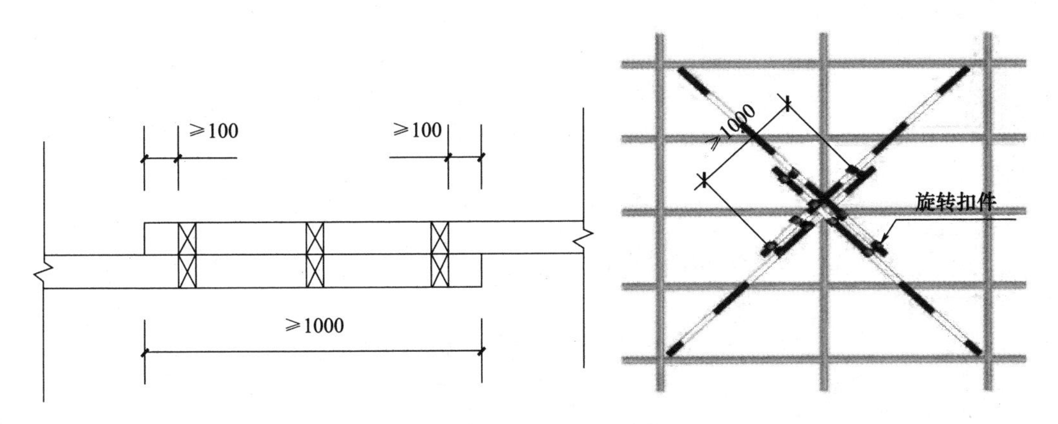

图 12　剪刀撑布置节点图（单位：mm）

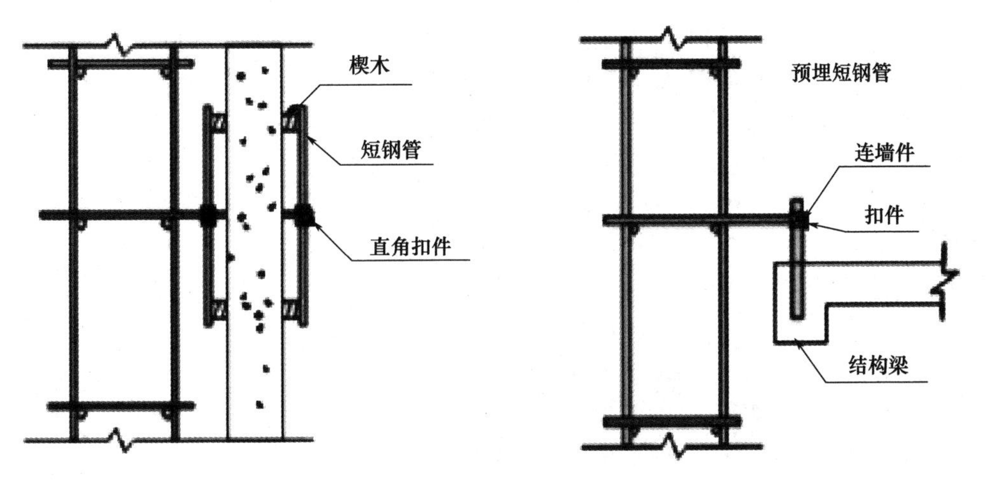

图 13　连墙件构造示意图

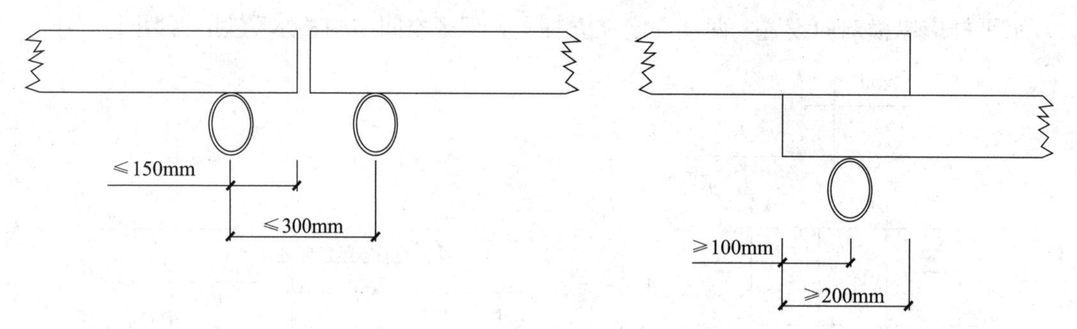

图 14 脚手板连接（单位：mm）

第八步：脚手架验收与拆除。

（1）脚手架立杆垂直度≤1/300，且同时控制其最大垂直偏差值：当脚手架高度≤20m 时不大于 50mm；当脚手架高度≥20m 时不大于 75mm。

（2）纵向大横杆的水平偏差应≤1/250，且全架长的水平偏差值不大于 50mm。

（3）脚手架的节点连接须安全可靠，其中扣件的拧紧程度控制在扭力矩 40～65N·m 之间。

（4）脚手架搭设完毕后，需经联合验收合格后方可使用。

（5）拆除过程中要先拆小横杆、大横杆，然后拆除立杆及斜杆。拆除过程中应将已松开连接的杆配件及时拆除运走，避免误扶和误靠已松脱连接的杆件。

（6）脚手架验收及拆除等工序均应符合脚手架规范相关要求。

第九步：悬挑工字钢梁的拆除。

（1）工字钢的拆除从大角处开始，内外配合，沿顺时针方向依次拆除。

（2）拆除工字钢前，先拆除斜拉杆，上一层操作人员先用绳索绑定工字钢，悬挑层人员拆除固定螺母和螺栓，后用塔吊将工字钢取出，并吊运至地面。

8. 注意事项

（1）日常巡检重点检查各节点连接的高强螺栓是否有松动，钢丝绳是否有松弛，构（杆）件及节点是否有变形、锈蚀。

（2）悬挑梁安装完成，并联合验收合格，方可进行架体搭设相关工作。

9. 主要相关建设标准

（1）《建筑工程施工质量验收统一标准》（GB 50300—2013）。

（2）《建筑施工扣件式钢管脚手架安全技术规范》（JGJ 130—2011）。

（3）《建筑施工安全检查标准》（JGJ 59—2011）。

（4）《建筑施工高处作业安全技术规范》（JGJ 80—2016）。

（5）《附着悬挑式脚手架安全技术标准》（T/SCIA 005—2021）。

（6）《钢结构设计标准》（GB 50017—2017）。

（7）《混凝土结构设计规范》（GB 50010—2010）。

（8）《建筑施工脚手架安全技术统一标准》（GB 51210—2016）。

（9）《混凝土结构工程施工质量验收规范》（GB 50204—2015）。

（10）《钢结构工程施工质量验收标准》（GB 50205—2020）。

（11）《钢结构工程施工规范》（GB 50755—2012）。

（12）《建筑结构荷载规范》（GB 50009—2012）。

玻璃钢格栅装配式生态地坪施工工艺

1. 概述

本工艺是室外地坪施工的一种新工艺，其施工简便，地坪的面层为装配式，工厂化生产，耐久性高，并能多次周转，结合海绵城市理念，形成雨水回收利用的生态循环系统，达到绿色施工、环境保护的目的。相对于传统的铺砖和混凝土路面，该施工工艺施工简便，经济环保，易于推广。

2. 关键词

生态、装配式、玻璃钢格栅、地坪。

3. 适用范围（适用场景）

本工艺适用于不通行车辆的室外地坪。

4. 创新点

（1）本工艺施工时操作简便，材质轻易安装，工艺步骤少，无技术间歇，施工工期短。玻璃钢格栅装配式地坪安装时不需要机械，安装完成后防滑效果好，可回收利用，玻璃钢格栅装配式生态地坪内有碎石和种植草，减少扬尘。

（2）通过碎石和种植土的过滤，将渗入 PE 塑料薄膜隔离层上面的雨水排入排水沟，再汇聚至沉淀池，最后由自吸泵抽取沉淀池中的水，用于绿化自动喷淋和喷雾降尘，形成雨水回收利用的循环系统。

5. 施工准备

1）技术准备

本工艺是利用万能支撑器以十字缝架空铺装玻璃钢格栅，室外玻璃钢格栅装配式生态地坪做法，见图 1。

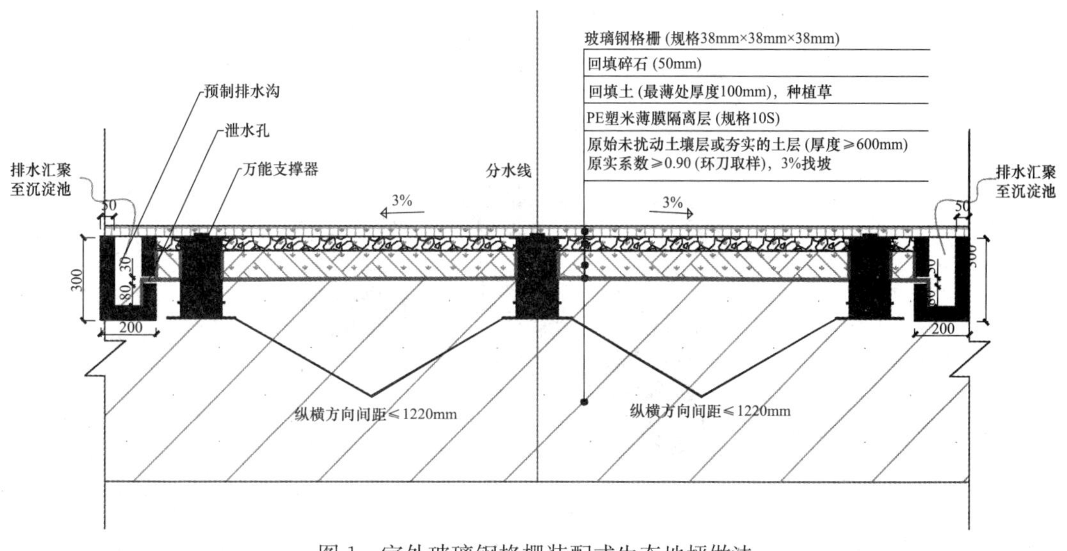

图 1　室外玻璃钢格栅装配式生态地坪做法

2）物资准备

见表1。

表1　主要材料统计表

序号	材料名称	规格型号	用途	备注
1	玻璃钢格栅	0.9m×1.2m	地坪面层铺装	见图2
2	万能支撑器	300mm	承重1～1.5吨，用于支撑玻璃钢格栅	见图3
3	PE塑料薄膜	10S	韧性高、耐穿孔、抗老化、抗拉伸、保证防水效果	
4	PVC塑钢栅栏	600mm	用于办公区、生活区绿化区域维护	
5	预制排水沟	200mm×300mm×50mm	雨水收集，排水汇集至沉淀池	
6	全自动冷热水自吸泵	BSP40160	雨水循环利用	
7	多功能多用途洒水器	DN15	办公生活区绿化灌溉	
8	全自动喷雾降尘	DN15	现场降尘	

图2　玻璃钢格栅

图3　万能支撑器

3）现场准备

严格核对预先确定的标高，根据正确的标高对场地进行清理，裸露出原始土层，并检验场地平整程度。

6. 工艺流程

见图 4。

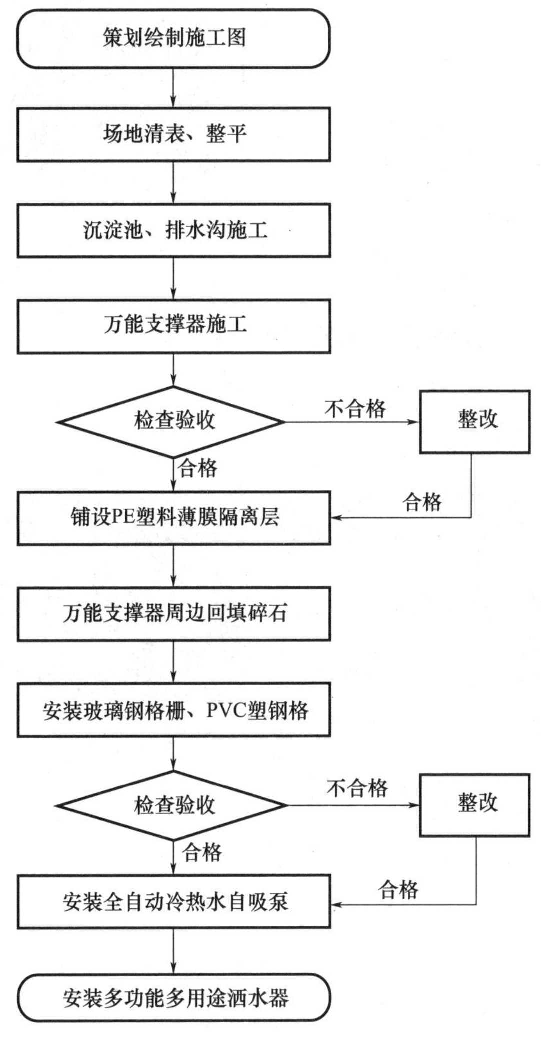

图 4　工艺流程图

7. 操作步骤

1）策划、绘制施工图

对拟施工的区域进行策划，合理排布玻璃钢格栅，确定玻璃钢格栅颜色搭配及万能支撑器的具体位置及尺寸，万能支撑器安装在玻璃钢格栅的拼缝部位，见图 3。

2）确定沉淀池、排水沟位置并开挖

根据施工图，对施工位置定位、清表，平整场地时要严格控制标高。开挖排水沟和沉淀池，并预埋给水管。

3）填埋万能支撑器和预制排水沟

开挖完成后，根据标高将万能支撑器和预制排水沟埋入土内，并拉通线进行校正，无误后，压实万能支撑器和排水沟四周的填土，见图 4。

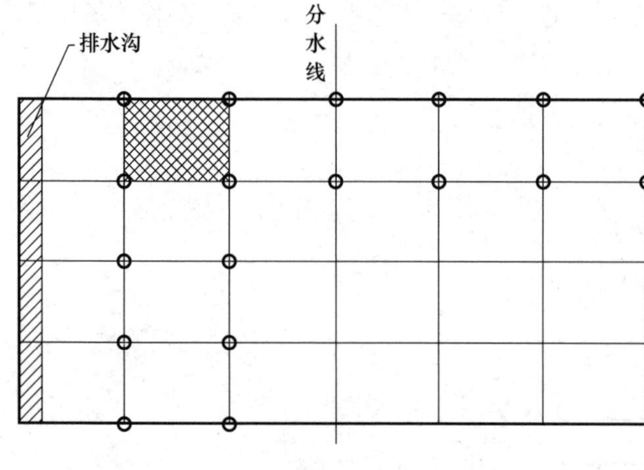

图 3　施工图绘制

图 4　万能支撑器预埋

4）铺 PE 塑料薄膜隔离层

顺着流水方向铺 PE 塑料薄膜隔离层。遇见万能支撑器时，应在 PE 塑料薄膜上开圆洞套入。万能支撑器四周缠绕两圈 PE 塑料薄膜，见图 5。

5）万能支撑器周边回填碎石

回填种植土并播撒草种，完成后回填碎石滤水层，见图 6。

图 5　PE 塑料薄膜铺设

图 6　碎石回填

6）铺装玻璃钢格栅

碎石回填完成后，表面和万能支撑器顶部平齐，开始在其上面铺装玻璃钢格栅，铺装时注意标高和方正度，可以使用万能支撑器进行微调。玻璃钢格栅之间使用“L”“M”“C”形卡扣连接固定，每 900～1200mm 的中心应使用 1 个卡扣，每块格栅至少使用 4 个卡扣，见图 7～图 8。

图 7　玻璃钢格栅铺装

图 8　玻璃钢格栅卡扣固定

7）安装全自动自吸泵、洒水器

沉淀池内安装全自动自吸泵，接驳给水管道和洒水器。完成后根据项目策划安装喷雾降尘系统和塑钢栅栏。

8. 注意事项

（1）PE 塑料薄膜应铺至周边的排水沟内，四周搭接不小于 200mm。

（2）PE 塑料薄膜及玻璃钢格栅废料应及时收集处理。

（3）当拟施工场地高差较大，需要回填时，应检测回填密实度。

9. 主要相关建设标准

（1）《施工现场临时建筑物技术规范》（JGJ/T 188—2009）。

（2）《建筑地面工程施工质量验收规范》（GB 50209—2010）。

10. 相关知识产权

企业级工法：工地办公生活区室外玻璃钢格栅装配式生态地坪施工工法，工法编号：SWJQB-GF-202006。

安装元件精准预埋定位施工工艺

1. 概述

相对传统木模工艺，铝模工艺对安装元件（电箱、线盒）预埋精准定位提出了更高的要求。为适应铝模新工艺推行，实现安装元件精准定位，提前对施工图进行优化设计，根据铝模特点，细化节点做法，使安装元件固定牢固、精准定位、受力均匀，拆模后免抹灰，表面平整、方正，盖板严密，确保施工质量一次成优。

2. 关键词

安装元件、预埋、精准定位。

3. 适用范围（适用场景）

适用于建筑工程剪力墙结构安装元件（电箱、线盒）预埋。

4. 创新点

铝模安装前，安装元件精准预埋不变形，拆除后可重复利用。安装元件（电箱）采用花篮螺杆十字支撑，具有强度高、安装便捷、操作简单的特点，与传统工艺相比较具有显著成效，减少材料损耗，绿色施工。铝模拆模后免抹灰，表面平整、方正、盖板严密，提高施工质量，避免后期维修。

5. 施工准备

1）技术准备

学习相关建筑工程施工质量验收规范、标准图集；结合施工图纸，对安装元件进行图纸深化和精准定位。编制施工方案，参数准确、图文并茂、便于施工。

2）物资准备

见表1。

表1　主要物资表

序号	名称	规格	单位	备注
1	强电箱	500mm×220mm×120mm	个	
2	弱电箱	400mm×300mm×100mm	个	
3	线盒	75mm×75mm×70mm	个	
4	10＃槽钢	100mm×48mm×53mm	m	箱体内部支撑
5	角钢	40mm×4mm	m	箱体内部支撑

3）现场准备

现场准备与安装元件预埋相同。

4）施工机具准备

铅垂仪、水准仪、钢卷尺、电锤、弯管器、手持开孔器、角磨机等。

5）作业条件准备

现场墙柱钢筋绑扎完成，并通过隐蔽验收。

6. 材料管理

见表 2。

表 2　主要材料表

序号	名称	规格（mm）	单位	备注
1	螺栓	M12×500	个	箱体内部支撑
2	螺栓	M10×200	个	箱体内部支撑
3	钢筋	ϕ8	m	线盒固定

7. 工艺流程

见图 1。

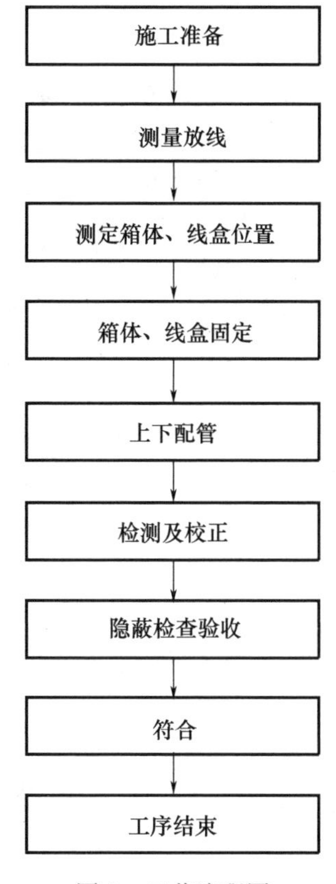

图 1　工艺流程图

8. 操作步骤

第一步：测量放线。铝模安装前，放线人员在楼板面上弹出墙体控制线，以此控制线为基准，参照墙体水电深化图进行安装元件（电箱、线盒）定位，见图 2。

第二步：测定箱体、线盒位置。借助激光水准仪进行精准定位，测定安装元件（电箱、线盒）位置，见图 3。

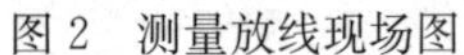

图 2　测量放线现场图

图 3　测定安装元件位置现场图

第三步：箱体、线盒固定。安装元件（电箱）采用 M12、M10 花篮螺杆十字支撑，电箱四周用 100mm×48mm×53mm 槽钢、40mm×4mm 角钢拼装成框，防止在混凝土墙体中震动出现歪斜变形，确保预埋不变形。穿筋（自扣）安装元件（线盒），采用 ϕ8mm 钢筋上下穿过安装元件（线盒），再将钢筋绑扎在剪力墙或柱子主筋上。另用两根 ϕ8mm 钢筋，长度小于墙体厚度 5mm 左右，垂直于模板焊接在主筋上，用于保证混凝土浇筑后安装元件（电箱、线盒）成型效果，与墙面平行，见图 4。

图 4　安装元件（电箱、线盒）固定现场图

第四步：安装元件（电箱、线盒）上下配管，应使用连体卡扣式管件连接。

第五步：检查及校正。安装元件（电箱、线盒）预埋完成，施工现场检查校正，见图 5。

第六步：隐蔽检查验收。安装元件（电箱、线盒）预埋完成，自检合格，联合进行隐蔽验收，见图 6。

图 5　安装元件（电箱、线盒）检查校正图

图 6　安装元件（电箱、线盒）隐蔽验收图

第七步：混凝土浇筑完安装元件（电箱、线盒）效果图，见图7。

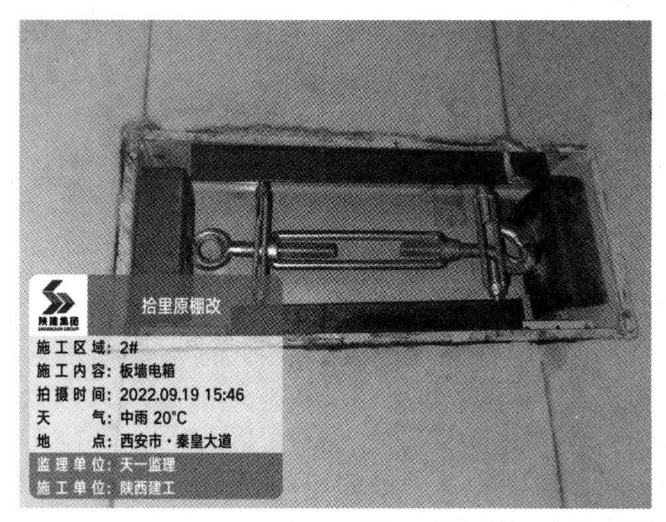

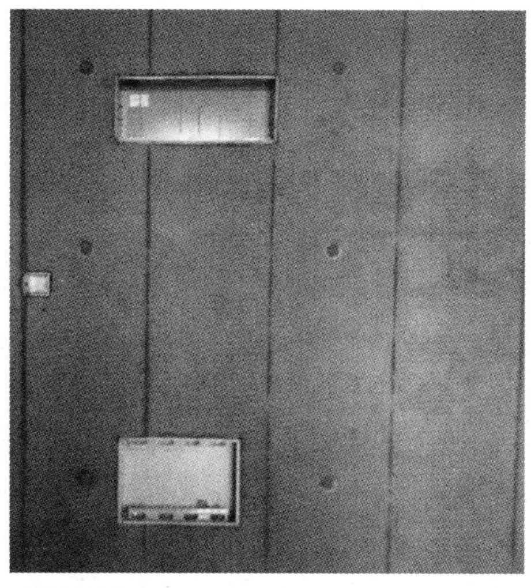

图7　安装元件（电箱、线盒）现场效果

9. 注意事项

（1）管路进入安装元件时，开孔应整齐并与管径匹配，要求一管一孔，不得开长孔。

（2）墙板预留洞（大于300mm但不大于1000mm时）必须按图纸设计，《混凝土结构施工图平面整体表示方法制图规则和构造详图（现浇混凝土框架、剪力墙、梁、板）》22G101-1图集要求在留置洞口周边进行加筋补强固定处理。

（3）安装元件固定钢筋长度略小于混凝墙厚度2mm，安装元件不偏出墙位，钢筋头平齐安装元件表面。

（4）安装元件严禁用电气焊开孔，并应刷防锈漆。应用液压开孔器在安装元件的对应位置进行开孔，不得露洞。

（5）预埋安装元件（线盒）的两根定位筋，应绑扎牢固，成排线盒之间间距均匀一致，线盒填充密实，防止线盒挤压变形。

（6）预埋安装元件（线盒）的木屑要封堵严实，避免破损引起线管封堵导致无法穿线。

10. 主要相关建设标准

（1）《建筑工程施工质量验收统一标准》（GB 50300—2013）。

（2）《建筑电气工程施工质量验收规范》（GB 50303—2015）。

混凝土地坪预留分割缝施工工艺

1. 概述

随着经济的高速发展，大型车间、电子厂房、物流仓库等建筑物的建设量不断增加，根据功能对地面的平整度及施工质量的要求也越来越严苛，目前行业内混凝土表面平整度的控制主要依赖施工人员的个人实际操作水平，可控性较低；另外根据混凝土的性能和国家规范要求，需要在地坪上切割诱导缝预防和减少混凝土裂缝的产生，由于难以掌握切缝时间，导致在混凝土凝固后不能及时切缝，产生收缩应力裂缝。因此，为避免出现收缩应力裂缝，提高混凝土表面平整度的可控性，提出一种混凝土地坪预留分割缝施工工艺，采用一种可调节标高的轨道式支架，将以“点”标高控制混凝土“面”标高的传统做法变为以“线”标高控制混凝土“面”标高，有效提高混凝土面平整度；同时，利用导轨作为地坪切缝隔板，提前预埋在混凝土里，形成混凝土地坪分隔缝。本工艺方法步骤简单、设计合理，避免了传统混凝土地坪切缝施工的噪声污染和粉尘污染，经济实用，绿色环保，应用效果良好。

2. 关键词

混凝土地坪、预埋隔板、轨道支架、免切缝。

3. 适用范围

本工艺适用于大面积超平混凝土地坪施工。

4. 创新点

设置一种调节标高的导轨，控制混凝土收面标高，让刮杠在一个平面上运动，用“面”控制“面”的标高，能有效避免传统施工过程中工人收面时平整度难以控制的难题，保证混凝土面的平整度；利用在混凝土内提前预埋切缝装置，使混凝土内提前产生诱导缝，避免工人难以掌握混凝土凝固时间，错过切缝的最佳时机，有效减少裂缝产生率。本工艺相比传统施工工艺，地坪的施工质量得到了有效保证，同时免除切缝工序，节约施工成本。

5. 施工准备

1）技术准备（工具设计）

（1）固定方式为采用固定底板固定，在固定底板上打螺栓孔，使用膨胀螺丝固定于基层上，保证支架的位置和稳定性，见图 1。

（2）调节方式为利用套管伸缩调解侧壁卡死的原理，使用调节套管焊接于固定底板上，在套管的侧壁开孔焊接螺帽，对顶部托架进行侧向固定，顶部托架采用钢筋与钢质 U 形槽进行焊接，保证支架的标高。

（3）导轨装置采用隔板固定于顶部托架上，通过底部支架标高的调节，保证导轨的平整度。

（4）隔板根据切缝设计尺寸制作，保证切缝尺寸。

（5）将拉环焊接于隔板端头处。

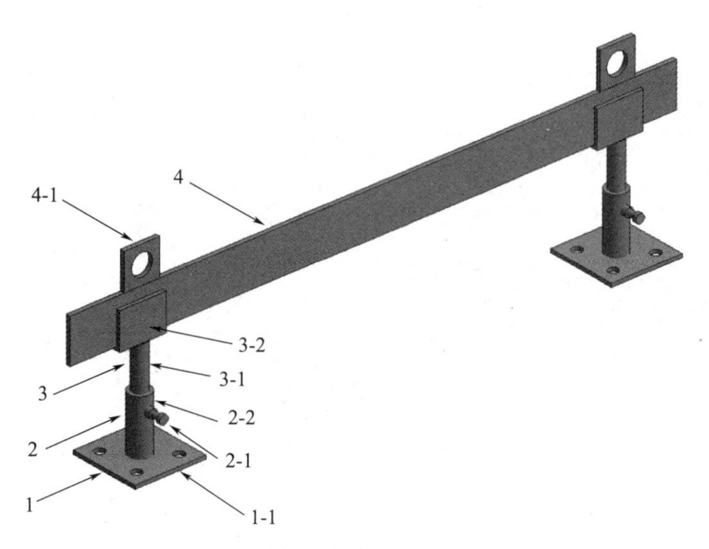

图 1　方案设计图

1—固定底板（100mm×100mm×2mm 钢板）；1-1—螺栓孔（M10）；2—调节套管；2-1—螺帽（M6）；3—顶部托架；3-1—钢筋（直径 10mm 圆钢）；3-2—钢质 U 形槽（3mm 钢板焊接，高度 40mm，宽度 6mm）；4—隔板（50mm×5mm 钢板）；4-1—拉环（50mm×50mm×5mm）

2）物资准备

见表 1。

表 1　制作材料

序号	材料	规格
1	铁板	100mm×100mm×2mm
2	穿线管	DN15
3	圆钢	直径 10mm
4	钢板条	3mm 厚
5	成品扁铁	5mm 厚
6	钢板	5mm 厚
7	塑料薄膜	0.08mm 厚
8	膨胀螺丝	M10

3）现场准备

基层清理：使用扫帚或高压水枪对基层进行清理，要求基层无浮浆、浮灰等，见图 2。

图 2　基层清理

弹线：按照图纸设计确定切缝位置，见图 3。

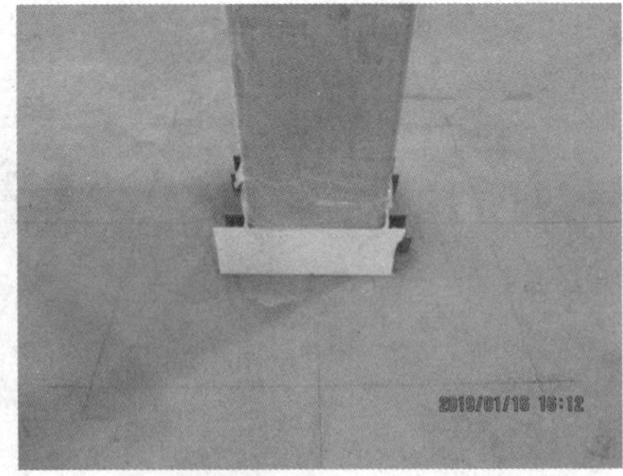

图 3　弹线

4）施工机具准备

见表 2。

表 2　主要施工机具

序号	名称	型号
	制作工具	
1	二氧化碳保护焊机	NBC350
2	型材切割机	J3G2-400
3	卷尺	5m
4	角磨机	9556HN
	安装工具	
1	冲击电钻	GSB 600RE
2	开口扳手	M10
3	水准仪	DZ3
4	墨斗	/
5	卷尺	5m
6	小刀	/
	混凝土浇筑工具	
1	刮杠	3m
2	地面磨光机	100 型
3	扫帚	/
4	手提振动棒	50 型

6. 工艺流程

见图 4。

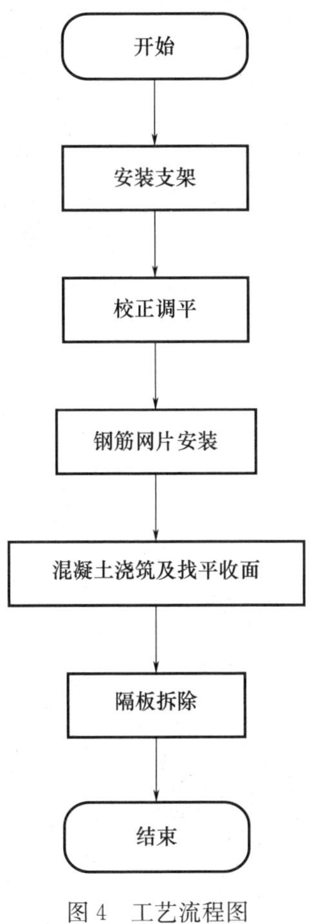

图 4　工艺流程图

7. 操作步骤

第一步：安装支架。

严格按照基层上确定的分隔缝位置安装，使用膨胀螺丝固定于基层上，安装完成拉线绳校正，所有支架垂直。隔板采用双层塑料薄膜包裹，安装在 U 形槽内，支架安装完成后隔板与切缝线对齐。为保证钢制隔板在混凝土凝固后可以顺利取出，故在隔板上包裹柔性塑料薄膜，见图 5～图 7。

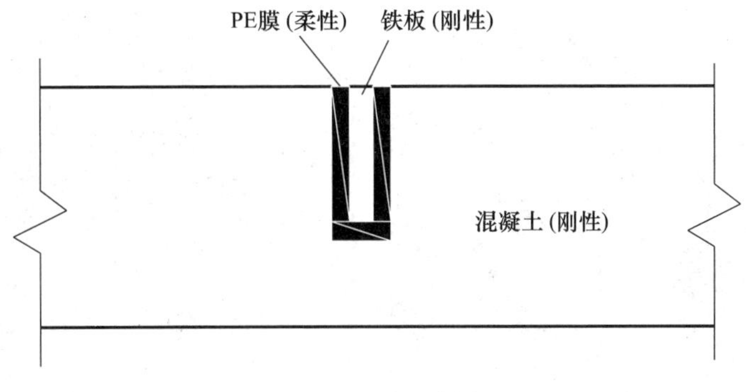

图 5　设计示意图

图6　包裹PE膜

图7　支架安装完成

第二步：校正调平。

使用水准仪引测标高，对每一个支架进行调平，保证托架顶部钢板标高误差在2mm以内，见图8。

图8　校正调平

第三步：钢筋网片安装。

按照图纸设计要求绑扎钢丝网片，见图9。

图9　钢筋网片安装

第四步：混凝土浇筑及找平收面。

混凝土应连续浇筑，不得出现冷缝；使用 3m 刮杠沿托架钢板进行收面，保证混凝土面平整，待混凝土初凝后，采用磨光机二次收面，人工配合精平压光收面，见图 10～图 11。

图 10 混凝土浇筑

图 11 找平收面

第五步：隔板拆除。

待混凝土凝固后，对隔板进行人工拆除，利用隔板上的拉环沿着切缝方向用力提出，不得使用蛮力，以免破坏切缝，见图 12～图 13。

图 12 隔板拆除

图 13 拆除效果

8. 注意事项

（1）支架严格按照加工图纸加工制作，支架套管与定位底板焊接牢固、垂直，U 形槽与支撑杆焊接牢固、垂直。

（2）安排专人定位放线，严格按照切缝位置弹线，误差 2mm 以内。

（3）切缝工具安装时与定位线居中对齐。

（4）隔板安装时整体包裹塑料薄膜两层。

（5）支架及隔板安装完成后采用水准仪校正调平，标高误差 2mm 以内。

（6）混凝土收面使用 3m 刮杠沿隔板收面。

（7）隔板在混凝土强度大于 70%以后方可拆除。

9. 主要相关建设标准

（1）《建筑施工安全检查标准》（JGJ 59—2011）。

(2)《钢结构焊接规范》(GB 50661—2011)。
(3)《混凝土结构工程施工质量验收规范》(GB 50204—2015)。
(4)《建筑地面工程施工质量验收规范》(GB 50209—2010)。

10. 相关知识产权

(1) 发明专利：一种混凝土超平地坪免切缝施工方法，专利号：ZL201910415600.7。
(2) 省级工法：《混凝土地坪预留分隔缝施工工法》，工法编号：SXSJGF2019-060。

泡沫玻璃“紧密型”保温系统屋面施工工艺

1. 概述

本工艺是一种新的保温系统屋面施工工艺，用以解决传统构造基层、保温层和防水层之间难以控制的窜水、渗漏和保温失效的风险等问题。本工艺泡沫玻璃保温防水紧密型系统是将泡沫玻璃板和铺贴于上的防水材料作为一个整体考虑，即基层、保温板和防水材料之间均相互紧密黏结和固定，形成无渗漏、无空腔、无冷桥或少冷桥的保温隔热、耐久和防水一体化的系统。该系统充分利用泡沫玻璃保温板重量轻、导热系数小、吸水率小、A1级不燃、不霉变、强度高、耐腐蚀、无毒、物理化学性能稳定等优点，能达到隔热、保温、保冷、易加工而且不变形的效果，使用寿命等同于建筑物使用寿命，是一个既安全可靠又经久耐用的建筑绿色环保保温材料。

2. 关键词

泡沫玻璃、“紧密型”屋面系统、保温、防水。

3. 适用范围（适用场景）

本施工工艺适用于新建、扩建、改建以及既有建筑节能改造的民用建筑和一般工业建筑金属屋面、太阳能屋面、瓦屋面、种植屋面等多种采用泡沫玻璃保温防水紧密型系统的屋面。

4. 施工准备

1）技术准备

审查施工图纸，建模对图纸优化并对不明确的部位提出疑问；结合图纸复核现场坐标、标高等技术参数，复核上道工序施工质量是否满足后续施工质量要求；明确期限、交付使用的顺序、时间以及工程所用的主要材料、设备数量、规格、来源和供货日期；充分地了解和掌握设计图纸的设计意图和技术要求。编写施工方案及技术交底并完成方案报审及交底。

以某工程项目为例：屋面系统采用双层系统。

屋面装饰板系统采用25mm厚蜂窝铝板，装饰板骨架采用80mm×80mm×5mm铝骨架，材质为6063-t6表面阳极氧化。

防水系统采用紧密型屋面系统2.0mm聚氨酯（脲）防水涂料、4mm厚SBS改性沥青防水卷材、150mm厚泡沫玻璃及1mm厚镀铝锌镁压型钢底板。根据现有图纸深化的标准屋面系统节点见图1。

底板安装时应注意平整度，跨中挠度不得超过1/200。底板锚固可靠，安装平整，板缝接触严密，板面干净，见表1。

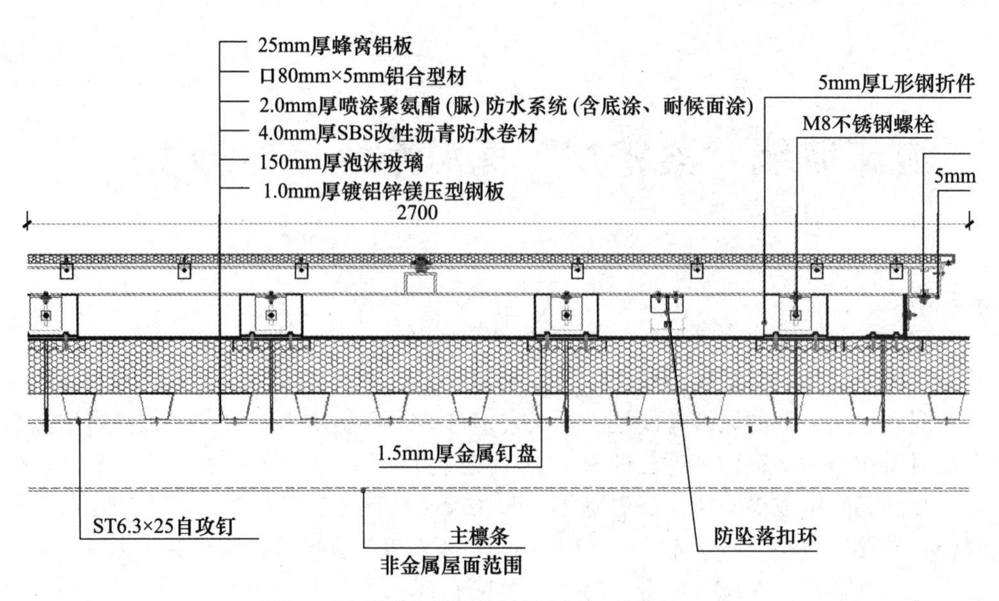

图1　标准屋面系统横剖节点图（单位：mm）

表1　压型金属板安装的允许偏差（mm）

序号	项　目	允许偏差
1	檐口相邻两块金属板端部错位	6.0mm
2	金属板咬缝的平整度	10mm
3	金属板铺装的有关尺寸	符合设计要求

泡沫玻璃保温防水紧密型系统所用材料进场时，应对主要材料的性能进行现场抽样复验，其中泡沫玻璃板和胶粘剂的复验项目应符合表2的规定。

表2　系统主要组成材料复验项目

材料	现场抽样数量	复验项目
泡沫玻璃板	同一厂家、同一品种的产品各抽查不少于3组	导热系数、密度、抗压强度
胶粘剂	同一厂家、同一品种的产品各抽查不少于3组	黏结强度

泡沫玻璃保温防水紧密型系统各组成材料和配件进场时的外观和包装应完整无破损，并符合设计要求和《泡沫玻璃保温防水紧密型系统应用技术规程》（T/CECS 466—2017）规定。泡沫玻璃板应逐行错缝铺贴（相邻两行泡沫玻璃板间应错缝铺贴，错缝宽度宜为1/2板长，最小错缝尺寸不应小于100mm；分层铺设的多层泡沫玻璃板上下层接缝应相互错开），拼接严密。泡沫玻璃板安装允许偏差和检查方法应符合表3的规定。

表3　泡沫玻璃板安装允许偏差和检查法

项目	允许偏差（mm）	检查方法
表面平整	5	2m靠尺和楔形塞尺检查
接缝高差	2	直尺和楔形塞尺检查

防水卷材的选用应满足国家现行有关建筑防水等级和设防标准的要求，并应与泡沫玻璃板型号相适应。防水卷材类型与泡沫玻璃板对应关系及施工方法可按表4选用。

表4 防水卷材类型与泡沫玻璃板对应关系

泡沫玻璃板型号	防水卷材类型	施工方法
AR型	改性沥青防水卷材	热熔法
	自粘聚合物改性沥青防水卷材	自粘法
AF型	高分子防水卷材	冷粘法

2）物资准备

现场材料以图纸设计要求采购进场，包括双组份聚氨酯胶、泡沫玻璃保温板、钉盘（固定螺钉）、SBS改性沥青防水卷材、聚氨酯（脲）防水层等。

3）现场准备

屋面结构层已经施工完成验收通过，施工人员已到位，技术安全交底完成，材料运输吊装线路机具准备到位。

4）施工机具准备

吊车、吊笼、胶枪、定制锤、电钻、火枪、喷涂机。

5）试验准备

相关材料复试类别、规格、总量，各材料复试项目、复试依据、复试抽检要求已经明确。

6）作业条件准备

上步工序施工完成验收；按照设计图纸材料已经准备到位；施工方案完成，报审已通过。

5. 材料管理

屋面原材料采购，待设计院确认后，利用BIM模型技术进行料单汇总采购。原材料进场时间根据各分项工程的施工进度安排分类分批进场，见表5。

表5 材料表

序号	材料名称	规格尺寸	用途
1	镀锌方矩管	80mm×180mm×5mm	檐口龙骨
2	聚氨酯（脲）防水	2.0mm厚（含底漆面漆）	屋面防水
3	SBS改性沥青防水卷材	4.0mm厚	屋面防水
4	泡沫玻璃	600mm×1350mm×150mm	保温材料
5	双组份聚氨酯胶	/	泡沫玻璃粘结剂
6	蜂窝铝板	25mm	装饰面板
7	压型钢底板	1.0mm厚	底板
8	耐候胶	SS521/500ml	装饰面板打胶
9	镀锌方矩管	200mm×150mm×5mm	底板龙骨
10	钉盘	150mm×150mm×2mm	固定件
11	L形铁件	5mm厚	支座连接件

6. 工艺流程

见图 2。

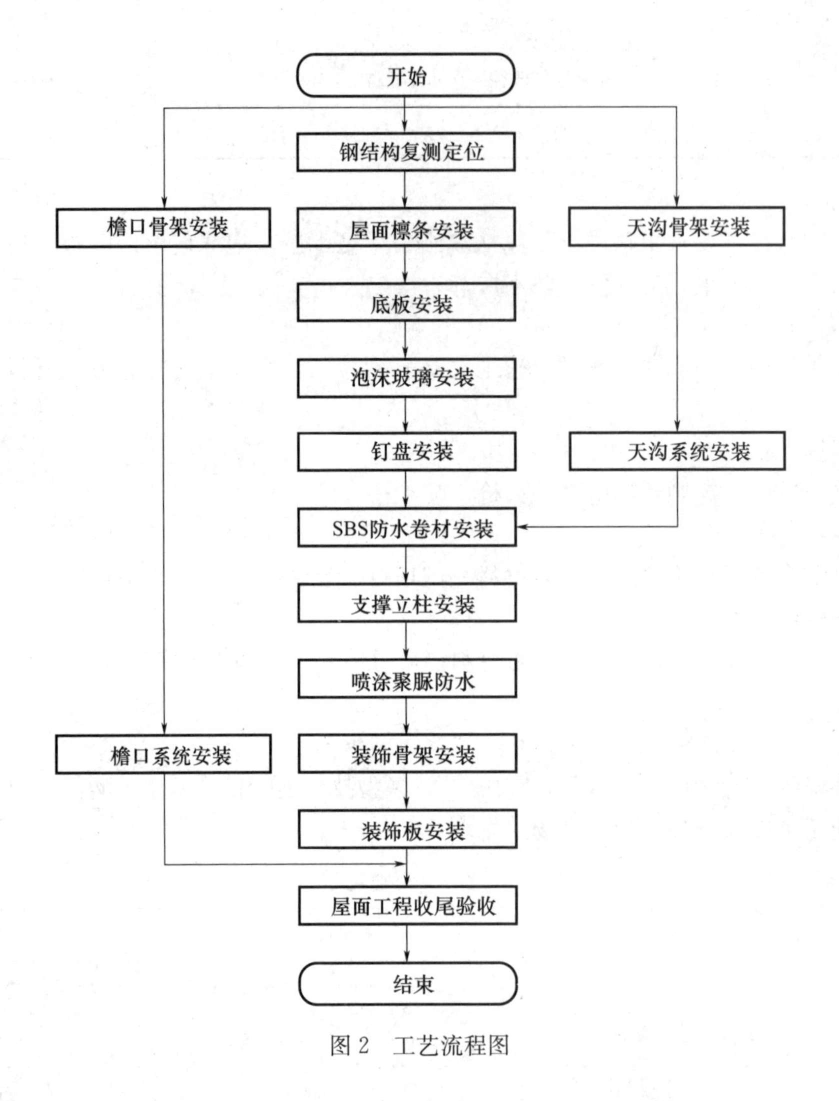

图 2　工艺流程图

7. 操作步骤

第一步：压型钢板打胶。

压型钢板表面进行清洁处理，去除表面的灰尘、水渍、油污等，用专用粘结剂直接打在压型板的波峰，泡沫玻璃板黏结间距不大于 300mm，将泡沫玻璃玻纤毡贴面与压型钢板进行黏结，需在专用粘结剂固化前完成。

例如某项目的底板（压型钢板）的波峰间距为 200mm，打胶的做法是每道波峰均打胶两道，保证钢板黏结强度达到设计要求，即大于等于 100kPa，见图 3。

图 3　压型钢板打胶

第二步：泡沫玻璃黏贴。

应使泡沫玻璃板带沥青基贴面的一面朝上，不得反向铺贴，将泡沫玻璃玻纤毡贴面与压型钢板进行黏结，需在专用粘结剂固化前完成施工，见图 4。

第三步：钉盘系统底座定位。

金属钉盘在安装前应该在已经铺设好的泡沫玻璃的基面上按照屋面蜂窝板支座（L 形铁件）的排版图放线定位，见图 5。

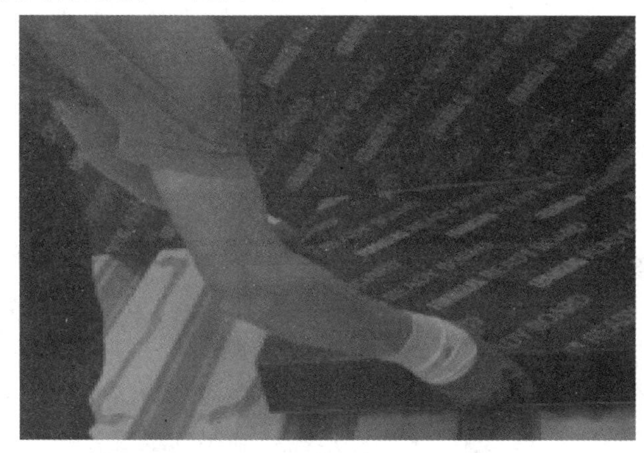

图 4　泡沫玻璃黏贴

图 5　钉盘系统底座定位

第四步：钉盘定位安装。

待放线定位完成后再在泡沫玻璃上放置钉盘，然后由持喷灯的工人加热钉盘内侧使沥青基贴面充分加热并熔化，此时用木槌或铁锤敲击钉盘使其和泡沫玻璃板的沥青基贴面充分黏结形成一个整体面，见图 6。

第五步：防水卷材铺贴。

（1）附加层施工：对所有的天窗、立面墙与平面交接处做附加层处理，附加层宽度为 500mm。

（2）SBS 改性沥青防水卷材采用热熔法铺贴施工。卷材搭接长度要求不小于 100mm，如图 7。

图 6　钉盘定位安装

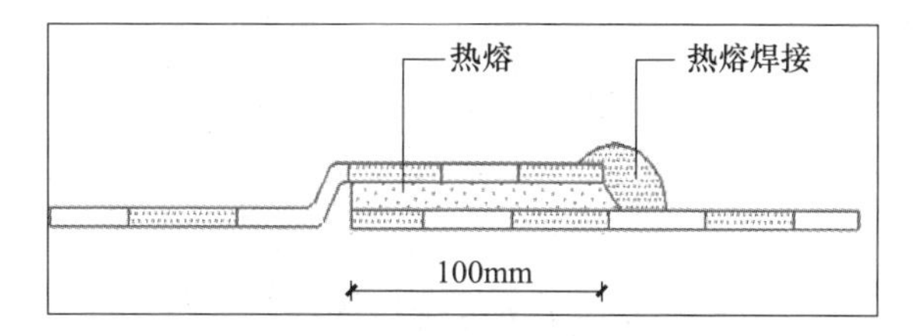

图 7　卷材搭接长度要求

（3）热熔法铺贴卷材：用喷灯将卷材和基层的夹角处均匀加热，待卷材表面融化后把成卷的改性卷材向前滚铺使其粘结在泡沫玻璃沥青贴面上。长边接缝以溢出热熔的改性沥青为宜，见图 8。

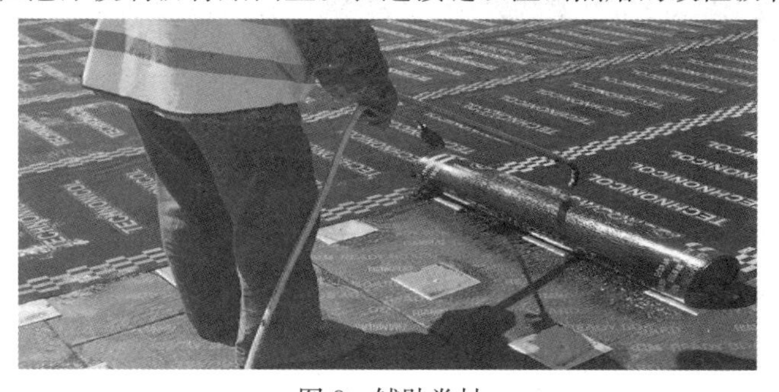

图 8　铺贴卷材

防水卷材宜平行屋脊铺贴，平行屋脊方向的搭接宜顺流水方向，短边搭接缝应相互错开。

第六步：钉盘L形铁件支座安装。

二次测量放线后，按照定位尺寸和上部角度安装钉盘L形铁件支座。

第七步：聚氨酯（脲）防水底涂。

检查上部钉盘支座是否存在缺失，在确认无误后喷涂聚氨酯（脲）防水底涂，注意及时清理基材上未处理干净的灰尘以及喷涂过程中落在基材上的杂物，见图9。

第八步：聚氨酯（脲）防水中涂。

对于平面施工，除注意喷枪和喷涂方向外，还要注意及时清理基层上未处理干净的灰尘以及喷涂过程中落在基层上的杂物。在每一道喷涂完毕后，马上进行检查，发现缺陷及时进行处理，见图10。

图9　聚氨酯（脲）防水底涂

图10　聚氨酯（脲）防水中涂

第九步：聚氨酯（脲）防水面涂。

聚氨酯（脲）防水中涂后的6～48小时内涂刷面涂，注意涂刷前，保持防水层表面清洁、干燥，无污物，见图11。

第十步：屋面装饰板安装。

按照设计要求安装屋面板，屋面板安装时注意下部聚氨酯（脲）层的保护，如发现磕碰、破损处应立即通知现场管理人员检查修补，之后再进行装饰板安装，见图12。

图11　聚氨酯（脲）防水面涂

图12　屋面装饰板安装

8. 注意事项

（1）泡沫玻璃保温防水紧密型系统所用的材料进场时应提供产品合格证书和性能检测报告，主要材料应按规定见证取样送检，并应提供合格检验报告。

（2）施工前，应对基层进行验收。基层应坚实、平整、干净、干燥，并无影响黏结的附着物；混凝土或砂浆基层不应有疏松、开裂、空鼓等现象；当不满足要求时，应进行找平处理。

(3) 泡沫玻璃保温防水紧密型系统施工前，屋面周边和预留孔洞部位应按临边、洞口防护规定设置护栏和安全网，施工时，应设置安全防护设施，并应符合现行国家标准《屋面工程技术规范》GB 50345 的有关规定。

(4) 每道工序完成后，检查验收合格后再进行下道工序的施工。相邻工序施工时，应对已完工的部分采取保护措施。

(5) 泡沫玻璃保温防水紧密型系统施工时环境温度宜为 5～35℃；5 级及以上大风天气、雨天、雪天不得施工。

(6) 泡沫玻璃板铺贴前应先根据屋面情况进行弹线和预排版。

(7) AR 型泡沫玻璃板铺贴时，应使沥青贴面朝向防水卷材，不得反向铺贴。

(8) 相邻两行泡沫玻璃板间应错缝铺贴，错缝宽度一般为 1/2 板长，最小错缝尺寸不应小于 100mm；分层铺设的多层泡沫玻璃板上下层接缝应相互错开。

(9) 泡沫玻璃板应采用专用工具裁切，裁切边应垂直、平整；当遇坡度或角部时，应裁成斜口。

(10) 泡沫玻璃板表面应保持干燥，表面潮湿时不得进行施工，应晒干或晾干后方可进行铺贴施工。

(11) 泡沫玻璃板专用粘结剂与基层黏贴，应贴严、黏牢，拼缝处应严密，黏结固化前不得上人踩踏。

(12) 防水卷材施工前应试铺定位，铺贴的防水卷材应平整、顺直、松弛，不应扭曲、皱褶。

(13) 防水卷材的收头部位宜采用压条钉压固定，并对收头进行密封处理。

(14) 金属钉盘在安装前应该在已经铺设好的保温玻璃的基面上按照屋面蜂窝板支座（L 形铁件）的排版图来放线定位。

(15) 喷涂聚氨酯（脲）防水施工前需要检查金属钉盘是否全部安装到位。

(16) 在屋面施工区域堆放的成品，其上应有明显的指示标识，并设置相应的固定装置，划出一定的界线，使其他专业施工时明确材料的范围及周边的区域位置，防止材料的损坏及遗失。

(17) 屋面板材在屋面堆放时不得过于集中，不得堆放在屋面上已安装的屋面板上。

(18) 屋面作业时应关注天气预报和重大灾害性天气警报，为防止夜间突发大风，对于较轻材料做到每日用多少吊多少，高空堆放不过夜，铺设完成的工作面，做到每日班后局部封闭。突发大风恶劣天气需对屋面材料进行局部抗风加固。

(19) 高温天气尽量避免高温时段进行露天室外作业，严格控制加班加点，减轻工人劳动强度，避免疲劳作业，防止职工中暑。特别是对高空作业人员的工作时间进行适当缩短，保障工人有充足的休息和睡眠时间。

9. 主要相关建设标准

(1)《屋面工程技术规范》(GB 50345—2012)。

(2)《建筑工程施工质量验收统一标准》(GB 50300—2013)。

(3)《建筑装饰装修工程质量验收标准》(GB 50210—2018)。

(4)《采光顶与金属屋面技术规范》(JGJ 255—2012)。

(5)《屋面工程质量验收规范》(GB 50207—2012)。

(6)《喷涂聚脲防水涂料》(GB/T 23446—2009)。

(7)《泡沫玻璃保温防水紧密型系统应用技术规程》(T/CECS 466—2017)。

(8)《泡沫玻璃保温防水紧密型系统建筑构造》(17CJ76-1)。

(9)《压型金属板工程应用技术规范》(GB 50896—2013)。

(10)《高分子防水卷材胶粘剂》(JC/T 863—2011)。

出屋面结构的铝模设计深化与应用

1. 概述

目前大部分高层住宅项目采用铝合金模板，但是出屋面构件仍然采用木模板。常规做法是采用木模进行配板施工，项目需重新购买方木、模板，而且要进行三钢（钢管、扣件、可调托撑）等租赁。为了节省材料、节省人工、加快进度，采用现场标准层的铝合金模板对出屋面的构件、机房、楼梯间、女儿墙进行施工。

2. 关键词

铝模、出屋面结构深化、局部优化。

3. 适用范围（适用场景）

适用于标准层采用铝模板体系施工的高层或超高层项目非标层、出屋面结构。

4. 施工准备

1）技术准备

（1）采用现场的铝合金模板拼装非标构件，做好前期的深化和优化工作，提前和设计单位、建设单位沟通，尽量将出屋面的梁、板优化为标准层的梁、板尺寸。部分非标准构件如雨棚、吊钩梁、局部的挑板、挑梁、优化为标准板的尺寸。部分管井的门洞、过梁、构造柱及部分装饰柱，优化成为混凝土结构一次成型。

（2）根据最终设计图纸对出屋面结构进行配模，选择出所需尺寸模板并做好标记。根据现场具体分析，对尺寸不满足的构件采用木模进行适配，确定最优方案，见图1。

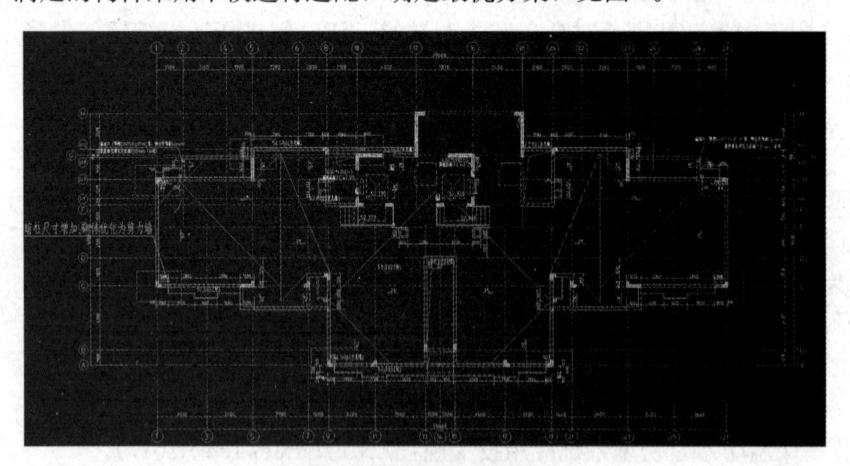

图1　出屋面结构图纸

（3）铝模加固采用拉片加固体系，根据墙体厚度选用适用拉片。

（4）使用木模部位采用方木、钢管传统形式进行加固。

2）深化设计

（1）女儿墙节点深化

① 优化点一：出屋面结构，随主体上翻 500mm 反坎，一次浇筑成型，防治渗漏。

② 优化点二：女儿墙底部 500mm 范围向内凹进 40mm，防水收口，施工完成后与上部剪力墙齐平，完成面美观。

③ 优化点三：女儿墙压顶向外侧延伸 120mm，外保温收口至底部，见图 2。

④ 按照优化点内容进行排版，见图 3。

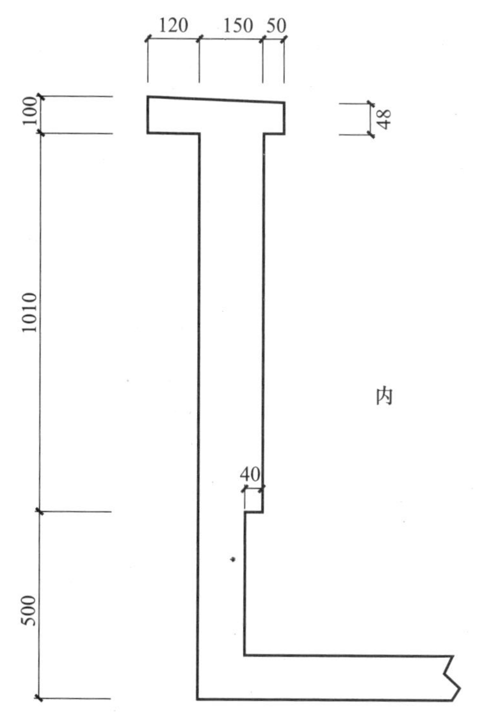

图 2　女儿墙节点深化（单位：mm）

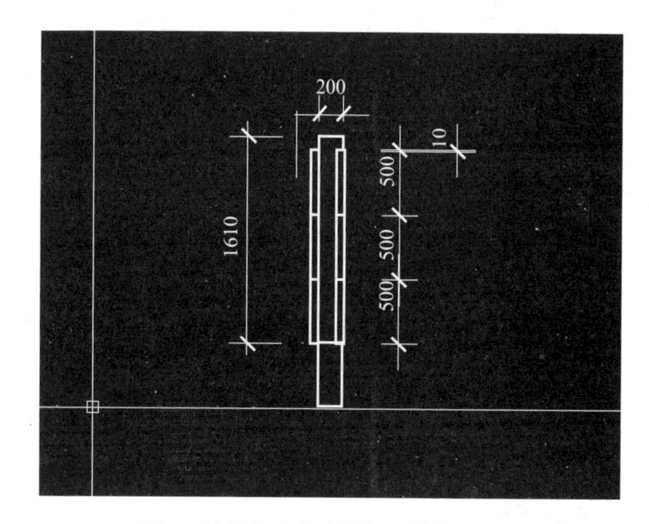

图 3　按优化点内容排版（单位：mm）

（2）楼梯间节点深化

见图 4。

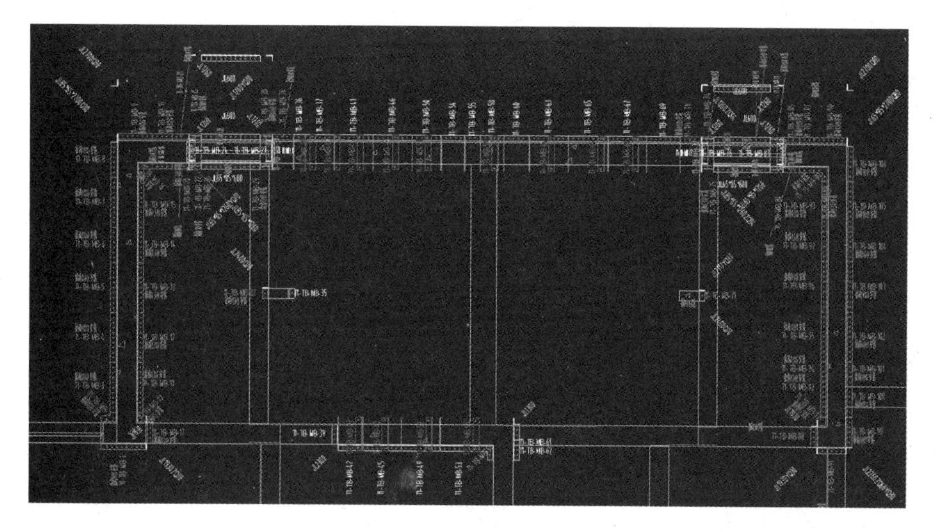

图 4　楼梯间节点深化

（3）机房节点深化

见图5。

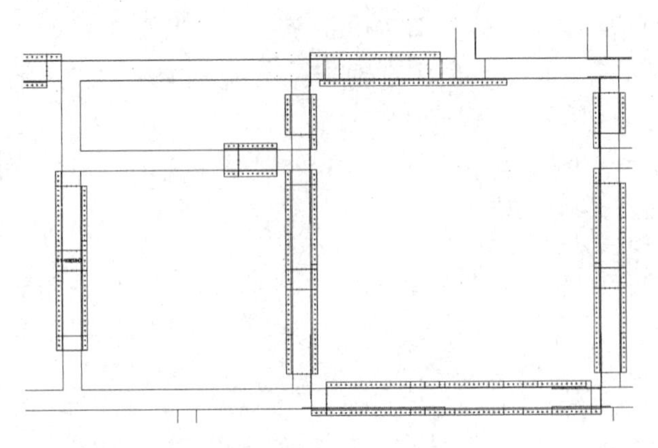

图5　机房节点深化

3）物资准备

见表1。

表1　材料配置计划表

序号	模板、配件名称	数量/套	备注
1	50mm 墙模板	1	结构变化处模板采用木模
2	梁、板模板	1	结构变化处模板采用木模
3	梁底早拆头及单顶支撑	1	/
4	板底早拆头及单顶支撑	1	/
5	悬挑构件早拆头及单顶支撑	1	/
6	斜撑及其配件	1	/

4）施工机具准备

见表2。

表2　工具准备表

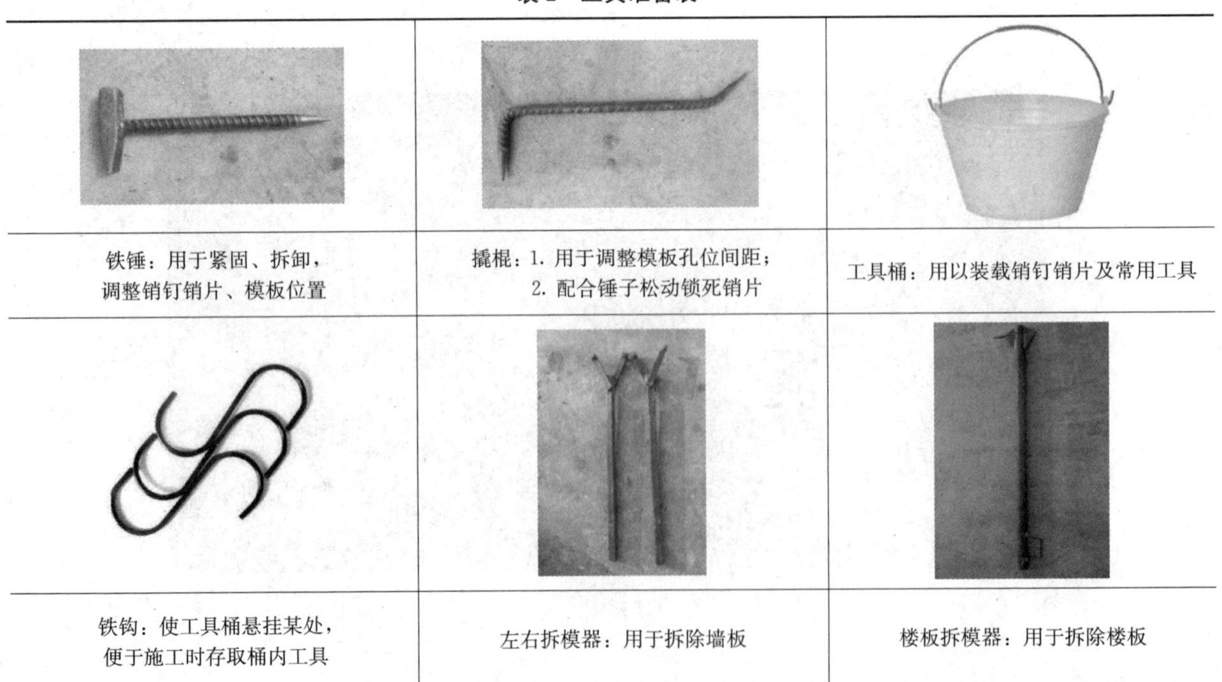

铁锤：用于紧固、拆卸，调整销钉销片、模板位置	撬棍：1. 用于调整模板孔位间距；2. 配合锤子松动锁死销片	工具桶：用以装载销钉销片及常用工具
铁钩：使工具桶悬挂某处，便于施工时存取桶内工具	左右拆模器：用于拆除墙板	楼板拆模器：用于拆除楼板

续表

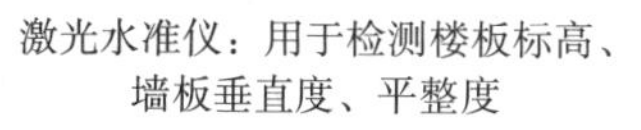激光水准仪：用于检测楼板标高、墙板垂直度、平整度	铲子：用于铲除模板上混凝土残渣	电焊机：用于焊接定位钢筋

5）作业条件准备

（1）墙、柱钢筋绑扎完毕，水电管及预埋件已安装，并通过验收。

（2）楼层主要控制轴线及标高点引测已完成，并通过复核。

（3）模板安装前，必须涂刷脱模剂。

5. 材料管理

本工程铝型材均采用6061-T6，钢背楞采用Q235B钢材。模板、配件介绍见表3。

表3　模板配件介绍表

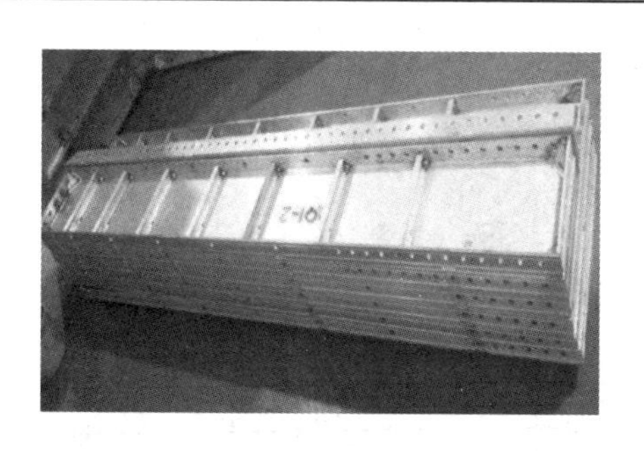	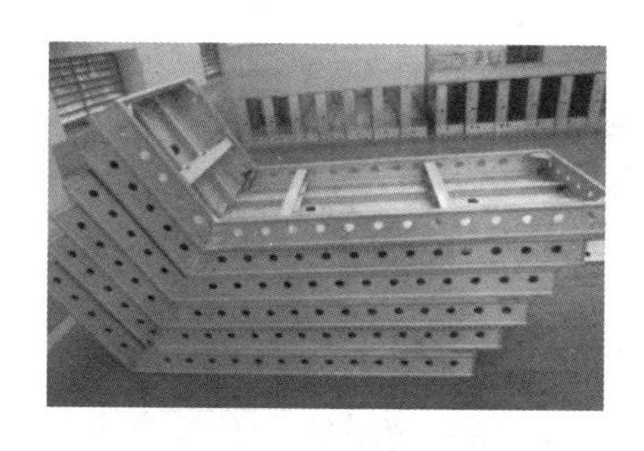
标准板：直接接触新浇混凝土的承力板	非标准板：适合异形部位的特殊模板

早拆头：与支撑杆配套使用，支撑于楼板下	楼面底笼：楼面板相互之间的连接部件

续表

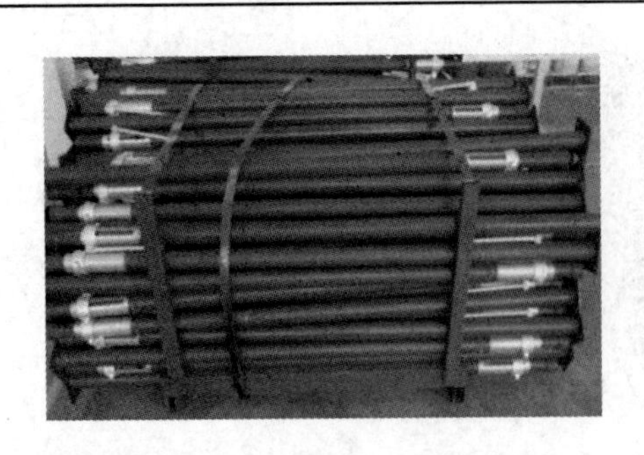	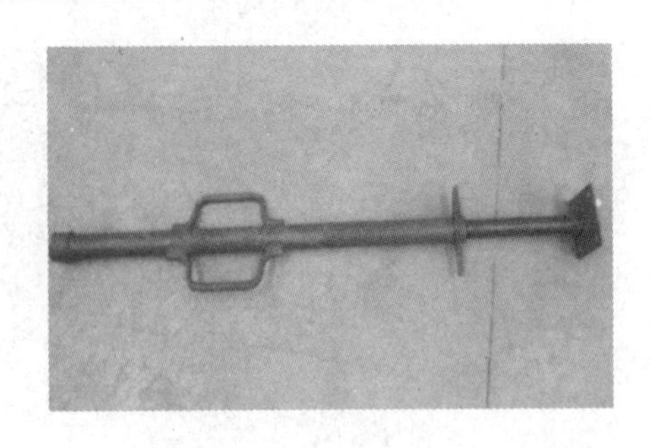
单顶（子母管）：在混凝土结构施工过程中起支撑作用，保证楼面、梁底及悬挑结构的支撑稳固	单顶（游顶加钢管）：保证悬挑结构的支撑稳固，加固吊模、电梯井、采光井
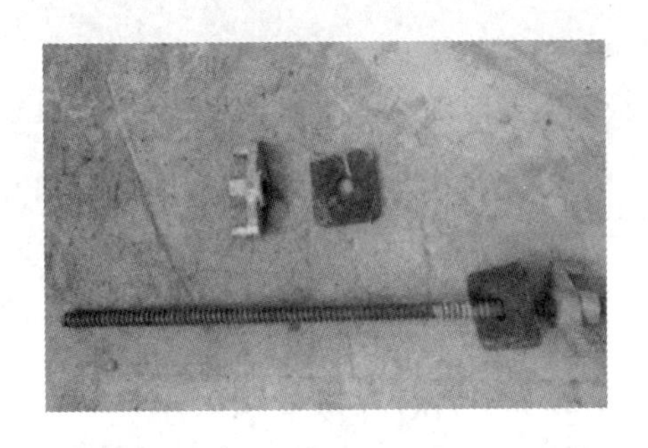	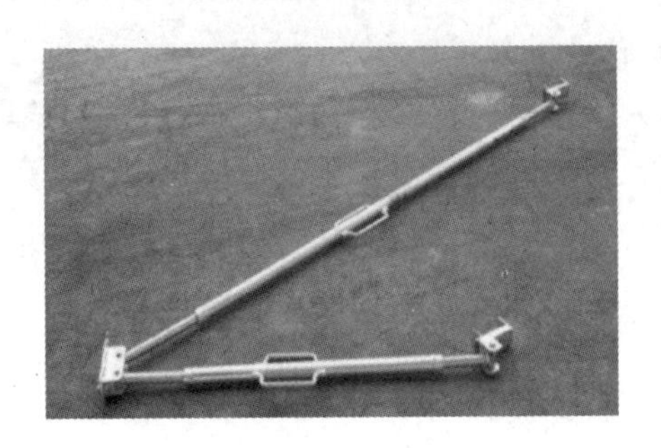
穿墙螺杆：用于拉结梁两边模板，与背楞配合，确保模板的整体性及墙、梁构件尺寸	斜撑：在建筑的外立面设置斜撑，可以有效增大结构的刚度和增大结构的抗震能力

背楞：用方管焊接而成，属于紧固连接件	销钉、销片：用于模板之间的连接
	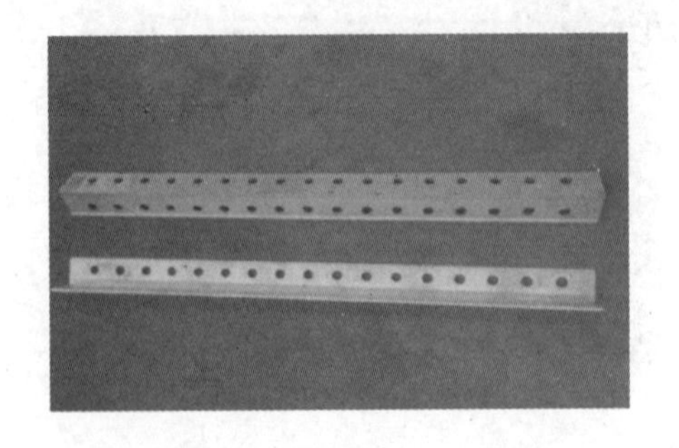
胶杯、套管（PVC）：确保模板之间的间距，起到内撑作用，同时也能便于螺杆拆卸	角铝：用于连接结构边缘部位的封口

续表

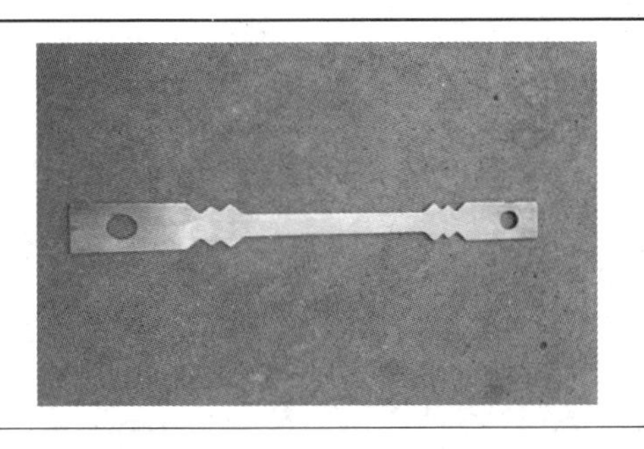	
各类型拉片：用于拉结墙、柱两边模板，确保模板的整体性及墙、柱构件尺寸	脱模剂：水性，防止模板与混凝土粘接

背楞扣：用于固定方形背楞	K板螺丝：用于固定K板

6. 工艺流程

见图6。

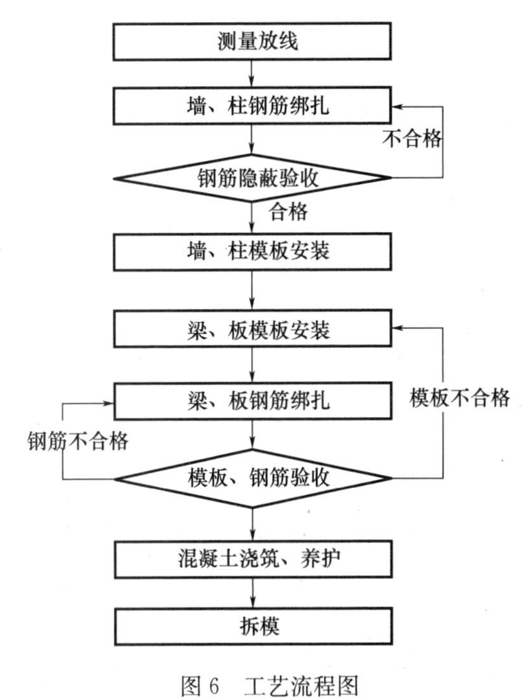

图6　工艺流程图

7. 操作步骤

1）墙、柱模板拼装步骤

（1）将挑选好并清理干净的模板按区域和顺序上传摆放稳当，重叠堆放的情况下板面应朝上，方便涂刷脱模剂，然后逐块涂刷涂膜剂，见图7～图9。

图 7　模板传递

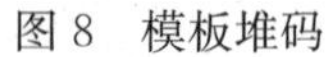

图 8　模板堆码

图 9　涂刷脱模剂

（2）墙模板安装时从阴角处（墙角）开始，按模板编号顺序向两边延伸，为防模板倒落，须加临时的固定斜撑（用木方、钢管等），并保证每块模板涂刷适量的脱模剂。

（3）依据墙柱厚度选择对应尺寸的拉片及数量；目测拉片孔位是否有遮挡，如有，用铁锤轻敲拉片孔挡住物，使拉片孔位置无障碍物；站立在墙柱钢筋一侧依次将所有拉片插入对应孔位；站立于墙柱模板已安装一侧用撬棍调整拉片与墙柱模板孔位，使其对准插入销钉，装上销片并锁紧。

（4）将 C 槽竖立旋转 45°，卡入一侧拉片，再反向旋转 45°并推入两排拉片之间；将墙柱模板侧向旋转 45°（无模板一侧先靠紧拉片），用模板向无模板一侧轻撞击拉片并迅速将另一侧推入两排拉片中间；用撬棍调整拉片与墙板孔位，并用销钉锁紧；立即调整剩余拉片与墙柱模板孔位，并全部插入销钉（暂不装销片，待下一块模板按上面步骤完成后再将本块模板销片打上并紧固）；依次进行下一块墙柱模板安装。

（5）竖向模板一般按每 300mm 钉 1 个销钉，打插销时不可太用劲，模板接缝处无空隙即可，横向拼接的模板端部插销必须钉上，中间可间隔一个孔位钉上，并且是从上而下插入，避免振捣混凝土时震落，见图 10～图 14。

图 10　安装一侧墙板

图 11　临时支撑

图 12　外侧模板安装

图 13　墙板安装完毕

图 14　拉片安装

（6）背楞安装：本项目采用拉片体系，女儿墙高度为 1600mm，故背楞设置为两道，从下而上背楞高度依次是 200～1100，背楞扣安装在从下往上数第一、四道拉片孔位置，内外墙两面各布置两道方通，方通安装在第一、四道拉片槽位置，方通最大长度 $L \leqslant 3500$mm，方通两端各布置一个方通扣，中间间距≤1200mm，见图 15。

图 15　背楞安装

具体步骤是：将背楞扣从左至右横向插入两墙板销钉孔中，并插入销片锁紧；用手调整整面墙所有背楞扣扣片到最大行程尺寸；将背楞从地面提起，水平放在背楞扣上，扣片贴在背楞侧边；用铁锤敲打扣片并锁紧。

（7）支撑安装。具体要求是：女儿墙上翻部位采用木方竖向支撑，间距不大于1500mm，见图16。长度≥1200mm的墙体设置不少于两根大斜撑，宽度<1200mm的墙体或剪力墙短肢设置不少于一根斜撑，见图17。

图16　竖向支撑安装

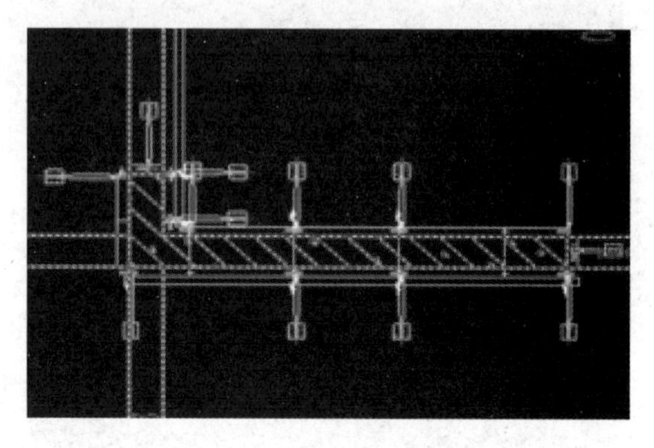

图17　斜撑安装示意图

（8）墙柱模板调校：对线复核→标高调校→垂直度调校。

观察墙体是否与墙体定位线重合，如有误差，需进行调节。

将激光水平仪装在支架上面并调平，激光水平仪对齐1m标高控制线，观察激光线是否与墙面控制点重合。

混凝土面低于设计标高5mm以上，用废钢筋头填塞模板下端缝隙，直至符合安装要求。

激光水平仪放置在500mm控制线上，调平并调整激光水平仪水平线与500mm控制线相重合。

用卷尺测量墙面与激光水平仪垂线距离，同一竖向面取点不少于3个（下、中、上），同一面墙取点间距为500mm。以下点为标准复核墙面垂直度，用撬棍撬住斜撑调节孔调整。如上端尺寸小于下端，则用斜撑向内撑进行调节，如上端尺寸大于下端，则用钢丝绳及风钩往内拉。

外墙模板垂直度调校时，线锥延伸到下层墙面不少于1m，上下垂直度偏差≤5mm，且上口应向内偏。检查时，离转角≤200mm，见图18。

图18　墙柱模板调校

2）梁模板的拼装步骤

（1）先将梁底模板在楼面进行预拼装，将梁底模板连接成整体，见图19。

（2）在楼板面上把已清理干净的梁底板（B）、早拆头（SS）、阴角模（SC、梁与墙连接的阴角模）

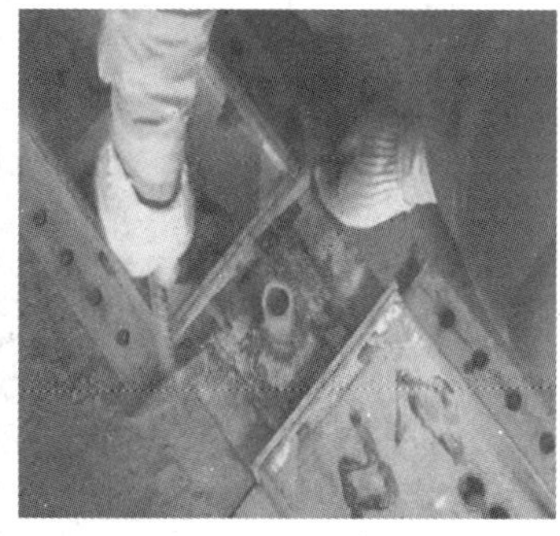

图 19　梁底模预拼装

按正确的位置用插销钉好。尤其注意早拆头的支撑必须与下层的梁底支撑在同一垂直中心线上，以保证混凝土结构的安全，见图 20～图 21。

图 20　连接好的梁底模

图 21　梁底与墙柱模板节点

（3）装梁底板时须 2 人协同作业，一端一人托住梁底的两端，站在操作平台上，按规定的位置用插销把阴角模（SC）与墙板连接。如梁底过长，除两人装梁底外，另有一人安装梁底支撑，以免梁底模板超重下沉使模板早拆头变形，影响作业安全。

（4）用支撑把梁底调平后，可安装梁侧模板，所有横向连接的模板，插销必须由上而下插入，以免在浇混凝土捣振时插销震落，造成爆模，影响安全。

（5）梁侧模安装：将梁侧模放置于梁底模对应位置上，对上销钉孔，用销钉连接，梁侧模按编号依序安装；梁侧模与梁底模相连时，每块侧模两端必须打销钉，销钉间距不超过 300mm，销钉大头朝上；相邻侧模最上、下必须打销片且大头朝上，销钉间距不超过 100mm，见图 22。

图 22　梁侧模安装

（6）外梁侧模安装。高度≥600mm的外梁，应在梁钢筋板扎完毕后安装另一侧模板，见图23。

图23　外梁侧模安装

3）顶板模板拼装步骤

（1）安装完墙梁顶部的阴角模后，安装楼面底笼，然后按试拼装编号图安装顶板，依次拼装标准板模，直至铝模全部拼装完成。因出屋面结构炮楼层高较高，故支模架采用钢管扣件满堂架，见图24～图27。

图24　楼面底笼

图25　楼面模板

图26　楼面模板安装

图27　楼面模板收口

（2）每间房的顶板安装完成后，须调整支撑杆到适当位置，以使板面平整。跨度4m以上的顶板，其模板应按设计要求起拱，如无具体要求，起拱高度宜为跨度的1/1000～3/1000（铝合金模板起拱高度一般取下限1/1000），见图28。

图 28　钢筋模板施工完成

4）质量标准

模板制作允许偏差见表 4。

表 4　模板制作允许偏差

序号	检查项目	允许偏差
1	外形尺寸	±2mm
2	对角线	3mm
3	相邻表面高低差	1mm
4	表面平整度（用 2m 直尺）	2mm

模板安装质量要求见表 5。

表 5　模板安装质量要求

<table>
<tr><th>检查内容</th><th>检查标准</th><th>合格标准</th></tr>
<tr><td>截面尺寸</td><td>[−2，2] mm</td><td rowspan="8">合格率 100%</td></tr>
<tr><td>表面平整度</td><td>3mm</td></tr>
<tr><td>垂直度</td><td>3mm</td></tr>
<tr><td>标高</td><td>[0，5] mm</td></tr>
<tr><td>顶板水平度</td><td>8mm</td></tr>
<tr><td>拼缝宽度</td><td>≤2mm</td></tr>
<tr><td>拼缝高低差</td><td>≤2mm</td></tr>
<tr><td>单顶垂直度</td><td>≤3%且≤30mm</td></tr>
</table>

拆模后混凝土施工质量要求见表 6。

表 6　拆模后混凝土施工质量要求

<table>
<tr><th>检查项目</th><th>检查内容</th><th>检查标准</th><th>合格标准</th></tr>
<tr><td rowspan="3">混凝土结构实测质量标准</td><td>墙体表面平整度</td><td>（0，4）</td><td rowspan="3">合格率 90%</td></tr>
<tr><td>墙体垂直度</td><td>（0，4）</td></tr>
<tr><td>顶板水平度</td><td>（0，10）</td></tr>
<tr><td rowspan="4">混凝土结构观感质量标准</td><td>表面</td><td>表面平整，颜色均匀一致；无蜂窝、麻面、狗洞、露筋、胀模等外观缺陷</td><td rowspan="4">无明显缺陷</td></tr>
<tr><td>接缝</td><td>无明显漏浆、高低差</td></tr>
<tr><td>修补</td><td>胀模区域剔凿细密、深度适中、冲刷干净；外观缺陷区域按专项方案修补，无质量隐患</td></tr>
<tr><td>开槽与预埋</td><td>边缘整齐，横平竖直，无歪斜，预埋深度未破坏结构钢筋</td></tr>
</table>

8. 注意事项

（1）严格控制模板加工质量，要求模板制作质量比现行国家规范有所提高，并派专人负责检验模板产品，凡质量不达标的产品不得进入施工现场。

（2）拼接和安装过程要选用合格的铝合金模板和合格的配件，保证模板使用安全、拼装可靠。

（3）完成拼接和安装模板后，首先工人要进行自检，自检合格后，报经相应的质检员检查认可后方可进行下一道工序施工。

（4）模板安装及拆除时，应轻起轻放，不准碰撞，不得使劲敲砸模板，以免模板变形。

（5）工作面已安装完毕的墙、柱模板，不准在吊运其他模板时碰撞，不准在预拼装模板就位前作为临时依靠，以防止模板变形或产生垂直偏差。工作面已安装完毕的平面模板，不可做临时堆料和作业平台，以保证支架的稳定，防止平面模板标高和平整产生偏差。

（6）由于模板拆除时混凝土强度较低，须特别注意塔式起重机运料及人工运料的过程中不得碰撞混凝土墙、柱，以免影响混凝土的观感。

（7）混凝土顶板在拆模 24h 内不得堆料，防止混凝土板早期强度被破坏、板面出现裂缝，混凝土板上堆料要堆放在有支座点的混凝土梁部位。

（8）在雨季到来前，做好脚手架的防雷避雷工作，并进行全面检查，确保防雷安全。

（9）加强对易燃、易爆等危险品贮存、运输和使用的管理，在露天堆放的危险品采取遮阳降温措施，严禁烈日曝晒，避免发生泄露，杜绝一切自燃、火灾、爆炸事故。

（10）冬期要做好防滑、防冻、防煤气中毒等工作。脚手架、上人马道要采取防滑措施。

（11）冬季施工时，对于顶撑部位，混凝土达到相关结构要求后方可拆除顶撑。

9. 主要相关建设标准

（1）《建筑工程施工质量验收统一标准》（GB 50300—2013）。

（2）《混凝土结构工程施工质量验收规范》（GB 50204—2015）。

（3）《建筑结构荷载规范》（GB 50009—2012）。

（4）《混凝土结构设计规范》（GB 50010—2010）。

（5）《工程测量标准》（GB 50026—2020）。

（6）《建筑施工安全检查标准》（JGJ 59—2011）。

（7）《施工现场临时用电安全技术规范》（JGJ 46—2005）。

（8）《建筑施工扣件式钢管脚手架安全技术规范》（JGJ 130—2011）。

（9）《建筑施工模板安全技术规范》（JGJ 162—2008）。

（10）《建筑工程大模板技术标准》（JGJ/T 74—2017）。

（11）《组合铝合金模板工程技术规程》（JGJ 386—2016）。

特殊工况下土钉墙支护施工工艺

1. 概述

我国北方地区湿陷性黄土地质居多，如遇雨季、雪季施工，基坑边坡支护稳定性难以保证，特研发本施工工艺，以“先固坡、后定位”的施工理念，通过改变传统支护施工工艺，达到安全高效施工的目的。

2. 关键词

土钉墙、湿陷性黄土、雨季施工、边坡稳定、孔位定位。

3. 适用范围（适用场景）

适用于北方湿陷性黄土地区采用土钉墙锚索支护施工的项目，尤其适用于雨季或雪季的支护工程。

4. 创新点

（1）传统施工工艺：土方刷坡→土钉（锚索）成孔→安放土钉（锚索）→孔位注浆→坡面钢筋绑扎→8cm 厚 C20 细石混凝土喷面。

（2）新工艺：土方刷坡→PVC 套管定位埋设→初喷 4cm 厚 C20 细石混凝土→套管取出→土钉（锚索）成孔→安放土钉（锚索）→孔位注浆→坡面钢筋绑扎→4cm 厚 C20 细石混凝土喷面。

（3）坡面稳定性加强：新工艺在刷坡完成后，提前埋设套管并初喷 4cm 厚 C20 细石混凝土稳固坡面，避免边坡遇水塌陷。

（4）质量方面：新工艺在刷坡完成后利用套管埋设、初喷进行孔位定位，可有效避免传统工艺成孔过程中因土质问题导致的孔位偏差，有效提高孔位定位精度。新工艺将设计要求 8cm 厚 C20 细石混凝土分两次施工，初喷 4cm，保证护坡钢筋网片居中，提高护坡整体性。

5. 施工准备

（1）技术准备：根据相关图纸编制支护施工技术方案，对现场施工人员进行交底。

（2）机械准备：钻孔机等机械设备。

（3）物资准备：PVC 套管、土钉锚索、C20 细石混凝土、钢梁等材料。

（4）现场准备：土方刷坡完成，施工人员就绪，并完成交底，见图 1。

图 1　测量坡率

（5）试验准备：根据规范要求对相关材料进行取样送检，见图2。

图2　取样

6. 材料管理

1）主要施工机械设备、机具

见表1。

表1　主要施工机械设备、机具

序号	名称	型号
1	PVC切割机	SWS1300
2	钢筋切断机	Q35Y
3	钢筋弯箍机	GW40
4	钻孔机	GSR 120-Li
5	卷尺	5m
6	水准仪	DZ3
7	经纬仪	DJ6

2）主要材料应用表

见表2。

表2　主要材料应用表

序号	材料	规格
1	钢筋	ϕ12、ϕ8
2	土钉	ϕ12
3	钢绞线	1860级 ϕS15.2钢绞线
4	钢梁	18#工字钢（180mm×94mm×6.5mm）
5	锚具	OVM15锚具
6	钢垫板	150mm×150mm×15mm
7	混凝土	C20细石

7. 工艺流程

见图 3。

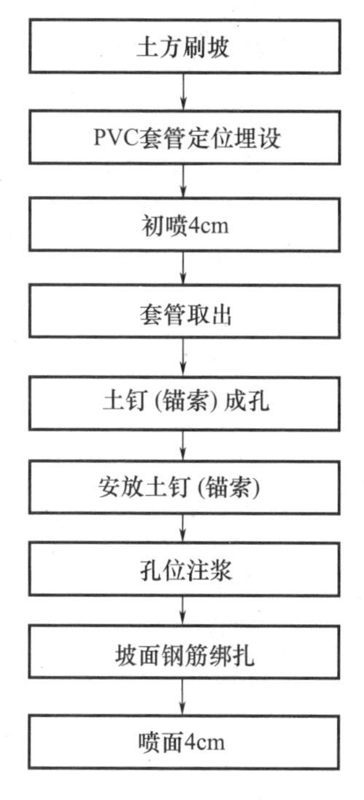

图 3　工艺流程图

8. 操作步骤

第一步：土方刷坡，按照设计要求坡比进行刷坡作业，见图 4。

图 4　土方刷坡

第二步：PVC 套管定位埋设，进行 PVC 侧壁切口、点位测量、封口，见图 5。

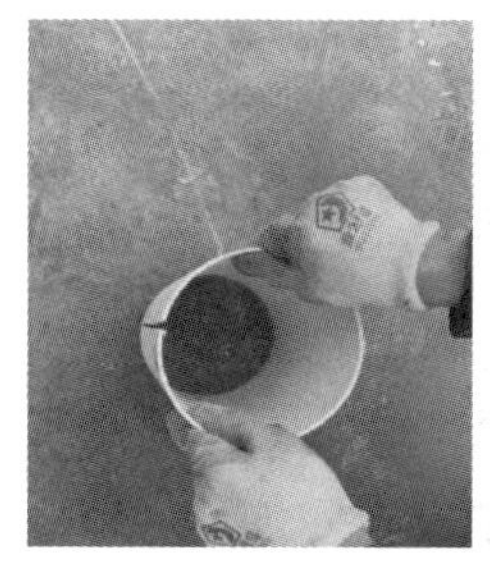

图 5　PVC 套管定位埋设

第三步：初喷、拆除套管，坡面初喷 4cm，见图 6。

图 6　初喷、拆除套管

第四步：土钉（锚索）成孔，见图 7。

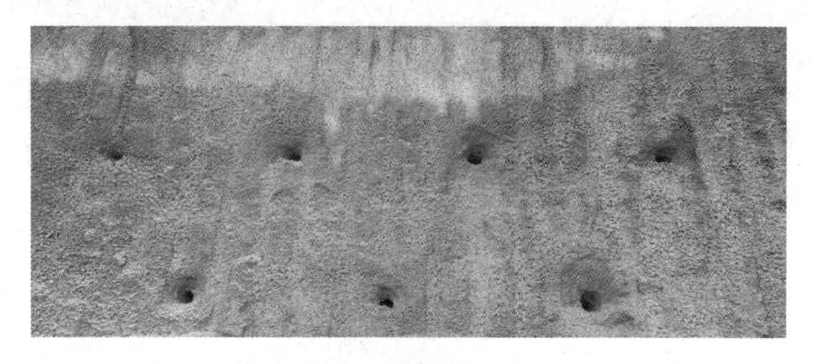

图 7　土钉（锚索）成孔

第五步：土钉（锚索）安放、注浆，见图 8。

图 8　土钉（锚索）安放、注浆

第六步：钢筋网片绑扎、喷面，见图 9。

图 9　钢筋网片绑扎、喷面

9. 注意事项

（1）成孔定位过程套管埋设深度 5cm 左右为宜，避免取出困难。
（2）套管直径应比设计孔径大 2～3cm。

10. 主要相关建设标准

（1）《建筑基坑支护技术规程》（JGJ 120—2012）。
（2）《湿陷性黄土地区建筑基坑工程安全技术规程》（JGJ 167—2009）。
（3）《建筑基坑支护技术与安全规程》（DBJ61/T 105—2015）。
（4）《建筑变形测量规范》（JGJ 8—2016）。

11. 相关知识产权

发明专利："一种土钉墙支护组件"，专利号：202223155834.9。

可拆卸钢筋桁架楼承板模块化施工工艺

1. 概述

传统可拆卸钢筋桁架楼承板体系，楼板钢筋工程、机电预埋线管均需从桁架内部穿过，工效低。针对以上情况，本工艺提出了可拆卸钢筋桁架楼承板模块化的施工方法，前置楼板钢筋工程及机电管线预埋工序在加工区完成，实现提高施工工期、质量，安全、节约成本的目的，充分发挥装配式建筑的优势，应用良好。

2. 关键词

可拆卸钢筋桁架楼承板、管线预埋、模块、装配式。

3. 适用范围

本工艺适用于楼板采用可拆卸钢筋桁架楼承板体系的工程项目。

4. 创新点

本工艺将楼板按照区域大小进行模块化划分，将钢筋桁架楼承板、底筋绑扎、水电预埋等工序集中在加工区完成，前置各工序施工，提高了施工效率，且有效减少高坠风险，提供安全作业环境。

5. 施工准备

1）技术准备

编制施工方案：依照可拆卸钢筋桁架楼承板模块化施工图纸，结合现场实际，深化设计机电预埋图纸，编制分区分段的模块化施工方案。

2）现场准备

（1）加工场地布置：根据施工方案及施工平面布置图，确定加工场地位置、尺寸，需满足单体楼栋整层的制作加工及原材、半成品堆放面积，满足起重吊装范围及重量要求。

（2）作业层墙、柱铝模施工并验收完成。

3）施工机具准备

按图纸长度及施工进度需求，合理设置装配台长度及专用弯钩数量，确保施工要求，见图 1～图 2。

图 1　装配台

图 2　专用弯钩

6. 工艺流程

见图 3。

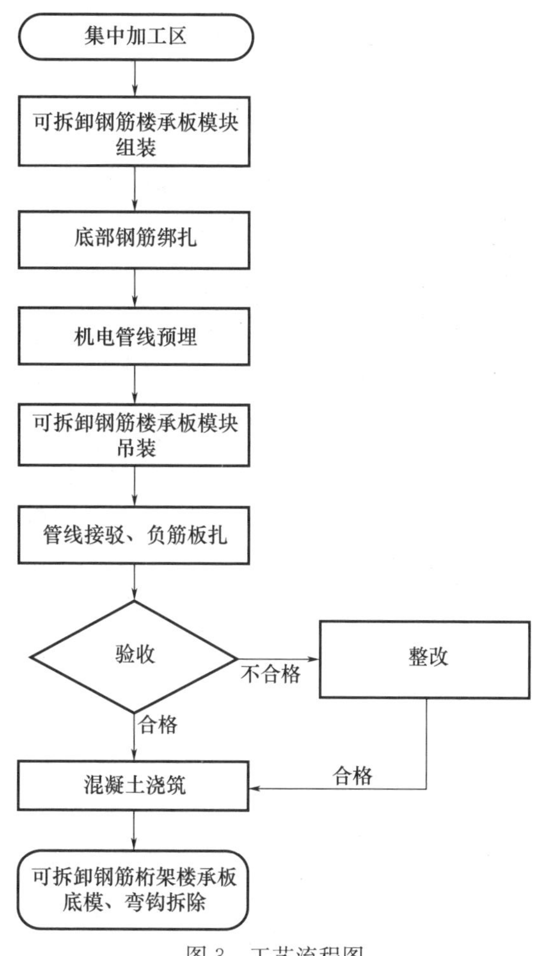

图 3　工艺流程图

7. 操作步骤

1）加工区模块化楼承板拼装及组装

按照图纸桁架尺寸，合理设置装配台长度。按深化后的模块化装配图纸，选用桁架、底模板进行组装，见图 4。组装时，宜先使用连接件进行四角固定，确保整体稳定，再进行后续固定件安装。装配完毕后应逐个检查连接件是否扣紧，保证装配质量可靠。模块组装对分区模块之间的搭接处进行铝拉铆钉缝合，铝拉铆钉间距为 200mm，铝拉铆钉规格为 ϕ5mm×10mm，见图 5。

图 4　可拆卸钢筋桁架楼承板拼装

图 5　可拆卸钢筋桁架楼承板模块——组装

2）板底筋绑扎

模块桁架楼承板按照图纸组装完成后，移交至钢筋班组进行该分区模块板底筋绑扎工作，见图 6。

3）机电管线预埋

（1）加工区板底筋绑扎完成，立即组织机电班组人员开展机电预埋工作，严格按照深化后装配模块分区图纸进行定位，对不同管线接驳口进行标记区分。组装完成后，按划分模块进行堆放，见图 7。

（2）依照设计图纸进行安装管线敷设，管线与钢筋骨架连接牢固，需要焊接时宜与支架钢筋焊接。

图 6　可拆卸钢筋桁架楼承板模块——钢筋绑扎

图 7　可拆卸钢筋桁架楼承板模块——机电管线预埋

4）起运吊装

吊运准备：

（1）墙柱铝合金模板拼装安装完成即可吊装。

（2）确定吊装的顺序及数量，对于塔吊选型无特殊要求，见图 8。

图 8　机电管线一体式可拆卸钢筋桁架楼承板模块——吊装

吊运方法：

（1）楼承板要求每一跨配料准确无误。吊运时应严格遵照吊装计划按顺序进行。

（2）严禁用钢丝绳直接套在楼承板上吊运，在楼承板吊点处设置辅助横杆，避免钢丝绳勒坏楼承板的边部。

（3）吊钩下落时下部严禁站人，待可拆卸钢筋桁架楼承板模块基本就位，没有大的晃动时，再由人工扶正。楼承板堆放时避免出现翘头现象。

5）可拆卸式钢筋桁架楼承板模块化安装

（1）楼承板安装前，对照分区排板详图及施工方案确定吊装顺序，并依次进行安装，见图 9～图 10。

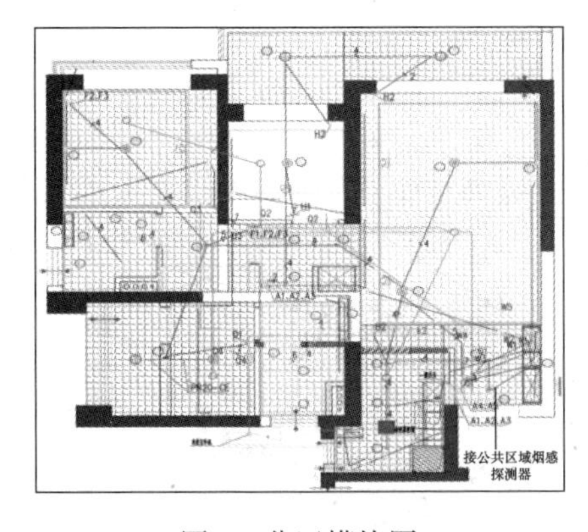

图 9　分区模块图　　图 10　可拆卸钢筋桁架楼承板模块——模块安装

（2）根据楼承板的分区铺设方案，严格控制每个分区模块楼承板侧边及两端与龙骨及墙体的定位关系。

（3）对于跨度较大的区块，排板时应尽量将桁架腹杆底脚放置于支撑龙骨上，且桁架支脚到支撑龙骨边缘距离不小于 10mm。

（4）桁架楼承板分块铺设时，区块交接部位下边缘不应出现高低不平的情况及空隙，局部无法避免的空隙应做封堵处理；调整支撑立柱，确保板底平整、无缝隙。

6）管线接驳及板负筋绑扎

（1）按照分区预埋施工方案，对同一区域内标记相同的机电管线进行快速接驳，并进行复核，见图 11～图 12。

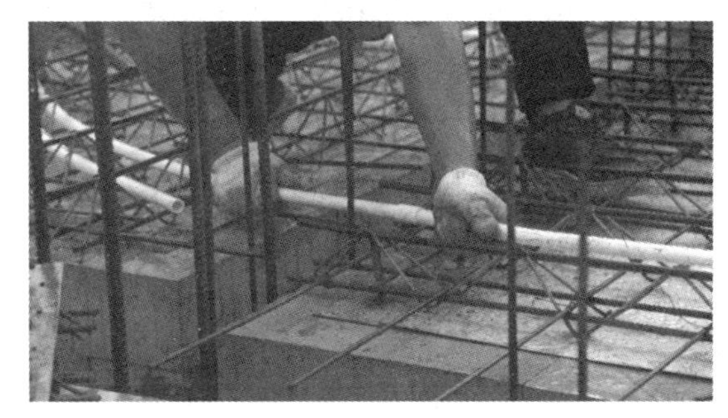

图 11　可拆卸钢筋桁架楼承板模块——管线标记　　图 12　可拆卸钢筋桁架楼承板模块——管线接驳

（2）管线接驳完成后及时进行板负筋绑扎，见图 13。

图 13　可拆卸钢筋桁架楼承板模块——板负筋绑扎

7）混凝土浇筑

隐蔽验收完成后进行混凝土浇筑。

8）模板拆除及周转

混凝土达到拆除强度即可进行可拆卸楼承板底模与弯钩的拆除，拆除后按照尺寸规格分类打包周转，弯钩浸泡在油桶内回收利用，见图14。

图14　材料周转

8. 注意事项

1）安装质量控制

（1）严格按照设计图纸进行楼承板安装，防止楼承板及桁架各种型号混用。

（2）钢筋型号、规格、数量、长度及排列间距是否符合设计要求。

（3）机电管线预埋的位置、数量、型号是否符合要求。

（4）检验铝拉铆钉连接质量、间距。

（5）板边是否有漏浆可能。

（6）洞口底部是否设置独立支撑。

（7）现浇结构模板安装的允许偏差应符合相关规范要求。

（8）板中敷设管线，由于钢筋桁架间距有限，应尽量避免多根管线集中预埋，分散穿孔预埋。

2）安全保证措施

（1）在固定后的楼承板上行走时可踩踏在钢筋桁架上，不得踩踏在底模上，防止因铝拉铆钉脱开而发生意外。应注意做好对已铺设好的楼承板的保护工作。

（2）禁止扳动、切断钢筋桁架上的任何杆件。

（3）避免在楼承板上有过大集中荷载，严格控制实际施工荷载不超过设计荷载。装配式钢筋桁架楼承板上集中堆载不宜超过2.5kN，如需临时堆积较重施工材料，应均匀分散开来，并应经过施工技术人员的核算。混凝土输送管、布料杆支撑点不得落在悬空的楼承板上，应在钢梁上支撑。混凝土浇筑过程中，应派人检查钢筋桁架楼承板情况，发现下沉、松动和变形情况及时整改。

（4）楼承板的边角料要随时清理运出工作面，以防坠落伤人。施工过程中要随时对楼承板及边模的包装材料等予以回收。

（5）楼承板施工楼层下方禁止人员穿行。楼承板铺设时必须做到随打开包装随铺，模板就位后应立即点焊固定，禁止散板无固定，禁止用楼承板作临时铺设、临时堆料及作业平台。

（6）混凝土浇筑布料机宜采用井道式布料机。

10. 主要相关建设标准

（1）《建筑工程施工质量验收统一标准》（GB 50300—2013）。

（2）《混凝土结构工程施工质量验收规范》（GB 50204—2015）。

(3)《钢筋桁架楼承板》(JG/T 368—2012)。

(4)《钢筋桁架楼承板应用技术规程》(T/CECS 1069—2022)。

11. 相关知识产权

(1) 实用新型专利:“一种用于楼承板底膜和钢筋桁架连接的拼装件”,专利号:202223103124.1(证书已发放)。

(2) 实用新型专利:“一种可拆卸钢筋桁架楼承板模板”,专利号:202223103792.4(已授权)。

(3) 企业级工法:机电管线预埋一体式可拆卸钢筋桁架楼承板模块化施工工法,工法编号:SWJQB-GF-202207。

(4) 深圳市工法:机电管线预埋一体式可拆卸钢筋桁架楼承板模块化施工工法,工法编号:SZSJGF029-2022。

(5) 论文:《可拆卸钢筋桁架楼承板模块化施工技术》,《建筑创作》2022 年 15 期。

烟气道连接安装施工工艺

1. 概述

传统烟气道施工一般采用植筋或者安装角铁进行连接，故连接处存在连接缝，接缝位置容易发生拼接不严，导致漏烟、渗漏等问题。通过对连接缝位置进行技术创新，借鉴“不锈钢烟道法兰＋管道卡箍”，经过反复试验验证，解决成品烟气道的质量及漏烟问题。该工艺提升了烟气道质量，排除质量隐患，降低劳动成本，减少维修费用的投入。

2. 关键词

玻镁板成品烟道、2mm 厚成品不锈钢卡箍（企口式）、密封胶。

3. 适用范围（适用场景）

本工艺适用于住宅项目厨房、卫生间采用玻镁板成品烟道的房屋建筑工程。

4. 创新点

烟气道采用成品卡箍连接，代替了传统的结构板植筋、安装角铁，其核心工艺由 4 部分组成：第一部分为安装下部烟道，第二部分为涂抹密封胶、安装成品卡箍，第三部分为安装上部烟道，第四部分为吊洞施工。该工艺操作简单，可加快安装施工速度，同时提高施工质量，降低了漏烟风险，减少二次维修费用的投入。

5. 施工准备

1）技术准备

（1）成品烟道质量严格按图集的有关要求执行。

（2）对烟道、成品不锈钢卡箍（企口式）、密封胶规格、尺寸和质量进行检查，不符合要求的退场。

（3）烟道安装在主体施工完成后抹灰施工前穿插完成。

（4）安装前，由项目部组织工人进行技术交底和安全教育，严格按要求施工。

2）现场准备

材料准备：玻镁板成品烟道、成品不锈钢卡箍（企口式）、细石混凝土（掺膨胀剂）、水泥、堵漏灵。

3）施工机具准备

电钻、线垂、爬梯、模板、钉子、钳子、卷尺、手锤、手锯、模板方木、泡沫板、手錾、电锤、铁铲、灰斗、小铁沫、刷子、胶枪。

6. 工艺流程

见图 1。

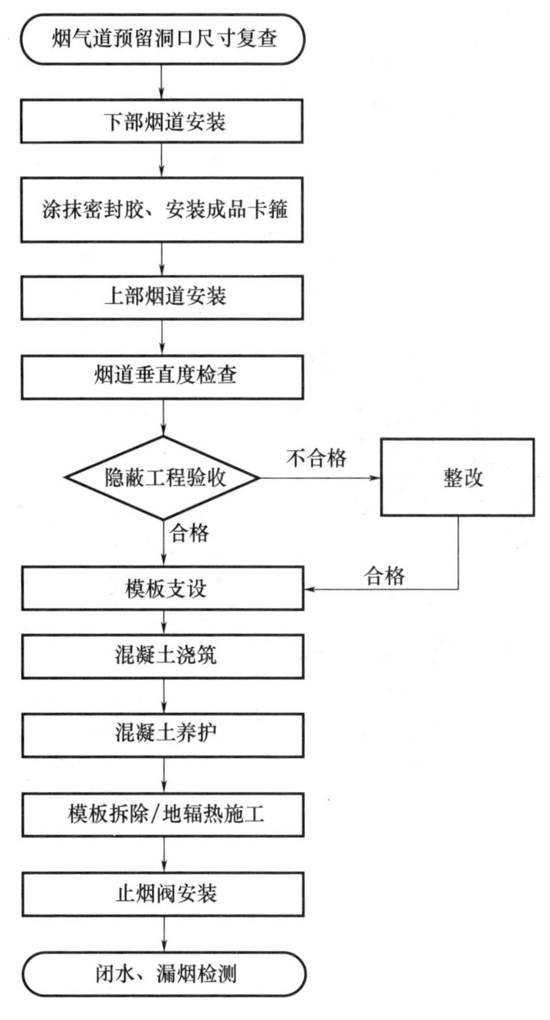

图 1　工艺流程图

7. 操作步骤

第一步：烟气道预留洞口尺寸复查、凿毛，清理洞口周边松散混凝土，清理干净。

第二步：烟道卡箍安装，见图 2～图 6。

(1) 烟道安装采用卡箍自下而上连接安装。

(2) 下部烟道安装至结构面上 50mm 高处，卡箍安装于下部烟气道顶部，将上层烟道底部安装于卡箍上并涂抹密封胶，使上下排气烟道接口吻合在卡箍上。

(3) 烟气道安装距剪力墙、砌体墙之间的缝隙采用保温板填充，填充至烟气道外边 50mm 处，30mm 用发泡填实，20mm 用砂浆填充。

(4) 烟道安装、固定完成后，用靠尺进行测量自检，自检合格后，进行验收；验收合格后移交下道工序。

(5) 结构板下部支设模板，细石混凝土浇密实。

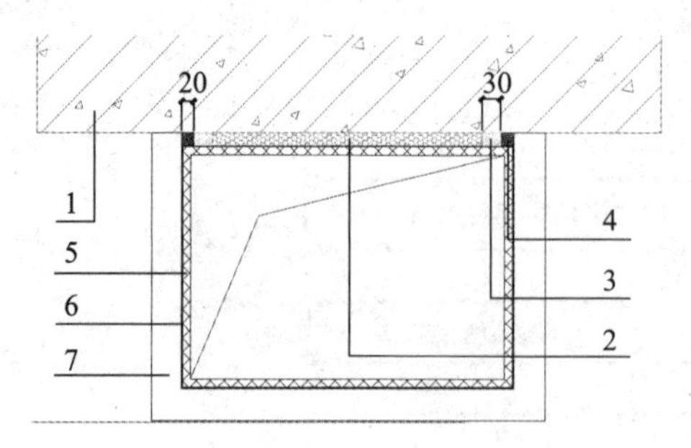

图2　排气烟道卡箍安装平面图（单位：mm）

1—墙体；2—保温板；3—发泡；4—砂浆；5—玻镁板烟气道；

6—成品不锈钢卡箍（企口式）；7—预留洞（细石混凝土填充）

图3　排气烟道卡箍安装实物图

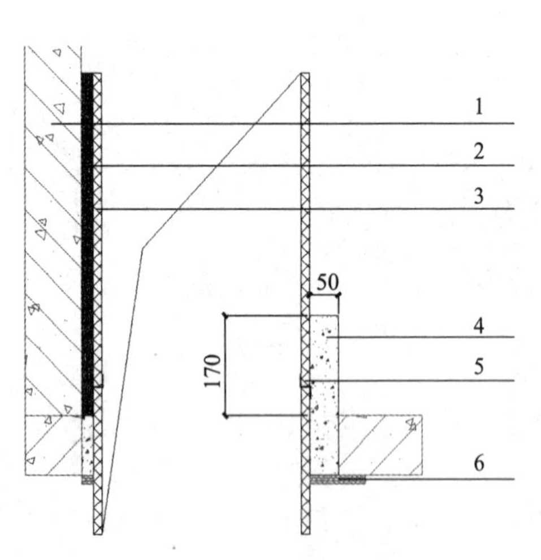

图4　排气烟道安装平面图（单位：mm）

1—墙体；2—砂浆；

3—玻镁板烟气道；4—混凝土；

5—成品不锈钢卡箍（企口式）；

6—模板

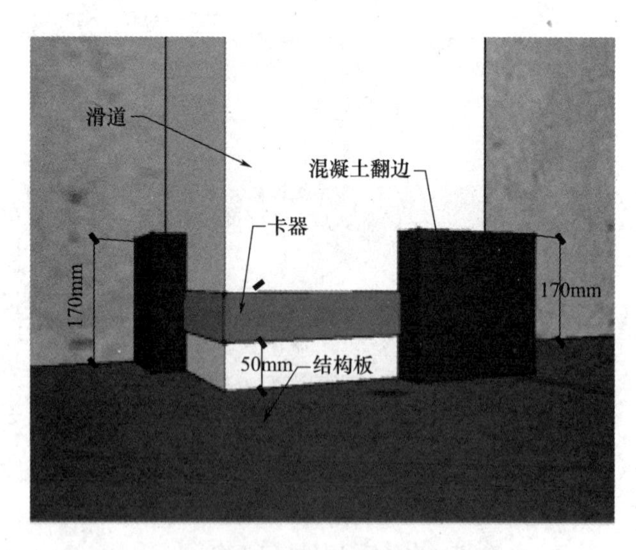

图5　排气烟道卡箍安装效果图

图 6　排气烟道安装吊模支撑效果图

第三步：模板支设：下部底模紧贴混凝土面，要求平整。

第四步：吊洞、涂刷堵漏灵。

（1）第一次吊洞高度约为洞口高度的 1/2～2/3。

（2）混凝土浇筑后，涂刷堵漏灵，涂刷洞口平面范围 200mm 宽，立面上翻 200mm 高；待堵漏剂干燥时进行蓄水；24 小时后验收合格进行下道工序。

第五步：第二次浇筑混凝土时支止水台模板：宽 50mm 高 170mm，浇筑养护不少于 7 天，见图 7。

图 7　止水台效果图/实物图

第六步：拆模、地辐热施工。

第七步：止回阀安装、闭水、漏烟检测，见图 8～图 9。

第八步：抹灰。

（1）提前洒水湿润，甩浆面不少于 95%，洒水养护。

（2）烟道抹灰满挂耐碱玻纤网。

8. 注意事项

（1）连接件采用成品不锈钢卡箍（企口式），要求 2mm 厚。

图 8　止回阀安装模型图

图 9　止回阀安装实物图

（2）在每层结构板以上 50mm 高处，将烟道不锈钢卡箍连接处全部隐蔽在 170mm 高止水台混凝土内；连接上部和下部处烟道的不锈钢卡箍在安装过程中涂抹密封胶，使烟道连接处无缝隙产生，做好隐蔽检查验收。

9. 主要相关建设标准

（1）《住宅厨房、卫生间机制玻镁排气道系统图集（聚苯颗粒填充）》（陕 2016TJ 029）。
（2）《住宅厨房和卫生间排烟（气）道制品》（JG/T 194—2018）。
（3）《住宅厨房不锈钢烟道系统应用技术规程》（QTAP 52100—2018）。
（4）《建筑工程施工质量验收统一标准》（GB 50300—2013）。

10. 相关知识产权

（1）实用新型专利："一种密封性好的烟气管道卡箍连接装置"，专利号：ZL202123210232.4。
（2）企业级工法：一种烟气道安装连接新工艺的研制与应用工法，编号：SWJQB-GF-202105。
（3）陕西省工程建设优秀质量管理小组一类成果：研发一种烟道安装新工艺。

混凝土泵管可周转加固施工工艺

1. 概述

本工艺包括立式加固和侧抱式加固两种方式，使用的结构相同，操作简单，实用性强；H 型钢底部放置橡胶垫板，可以缓解冲击力，达到减震效果，保护安装位置混凝土面层；弧形混凝土泵管橡胶垫，可以稳定泵管并缓解混凝土泵管与 H 型钢之间的震动冲击力。

2. 关键词

混凝土泵管、加固、可周转。

3. 适用范围（适用场景）

本工艺适用于多层、高层民用建筑现浇混凝土结构泵管加固施工。

4. 创新点

本工艺主要构件为 H 型钢底座、U 形抱箍、底座垫板，可就地取材，现场加工制作，施工操作简便，工艺步骤少，无技术间歇，可提前加工制作，提高安装效率，可周转使用。同时，取消传统加固工艺中的方木使用步骤，减少木材使用量，并且加固构件中的橡胶减震垫可有效发挥降噪作用，泵管震动时减震效果好，最大限度地减少对主体结构的破坏。

5. 施工准备

1）技术准备

（1）加固装置构件设计

构配件包括：H 型钢底座、底部橡胶垫板、混凝土泵管胶垫、U 形抱箍、膨胀螺栓。根据确定的最佳方案对加固装置底座功能与固定功能构件的尺寸和孔位进行设计，并按照设计图纸对各构件进行加工，见图 1～图 4。

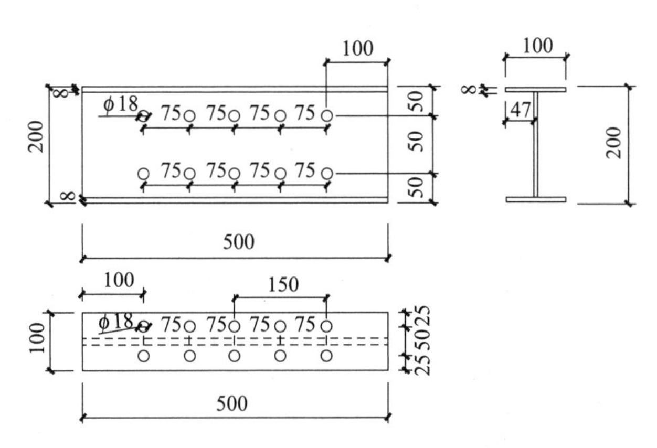

图 1　H 型钢底座设计图（单位：mm）

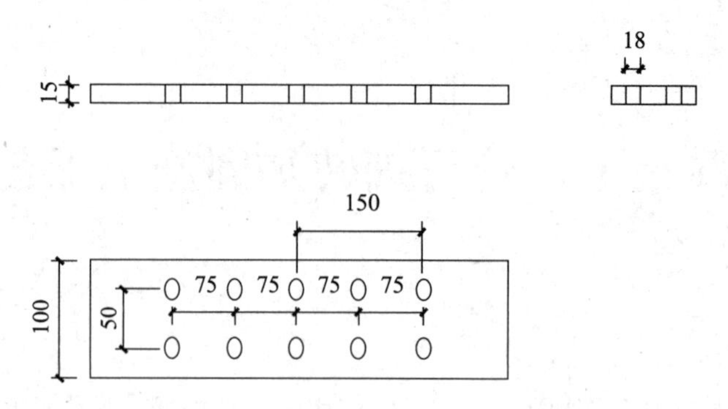

图 2　橡胶减震垫板设计图（单位：mm）

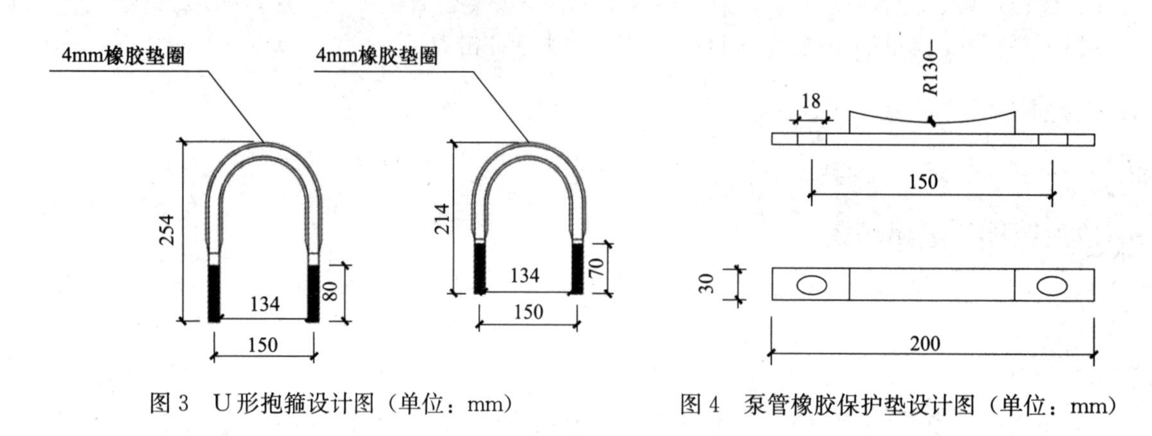

图 3　U 形抱箍设计图（单位：mm）　　图 4　泵管橡胶保护垫设计图（单位：mm）

（2）加固方式原理

本装置加固方式分为立式加固与侧抱式加固两种。

立式加固方式，主要适用于混凝土泵管在楼层板面水平布置时在板面安装加固、混凝土泵管顺墙面垂直布置时在墙面安装加固。

每个加固点放置 1 根 H 型钢，H 型钢底部放置橡胶垫板，顶部并排放置 2 个泵管胶垫，保证对孔位置准确。将混凝土泵管放置在胶垫上，竖向插入 2 个 U 形抱箍并安装垫片及螺母，使 2 个 U 形抱箍沿 H 型钢底座方向垂直抱住混凝土泵管，达到固定混凝土泵管的目的，见图 5。

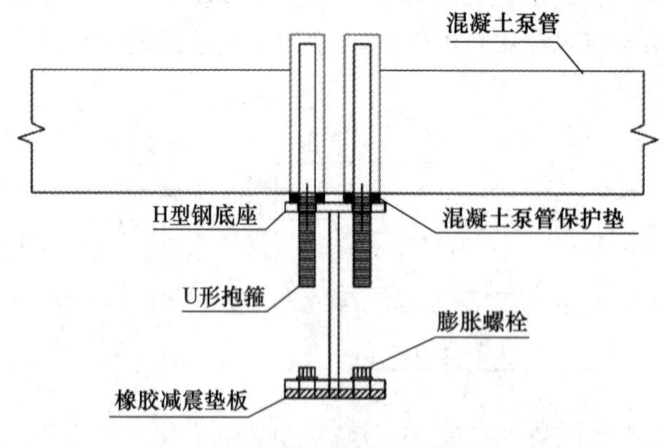

图 5　立式加固示意图

侧抱式加固方式，主要适用于混凝土泵管竖向穿楼层泵管洞时，在楼层板面安装加固。

每个楼层加固点在泵管两侧分别放置 2 根 H 型钢，根据洞口大小可以选择 500mm 或 1000mm H 型钢。加固要求同立式加固，见图 6。

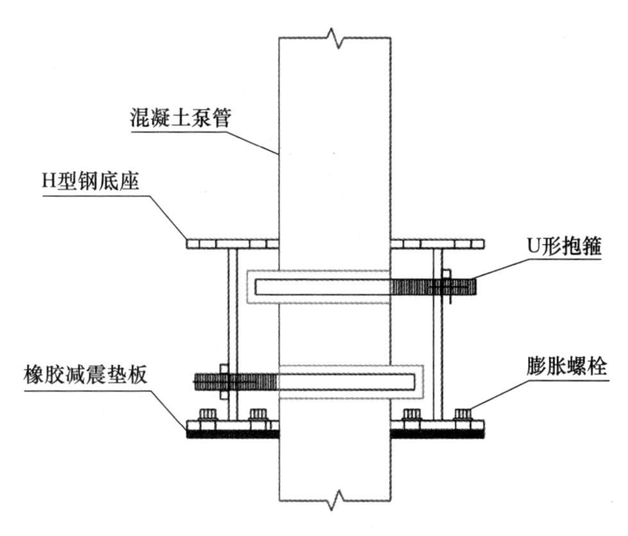

图 6　侧抱式加固示意图

2）物资准备

见表 1。

表 1　主要材料统计表

序号	材料名称	规格型号	用途
1	H 型钢	200mm×100mm×8mm×8mm	加固装置底座
2	橡胶减震垫板	500mm×100mm、1000mm×100mm	加固装置减震
3	泵管橡胶保护垫	两侧开孔，孔径 18mm，孔距 75mm，内径 130mm	浇筑时泵管减震
4	U 形抱箍	立式 U 形抱箍：直径 16mm，含橡胶垫，总高度 214mm，内径 130mm，丝扣长度 70mm，圆弧部位包 4mm 厚橡胶垫。	用于固定泵管
		侧抱式 U 形抱箍：直径 16mm，含橡胶垫，总高度 254mm，内径 130mm，丝扣长度 80mm，圆弧部位包 4mm 厚橡胶垫。	
5	M16 膨胀螺栓	16mm×120mm	固定 H 型钢底座

3）施工机具准备

混凝土泵管加固装置施工的主要机具设备配置统计如表 2 所示：

表 2　主要机具设备配置统计表

序号	机具设备名称	规格型号
1	电焊机	ZX7-630DH
2	切割机	GKS 235
3	模板开孔器	10-35X165
4	冲击钻	GSB600 RE
5	活动扳手	300mm
6	手锤	/
7	5m 钢卷尺	尺寸测量

6. 工艺流程

见图 7。

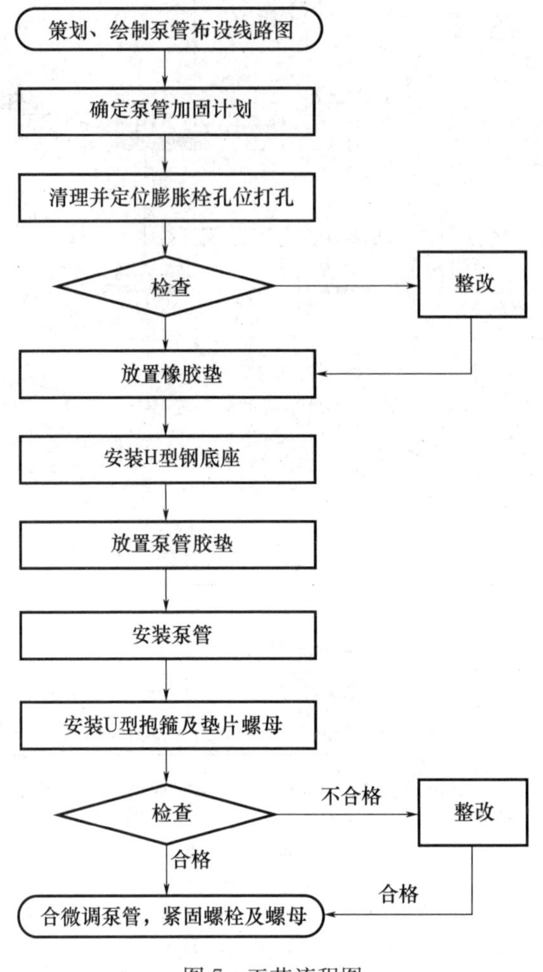

图 7　工艺流程图

7. 操作步骤

1）策划、绘制混凝土泵管布设线路

对拟施工的楼栋进行策划，合理规划混凝土泵管的接泵位置，混凝土泵管在楼内的布设线路，确定混凝土泵管上楼层的预留泵管洞位置及洞口尺寸。

2）确定混凝土泵管加固施工计划

根据策划、绘制的混凝土泵管布设线路并结合现场施工图纸，细化混凝土泵管加固构件的安装位置、规格、数量。

混凝土泵管沿楼层板面水平布设时，加固装置每隔 3m 布置 1 套，弯管接头处布置 1 套，加固方式采用立式加固。

混凝土泵管顺墙面垂直布设的，当墙高大于等于 3m 时布置 2 套加固装置，间距不小于 1m。加固方式采用立式加固。

混凝土泵管竖向穿楼层时加固装置应根据现场策划泵管洞位置，尺寸选择 500mm 或 1000mm 规格，两层设置 1 套。加固方式采用侧抱式加固。

3）清理混凝土泵管布设楼层板面

对混凝土泵管布设线路的材料进行清理，确保混凝土泵管及加固装置安装区域有足够的操作空间，并保持场地干净整洁。

4）定位膨胀螺栓孔位并打孔

根据加固位置进行细部膨胀螺栓孔定位，以橡胶垫板或H型钢为定位标准，用放线笔进行螺栓孔定点，H型钢底座每端固定4个膨胀螺栓，打孔偏差不得大于2mm，见图8～图9。

图8　定位膨胀螺栓孔位

图9　楼板打孔

5）放置橡胶垫板

打孔完成后将膨胀螺栓放入孔内，放置橡胶垫板。确保橡胶垫板准确对孔，橡胶垫板板面平整，见图10。

6）安装H型钢底座

橡胶垫板安装后，放置H型钢底座，偏差不应大于2mm。确保H型钢底座与橡胶垫板接触紧密无缝隙，见图11。

图10　放置橡胶垫板

图11　安装H型钢底座

7）放置混凝土泵管胶垫

在H型钢底座顶部并排放置2个泵管胶垫，保证对孔位置准确。泵管胶垫应居中放置。

8）安装混凝土泵管

泵管胶垫放置完成后，将接好的混凝土泵管放置在泵管胶垫上，并确保与泵管胶垫紧密贴合。

9）插入U形抱箍并安装垫片螺母

混凝土泵管放置完成后，采用立式加固方式时，应根据泵管胶垫的孔位插入U形抱箍，使U形抱箍沿H形钢底座方向垂直抱住混凝土泵管。U形抱箍圆弧与混凝土泵管紧密贴实后安装垫片及螺母。采用侧抱式加固方式时，在两侧H形钢腹板的上排孔与下排孔分别左右错开插入U形抱箍，使U形抱箍分别沿两侧H形钢底座的腰部方向左右抱住混凝土泵管。两侧U形抱箍圆弧与混凝土泵管紧密贴实后安装垫片及螺母，见图12～图13。

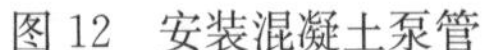

图12　安装混凝土泵管

图13　插入U形抱箍并安装垫片螺母

10）微调混凝土泵管

U形抱箍与螺母安装到位后，根据现场情况若需要对混凝土泵管加固点临近处接头或弯头处进行调整的则进行微调。

11）紧固螺栓及螺母

混凝土泵管微调完成后，对混凝土泵管加固装置的全部螺栓及螺母进行紧固，应一次紧固到位，且保证U形抱箍、混凝土泵管、泵管胶垫、H型钢底座、橡胶垫板之间全部处于紧密贴实状态，见图14。

图14　紧固螺栓及螺母

8. 注意事项

（1）焊工经过技能工认证、安全技术交底考核合格后持证上岗；焊接作业时必须办理动火作业许可，专人监火，并配备灭火器材。

（2）选用钢材屈服强度不低于295MPa。

（3）H型钢底座尺寸偏差应符合《焊接H型钢》（GB/T 33814—2017）中第5.2.1条要求。

（4）安装时，所有构件必须保证紧密贴合。

9. 主要相关建设标准

（1）《焊接H型钢》（GB/T 33814—2017）。

（2）《钢结构焊接规范》（GB 50661—2011）。

（3）《钢结构高强度螺栓连接技术规程》（JGJ 82—2011）。

10. 相关知识产权

（1）实用新型专利："一种混凝土泵管可周转加固装置"，专利号：ZL202120786994.X。

（2）企业级工法：泵管加固装置施工工法，工法编号：SWJQB-GF-202101。

铝模拉片槽位软塑装置止浆施工工艺

1. 概述

本工艺通过对铝模拉片部位槽位止浆分析，进行传统拉片体系槽位止浆及现有软塑装置施工质量效果可周转性研究与应用，实现了提高施工质量、提高交付品质、节约成本的目标，可以充分发挥拉片体系止浆软塑装置的优势，对同类拉片体系模板建筑有较强的实用性。

2. 关键词

铝模拉片体系、止浆、质量通病、絮边。

3. 适用范围

本工艺适用于采用铝模拉片体系工程。

4. 创新点

（1）本工艺铝模拉片拼缝拉片槽位部位加一种凸出软塑装置通过销钉销片固定连接成为整体，共同受力，主辅材料均可周转使用，绿色环保、经济实用，符合我国建筑业发展趋势，既保证施工安全，又节约成本，有极大的推广价值。

（2）本工艺采用铝模拉片槽位止浆封堵，将槽位硬性部位装置加固采用软塑方式进行固定密封，保证混凝土成型的感观效果及平整度、垂直度。铝模软塑装置安装方便，降低施工难度，节约人工。

5. 施工准备

1）技术准备

（1）设计铝模结构优化依据结构设计荷载、墙体厚度及楼板厚度，确定铝模结构的规格、型号及高度。

（2）编制施工方案：依照优化设计后的铝模深化施工图纸，结合现场实际施工情况，深化设计铝模拼缝槽位，按照要求设置软塑装置的间距及规格施工图纸，编制铝模拉片槽位止浆施工方案。

2）现场准备

（1）材料准备：根据施工方案及施工平面布置图，确定软塑构件位置、尺寸，需满足单体楼栋整层的成品使用，见表1。

（2）作业层墙、柱铝模施工并验收完成。

表1　工具设备应用表

序号	名称	单位
1	电动扳手	把
2	卷尺	把
3	手提振动棒	50型

6. 材料管理

根据施工图纸和施工方案，制定铝模拉片槽位软塑装置的计划物资单，见表2。计算楼层计划使用量，进行采购，并按照施工进度计划的要求提前组织进场。

表 2　材料应用表

序号	材料名称	规格
1	对拉螺栓	$\phi18$
2	铝模销钉销片	/
3	混凝土	H=200mm/180mm
4	拉片	450mm/600mm
5	软塑凸处装置	500mm

7. 工艺流程

见图 1。

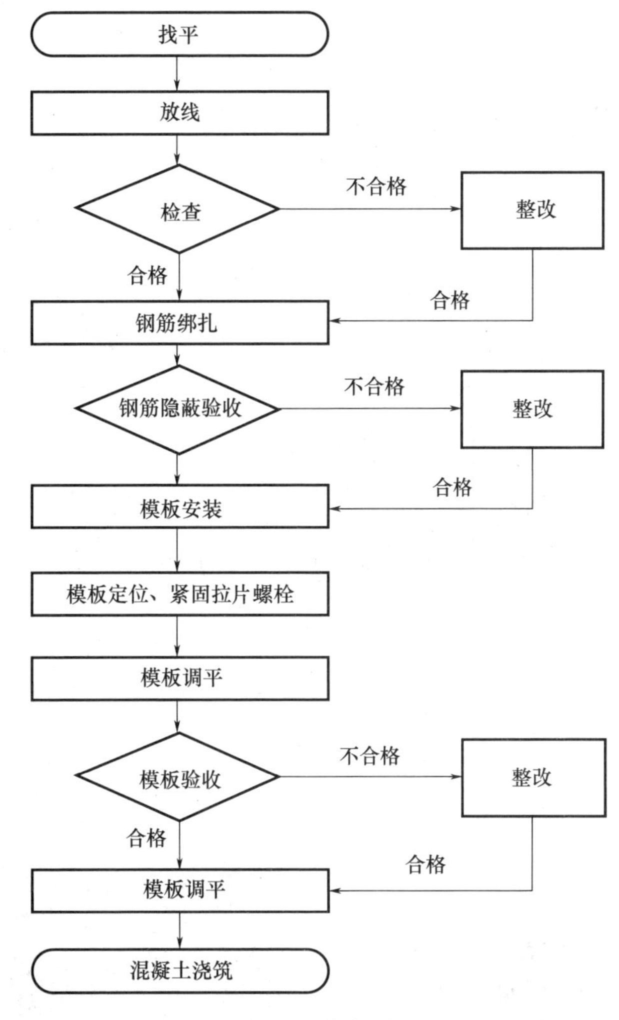

图 1　工艺流程图

8. 操作步骤

1）软塑垫片凸处装置加工场

按照图纸铝模深化尺寸，合理设置装置的规格长度。按深化后的模块化深化图纸，用 BIM 软件模拟装置组装。使用销钉销片对软塑安装槽位连接件进行固定，确保整体稳定。装配完毕后应逐个检查连接件是否牢固，保证装配质量可靠，见图 2～图 6。

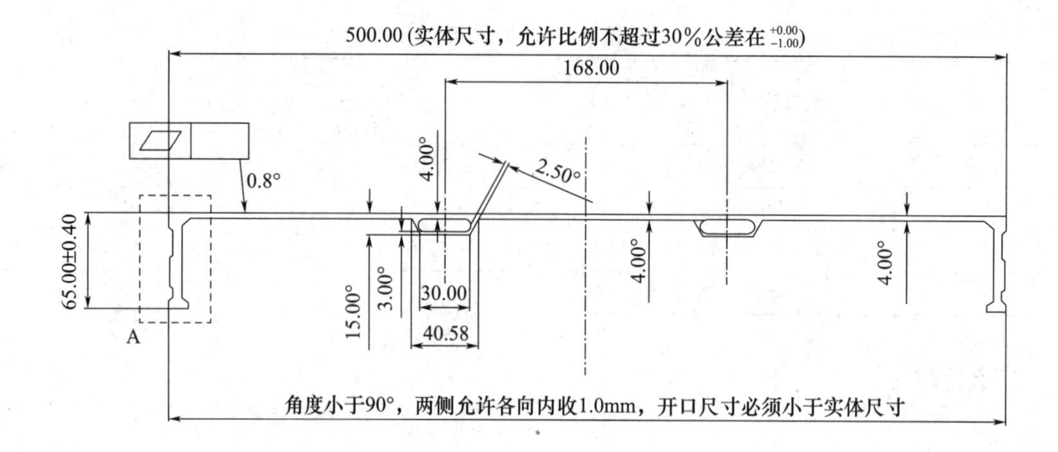

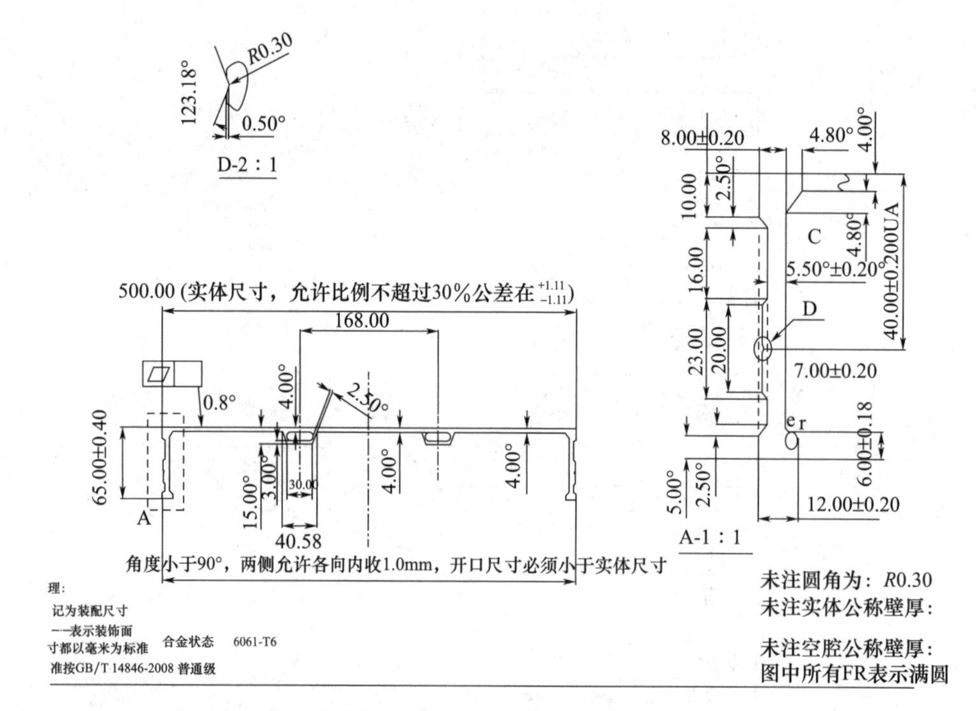

图2　构造平面、部面示意图（单位：mm）

图3　BIM深化模型图

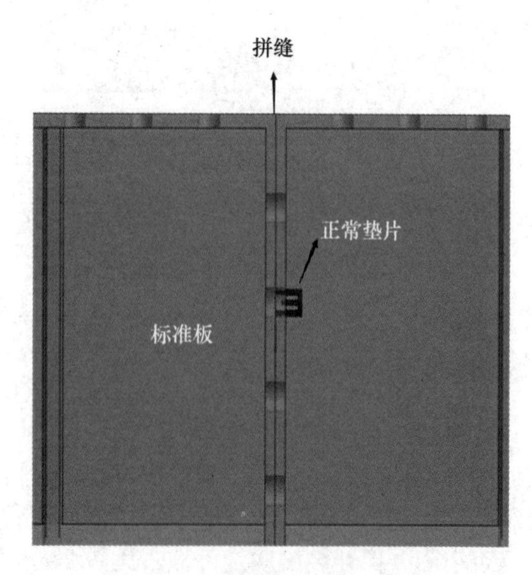

图4　BIM深化安装模型

图 5　加工实物图

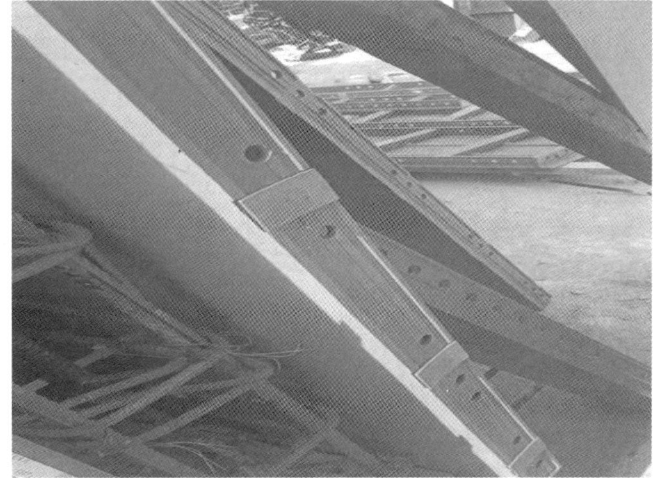

图 6　现场过程中安装模块——组装

2）板底筋绑扎

模板安装完成后，移交给混凝土班组施工。

3）墙体模板安装及拉片槽位加固

（1）模板安装前，对照分区排板详图及施工方案确定吊装顺序，根据施工方案分区，按照铝模配板图进行安装，见图 7。

（2）根据铝模施工方案，严格控制每个墙体定位及拉片安装的要求及标准。

（3）墙模板沿水平与垂直方向设置对拉片，水平方向最大间距 500mm，垂直方向以地面为基准分为 6 排，分别为 150mm、450mm、750mm、1350mm、1950mm、2550mm，同时在水平方向设置钢背楞（尺寸 50mm×50mm×3mm），设置三道钢背楞，距地面高度分别为 200mm、1100mm、2200mm。

（4）铝模墙体模板安装时，模板拼缝部位不应出现空隙，拉片槽位部位进行软塑装置垫片加固处理；调整斜撑及背楞，使墙板的拼缝部位保持平整，无缝隙。

（5）调整完成后，对墙板部位进行销钉销片加固处理，按照模板安装方案 45cm 一道，底部结构起 150cm。

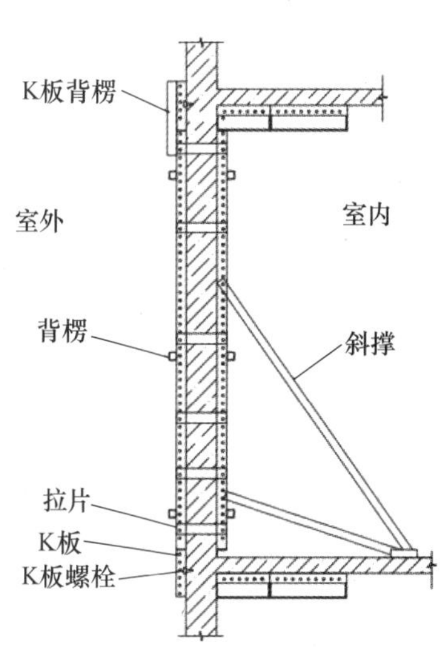

图 7　墙体模板配板图

9. 注意事项

（1）严格按照设计图纸进行模板安装，防止模板混用。
（2）检验拉片及销钉销片加固间距。
（3）拼缝部位边是否有漏浆可能。
（4）检查墙体质量加固措施是否到位。
（5）现浇结构模板安装的允许偏差及检查方法如表 3。

表 3　现浇结构模板安装检查表

项目		允许偏差（mm）	检查方法
轴线位置		5	尺量
底模上表面标高		±5	水准仪或拉线、尺量
模板内部尺寸	基础	±10	尺量
	柱、墙、梁	±5	尺量
柱、墙垂直度	层高≤6m	8	吊线、尺量
	层高＞6m	10	吊线、尺量
相邻模板表面高差		2	尺量
表面平整度		5	2m 靠尺和塞尺量测

10. 主要相关建设标准

（1）《建筑施工安全检查标准》（JGJ 59—2011）。
（2）《施工现场临时用电安全技术规范》（JGJ 46—2005）。
（3）《建筑机械使用安全技术规程》（JGJ 33—2012）。
（4）《建筑施工扣件式钢管脚手架安全技术规范 》（JGJ 130—2011）。
（5）《建筑施工模板安全技术规范》（JGJ 162—2008）。
（6）《建筑工程大模板技术标准》（JGJ/T 74—2017）。
（7）《组合铝合金模板工程技术规程》（JGJ 386—2016）。
（8）《建筑施工作业劳动防护用品配备及使用标准》（JGJ 184—2009）。
（9）《建筑施工承插型盘扣式钢管脚手架安全技术标准》（JGJ/T 231—2021）。
（10）《建筑施工高处作业安全技术规范》（JGJ 80—2016）。

11. 相关知识产权

（1）实用新型专利：“一种铝模拉片槽位软塑止浆装置”，专利号：ZL202222732089.3。
（2）陕西省 2023 年 QC 二类成果：研发一种铝模拉片槽位新型软塑止浆装置，证书编号：SJX2023092022。
（3）论文：《铝模加固体系的最优选型研究》，《施工技术（中英文）》2023 年 2 期。

倒置式屋面保温保护层一体板施工工艺

1. 概述

当前建筑屋面广泛采用倒置式施工做法，其混凝土保护层施工及养护时间长，质量控制要求高，施工条件受限于场地空间。通过长期探索与创新，总结出新型倒置式屋面保温保护层一体板施工技术。经实践检验后，该施工方法安全可靠、能满足屋面上人的强度要求，同时简化施工工序、低碳环保，不但解决了传统屋面保护层施工面临的问题，也达到了缩短工期的目的，极具推广价值。

2. 关键词

倒置式屋面、保温保护层一体板。

3. 适用范围（适用场景）

适用于新建、改建的民用建筑倒置式屋面保温保护层施工。

4. 创新点

与传统倒置式屋面保温层和保护层施工相比，具有以下特点：

（1）简化工序，缩短工期：将保温层和保护层一体化施工，减少了传统钢筋混凝土施工及养护工序。采用工厂化预制，装配化施工，缩短工期，提高工效。

（2）质量可靠，低碳环保：一体板面层选用纤维增强硅酸钙板，该种材料具有轻质、高强、防火、防水、隔热、不变形、不破裂等优良特性。一体板在铺贴完成后，面层平整，强度高，排水顺畅，低碳环保。

（3）降低成本，效益显著：经与传统倒置式施工测算对比，成本降低，经济效益显著。

5. 施工准备

1）一体板组合设计

为保证一体板施工及错台粘接质量，通过多次设计优化，确定标准块一体板的规格尺寸。标准块一体板保温层选用100mm厚XPS挤塑聚苯板，长1200mm、宽600mm；保护层选用10mm厚高密度纤维增强硅酸钙板，长1190mm、宽590mm，材料经常规复试合格。单块一体板保温层与保护面层长、短边各错台30mm，使用双组份聚氨酯胶粘剂高压冷粘而成，见图1～图3。

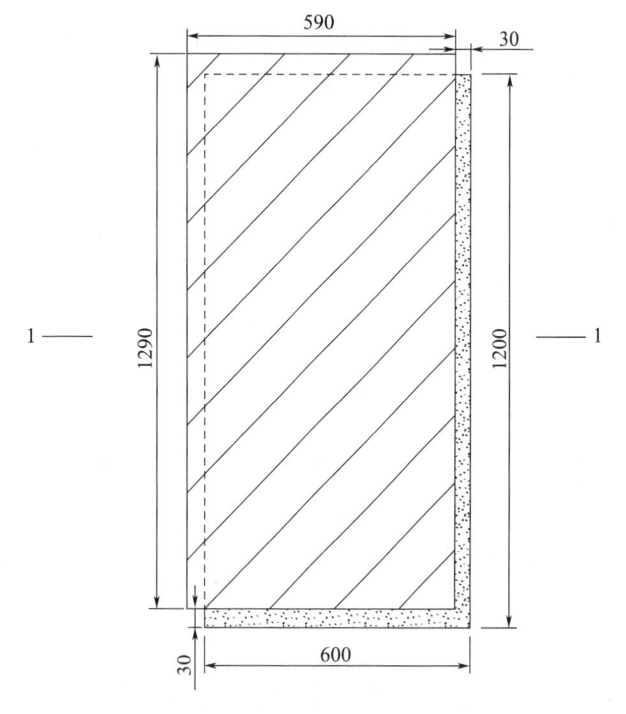

图1 保温一体板平面设计图（单位：mm）

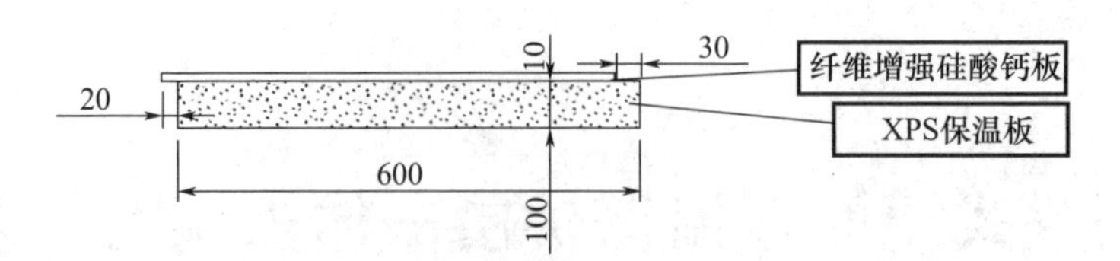

图 2　1-1 剖面图（单位：mm）

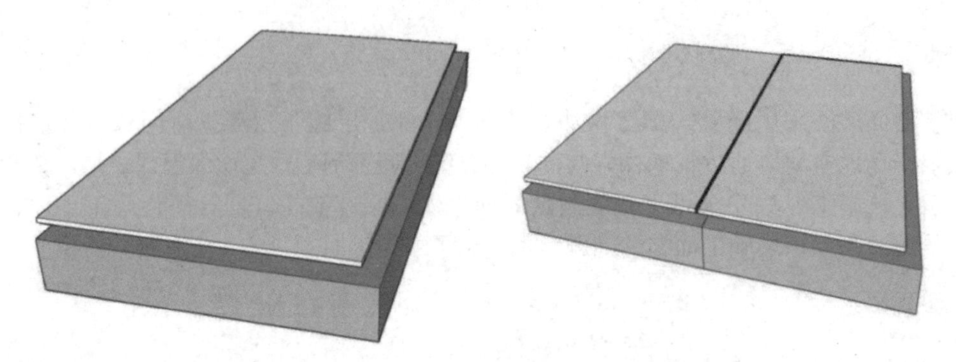

图 3　一体板效果图

2）屋面排板策划

根据屋面形式，运用 BIM 技术进行排版策划，确定异形板尺寸，为厂家提供材料加工计划，同时对屋面排气孔进行布设，见图 4～图 6。

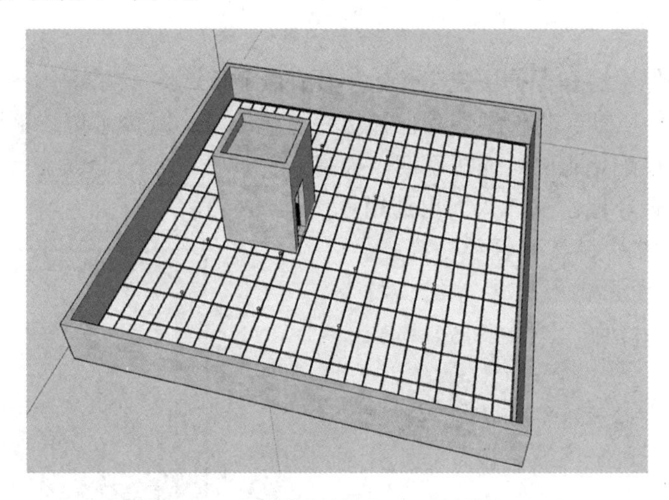

图 4　屋面排板策划 BIM 效果图

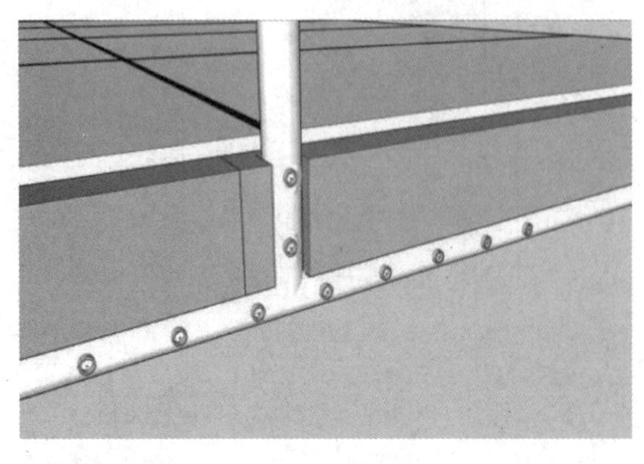

图 5　屋面排气管深化设计图

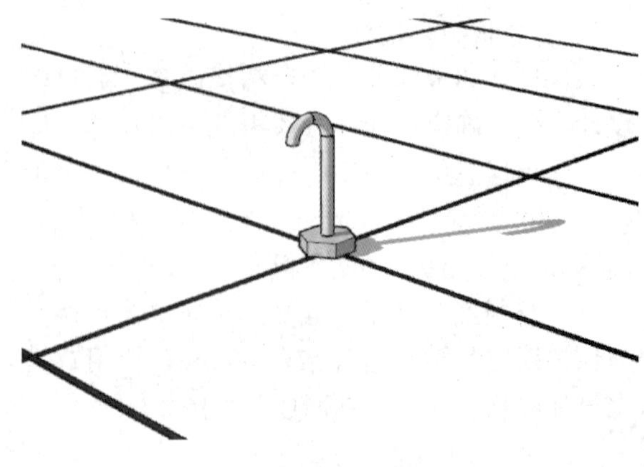

图 6　屋面立管深化设计图

3）技术准备

根据优化后的屋面一体板设计图，项目技术负责人编制《倒置式屋面一体施工方案》并向管理人员进行交底。施工前，由主管工长向作业班组长和操作人员进行技术交底和安全交底，明确重难点和技术要点。

4）材料加工制作

（1）一体板加工前，对材料复检合格后方可使用。

（2）采用粘贴 30mm 宽美纹纸控制保温层与保护面层的错台量，将配置好的双组份聚氨酯胶纵横交错滚刷在面层粘接面上，按照控制边线将保温板压在粘贴面，确保保温层与保护面层相互错台量偏差不超过±2mm；使用冷压机将压力调至 16t，恒压 6 小时，见图 7～图 10。

（3）材料加工好后，采取“预拼装”的方式，检验加工尺寸是否准确。

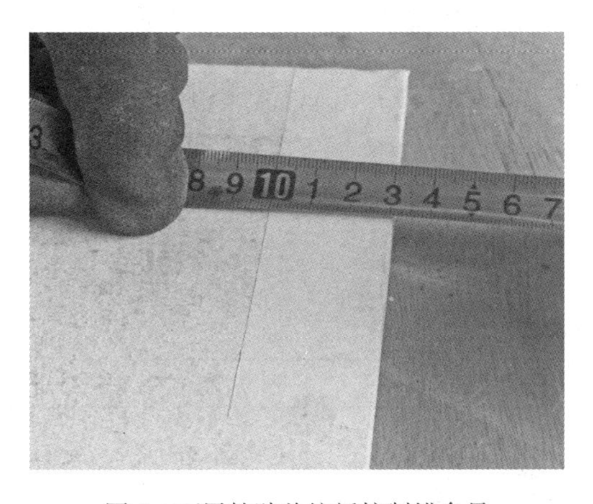

图 7　面层粘贴美纹纸控制错台量

图 8　涂刷双组份聚氨酯胶

图 9　将保温板与硅酸钙板进行粘贴

图 10　一体板错台高压冷粘

5）材料机具准备

施工前，将屋面一体板、耐候硅酮密封胶等材料和使用的机具准备齐全，见图 11。

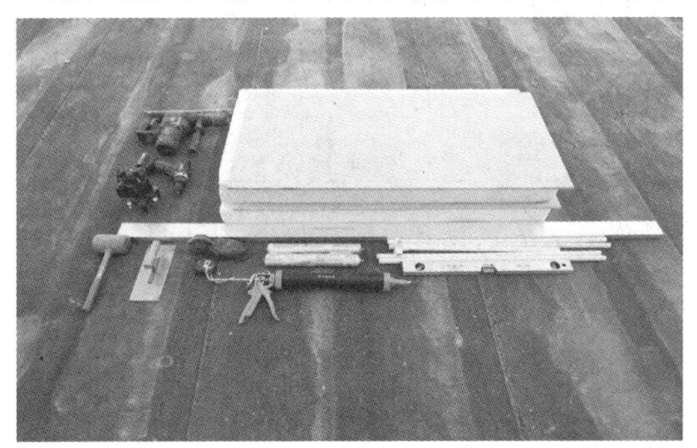

图 11　材料和机具准备

6. 材料管理

1）保温保护层一体板技术性能要求

一体板在加工前，对原材进行外观及产品“三证”检查，各项性能应满足表1要求。

表1　一体板原材料性能要求

序号	项目	技术性能	备注
1	保温层	燃烧等级不小于B2级；导热系数≥0.032；密度：25～32kg/m³；压缩强度150～800kPa。	
2	保护层（纤维增强硅酸钙板）	A级不燃；不含石棉，各项性能满足《纤维增强硅酸钙板》（JC/T 564.1～2—2018）要求。	
3	双组分聚氨酯胶粘剂	原强度保温层与保护面层的拉伸粘接强度≥0.12MPa，耐水强度≥0.12MPa。	

2）材料用量

主要材料用量见表2。

表2　主材用量表

序号	材料名称	规格	用量	备注
1	保温保护层一体板	面层1190mm×590mm×10mm 保温层1200mm×600mm×100mm	根据实际	
2	1∶3干硬性砂浆	水泥、砂子、水比例1∶3∶0.5	根据实际	
3	1∶1水泥砂浆	水泥、砂子、水比例1∶1∶1	根据实际	
4	硅酮耐候密封胶	600g/支	根据实际	
5	PVC管	DN20mm，四面梅花型布置5mm排气孔，间距50mm	根据实际	
6	不锈钢弯管	DN25mm	根据实际	
7	无纺布	单位面积质量≥100g/m²（厚度≥0.5mm）	根据实际	

3）机具设备

主要机具设备用量见表3。

表3　主要机具设备用量表

序号	机具名称	单位	备注
1	切割机	台	
2	电动手钻	个	
3	激光水平仪	台	
4	橡皮锤	个	
5	刮杠	把	
6	铁抹子	把	
7	墨斗	个	
8	水平尺	个	
9	铁锹	个	
10	钢卷尺	把	

7. 工艺流程

见图 12。

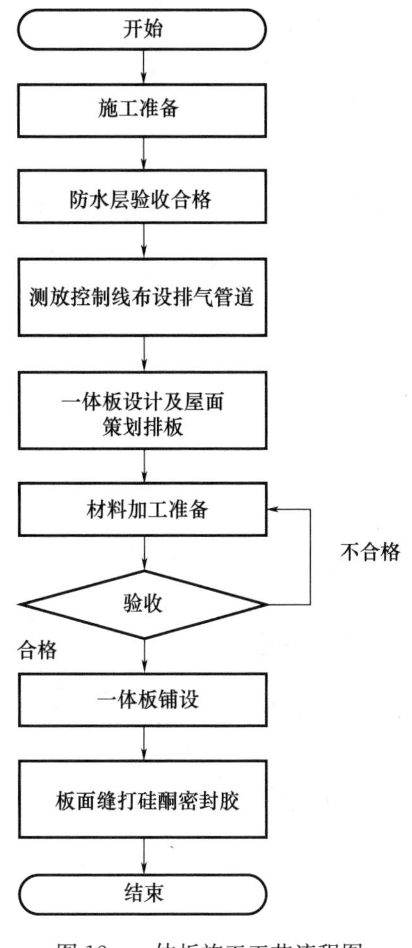

图 12　一体板施工工艺流程图

8. 操作步骤

1）防水层检查验收

（1）保证防水卷材及铺贴施工满足规范要求，在屋面落水口、管道根部、天沟部位等细部验收合格。

（2）检查防水层铺贴后屋面坡度、坡向，经过蓄、淋水试验后，保证验收合格。

2）测放控制线，布设排气管道

（1）将基准控制点引至女儿墙等构件上标记，弹出一体板铺设分隔线，见图 13。

（2）排气管选用 DN20mm 的 PVC 管，四面梅花型布置 5mm 排气孔，间距 50mm。水平方向间距 4～5m 纵横布置，连接竖向立管，选用 DN25mm 不锈钢弯管作为外护管。使用无纺布对排气孔进行包裹缠绕，保证排气顺畅，见图 14。

3）一体板铺贴

（1）现场拌和 1：3 干硬性砂浆，铺贴随坡度进行，随拌随铺，摊铺面积不宜过大，最厚处不大于 20mm。含水率应保证“握手成团，落地开花”的要求，见图 15。

（2）铺贴过程中挂线控制坡度。在板材铺贴面涂抹一层 1：1 水泥砂浆，厚度均匀。铺贴时，预留出屋面四周天沟及落水口部位，见图 16～图 17。

(3) 以长边平行于屋脊方向由低向高铺贴、压实。用橡胶锤均匀敲击，调整与基准线及其他板材的平整度及缝隙大小，见图 18。

图 13 测量定位，定基准线

图 14 排气管缠绕无纺布

图 15 1∶3 干硬性砂浆坐底找平

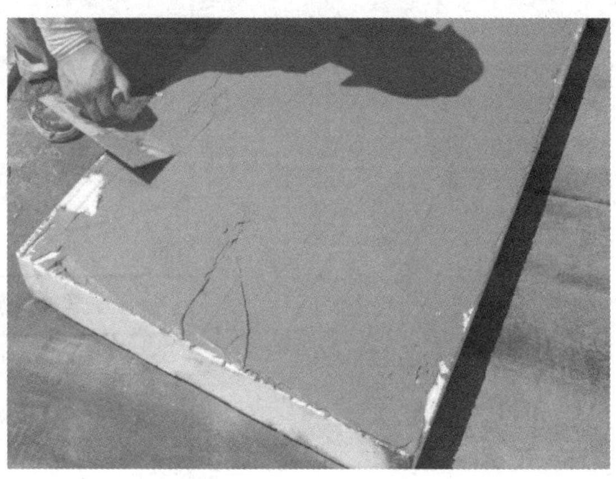

图 16 一体板粘接面使用 1∶1 水泥砂浆

图 17 铺贴过程中，挂线控制坡度

图 18 铺贴时，控制平整度

(4) 在排气管根部、凸出物根据所需尺寸进行合理裁切，保证细部铺贴质量；天沟可采用现浇成型，落水口可根据坡度顺坡裁割铺贴，见图 19～图 22。

4) 板面缝打硅酮密封胶

(1) 一体板整体铺贴完成后，板缝间应清洁干净，缝两侧粘贴美纹纸防止污染板面，见图 23～图 24。

(2) 打密封胶应使用专用胶枪，注胶应从高往低处进行。

(3) 密封胶应均匀适量，宽度为面层预留 10mm，密封深度不小于 5mm，见图 25～图 26。

（4）在密封胶干固后再处理板面，先清除板缝间边缘上的涂灰、污垢，再撕去保护膜。当有粘胶遗留物时，应使用干净毛巾清洁，见图 27。

图 19　屋面排气管根部处理

图 20　屋面凸出结构处理

图 21　现浇混凝土天沟

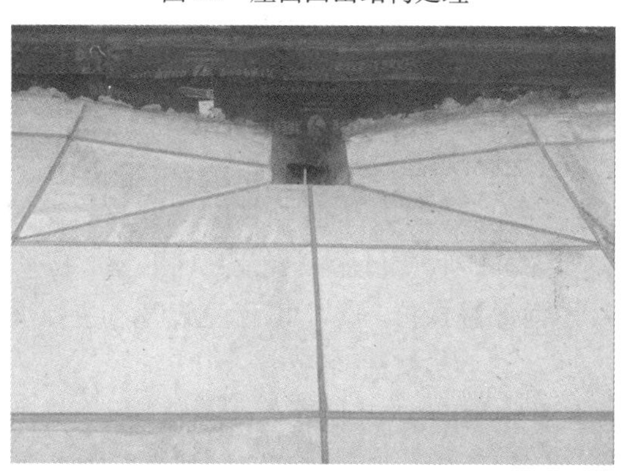

图 22　落水口采用一体板顺坡裁切铺贴

图 23　清理板缝间灰尘

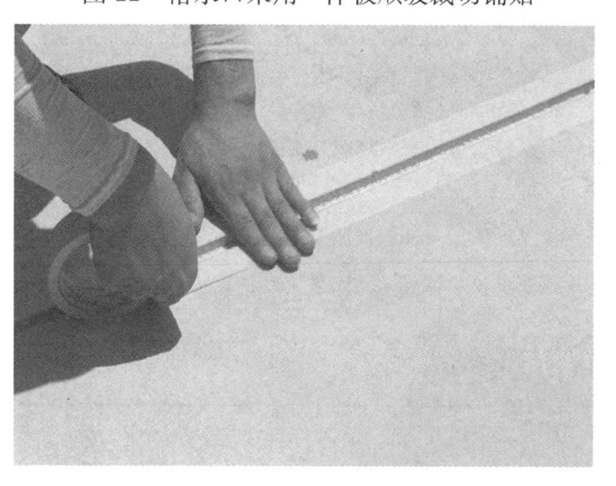

图 24　注胶缝面层粘贴美纹纸

图 25　注入硅酮密封胶

图 26　将注胶面刮平处理

图 27　撕去美纹纸，清理板面，施工完成

9. 质量控制

1）质量控制规范

（1）屋面保温保护层一体板铺贴质量控制参照《建筑节能工程施工质量验收标准》（GB 50411—2019）及《屋面工程质量验收规范》（GB 50207—2012）执行。

（2）屋面保温保护一体板工程验收时，主控项目及一般项目应符合表 4 和表 5 规定。

表 4　主控项目

序号	项目	检查方法	检查数量
1	保温保护层一体板系统及主要材料性能应满足要求	检查产品质量证明文件、出场检验报告和复检报告	全数检查
2	一体板中保温材料进场时，应对以下性能进行复检： 1）保护面层的单位面积质量、拉伸粘接强度、保温材料导热系数、保温材料燃烧性能； 2）胶粘剂与一体板的拉伸粘接强度原强度	核查质量证明文件，随机抽样送检，核查复检报告	每个检验批抽检复检一次
3	保温保护层一体板保温层厚度应符合设计要求	观察、测量	每个检验批不少于 3 处
4	保温保护一体板粘贴面积比	观察、测量	每个检验批不少于 3 处

注：相同材料、工艺、做法的屋面，每 1000m² 为一个检验批。当获得建筑节能认证或连续三次见证取样检验均一次检验合格时，其检验批容量可扩大一倍。

表 5　一般项目

序号	项目	检查方法	检查数量
1	进场的保温保护一体板及配套材料、配件包装应完整、无破损	观察检查	全数检查
2	保温保护层一体板的品种、规格应符合设计要求，板面应平整、洁净、无歪斜和裂缝，板面色泽应均匀、无色变、无污痕和受损处	观察检查	全数检查
3	保温保护层一体板保温层厚度应符合设计要求	观察、测量	每个检验批不少于 3 处
4	保温保护一体板粘贴面积比	观察、测量	每个检验批不少于 3 处

（3）屋面保温保护层一体板铺贴完成后，对面层铺贴情况进行复核，表面平整度、相邻板缝高度、接缝宽度满足表 6 规定。

表 6　屋面保温保护层一体板铺贴允许偏差

序号	项目	允许偏差（mm）	检测方法
1	表面平整度	≤3	2m 靠尺和塞尺检查
2	相邻板缝高低差	≤2	钢直尺和塞尺检测
3	接缝宽度	≤2	钢直尺检查

2）质量控制重点

（1）检查一体板使用主材的产品合格证、说明书、出场检验报告及进场复检报告是否合格。

（2）检查保温保护层一体板保护面层与保温层错台宽度允许偏差是否满足要求。

（3）铺贴施工时，按屋面坡度、坡向挂控制线，严格控制铺贴高程，确保铺排水通畅。

（4）施工时，各工序应紧密衔接，间隔不宜过长，确保施工质量。

10. 注意事项

1）安全注意事项

施工过程中，做好临边防护。当屋面女儿墙低于 1.2m 时，为确保施工安全，应在施工前安装防护网进行防护；材料吊运时，周边围挡和下部做好防护，经验收合格后使用。

2）环保注意事项

（1）屋面保温保护层一体板在工厂车间集中加工，封闭隔声，减少噪音污染。

（2）砂浆拌制过程，采用专用封闭式拌和棚，随拌随用，减少粉尘污染。

（3）施工过程中产生的美纹纸、边角料等应集中处理，避免环境污染。

11. 主要相关建设标准

（1）《建筑节能工程施工质量验收标准》（GB 50411—2019）。

（2）《屋面工程质量验收规范》（GB 50207—2012）。

12. 相关知识产权

（1）实用新型专利："一种倒置式保温保护层一体板屋面构造"，专利号：ZL202221796459.3。

（2）国家级 QC 成果：倒置式屋面保温保护层施工创新，编号：A20222608。

高大空间（带层间梁板）剪力墙结构铝木结合模板施工工艺

1. 概述

随着建筑行业的快速发展，人们对大空间、个性化建筑结构的需求不断提升，一种带有层间梁板的高大空间结构应运而生。采用铝木结合模板体系，通过优化模板选型，配置半层标准铝合金模板和接高板即可实现模板的多次周转，层间梁板与主体同时浇筑，有效提高结构的整体性，保证施工质量，且安拆便捷、灵活。

2. 关键词

层间梁板、剪力墙现浇、铝木结合。

3. 适用范围（适用场景）

本工艺适用于带有层间梁板的高大空间剪力墙现浇结构体系，标准层层高在 3.3～6.6m 之间，且层数宜大于 10 层。

4. 创新点

（1）通过优化模板选型和配置，剪力墙及层间梁板采用铝合金模板，每层分两次施工，解决层间梁板随主体结构同步施工难度大的问题。

（2）支撑体系采用盘扣式钢管脚手架，满铺压型钢板操作平台并采用一种外挂式操作平台，解决层间梁板施工难度大、安全隐患多的问题。

（3）通过一种铝木结合专用的连接件，解决木模体系和铝模体系结合部位拼缝不严、错台等问题。同时，配置半层标准铝合金模板进行周转，极大地降低了模板租赁费用。

5. 施工准备

1）技术准备

提前熟悉图纸，对配模图进行优化，确定模板深化图纸，编制详细的分项施工技术交底及安全交底。

施工前应向现场管理人员及作业人员进行详细的施工技术交底，明确技术难点及操作要点，现场跟踪指导。

2）物资准备

根据工程特点和施工技术质量要求，模板采用铝木结合体系，剪力墙、层间梁板采用铝合金模板，顶板采用木模板施工。按深化图纸配置现场施工所需木模板、铝合金模板等物资供应，见表 1。

表 1　主要材料表

序号	材料名称	材质、规格
1	铝合金模板	板面厚 4mm，肋高 65mm
2	背楞	Q235；50mm×50mm×2.5mm、40mm×80mm×3.0mm

续表

序号	材料名称	材质、规格
3	对拉螺杆	65Mn；ϕ12
4	一次性对拉片	33/18mm×2mm×长度（长度视墙厚而定）
5	斜撑	ϕ48×1800
6	顶撑	套管外径：ϕ60（mm）；壁厚：2.5±0.5（mm）； 插管外径：ϕ48（mm）；壁厚：3±0.5（mm）；形状：圆管形
7	木模板	1830mm×915mm×15mm
8	方木	40mm×60mm、40mm×40mm
9	方管	50mm×50mm
10	盘扣架立杆、 水平杆、斜拉杆	立杆：2.5m，2m，0.35m 水平杆：1.2m，0.9m，0.6m 斜拉杆：1.2mm×1.5m，0.9mm×1.5m，0.6mm×1.5m
11	盘扣架底托、顶托	600mm×150mm×178mm
12	脱模剂	油性/水性脱模剂
13	钢筋	按设计图纸
14	垫块	水泥垫块、钢筋马凳
15	混凝土	按设计图纸
16	压型钢板	400mm×3000mm×1.2mm

3）现场准备

现场应完成地下室等非标准层施工，达到标准层正式施工条件。

6. 材料管理

（1）模板

铝合金模板：板面厚4mm，肋高65mm，分标准板和承接板，主要用于剪力墙、层间梁板模板支设。

木模板：1830mm×915mm×15mm，主要用于顶板模板加工制作。

（2）一次性对拉片：33/18mm×2mm×长度（具体视墙厚确定），主要用于铝模板加固及控制截面尺寸。

（3）垫块：保证钢筋保护层厚度。

（4）脱模剂：防止模板与制品之间产生粘连现象，保证拆模质量。

（5）压型钢板：400mm×3000mm×1.2mm，主要铺设于盘扣架上方作为施工操作平台，满足施工作业、人员通行等要求。

7. 工艺流程

见图1。

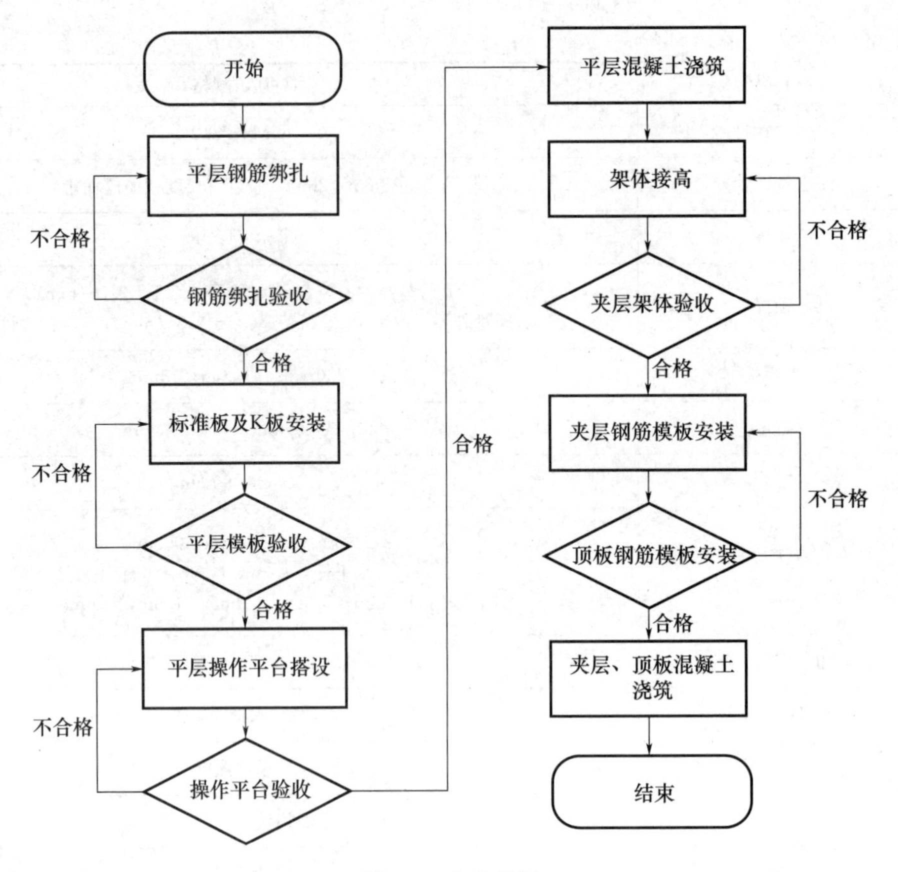

图1 工艺流程图

8. 操作步骤

(1) 第一步：平层钢筋绑扎

钢筋绑扎需满足图纸、规范要求，绑扎完成后进行隐蔽工程验收，验收合格后进行下一道工序。

(2) 第二步：平层模板安装

① 模板拼装。墙身板安装自下而上依次为角铝、铝合金标准板、承接 K 板、接高板，墙身板安装时应注意承接 K 板在下，接高板在上，不能出现反装。梁模板采用铝合金标准板加接高板的方式进行组装，见图 2～图 3。

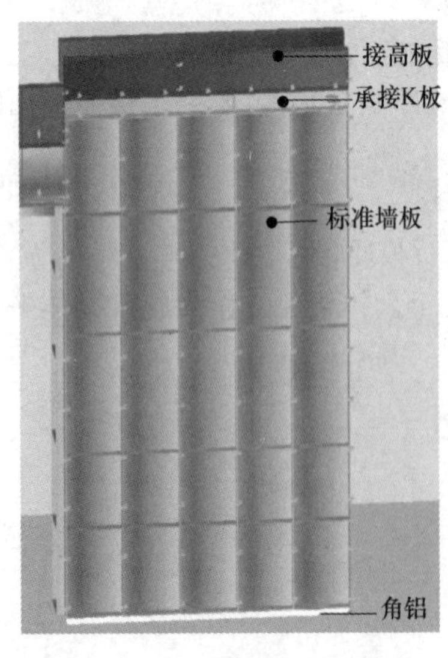

图 2 墙模板组装

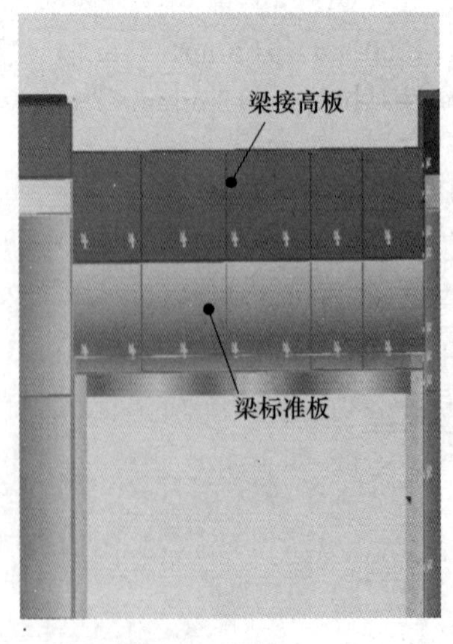

图 3 梁模板组装

② 模板加固。铝合金模板之间用销钉、销片进行连接，墙模销钉孔距为 300mm，两端适当加密；梁板销钉孔距一般为 100mm。平层墙身板、梁模板采用普通钢管借助盘扣架进行支撑加固，且模板垂直、平整度需满足（0，4mm），钢管支撑不少于 2 道，相邻支撑横向间距不大于 2m，见图 4～图 5。

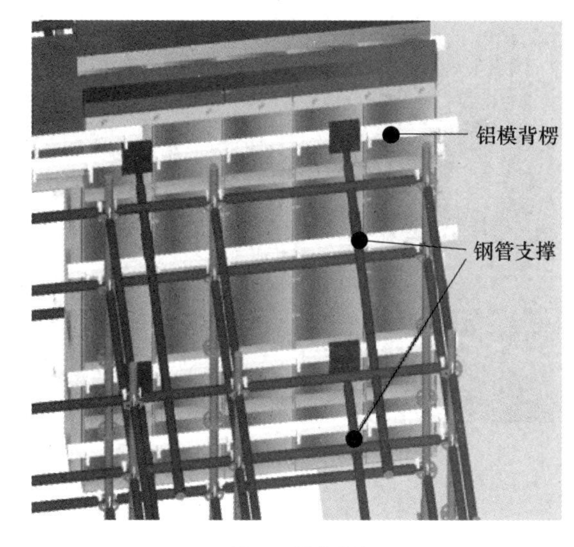

图 4　墙加固

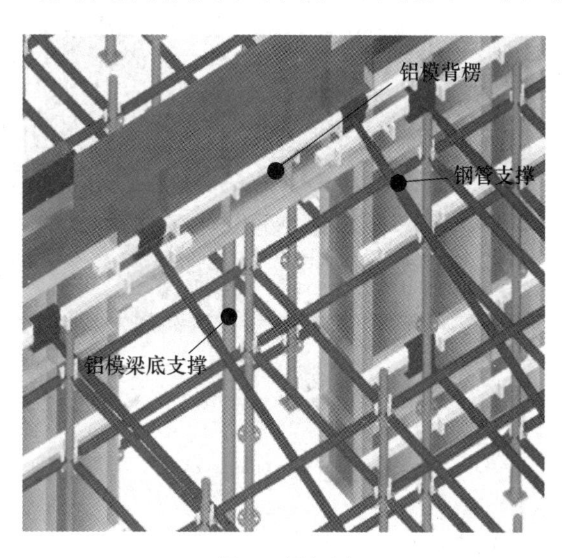

图 5　梁加固

（3）第三步：平层操作平台搭设

① 架体搭设。架体搭设需按照规范要求搭设，提前计算平层搭设标高，与分次浇筑标高正负高差不大于 300mm，见图 6。

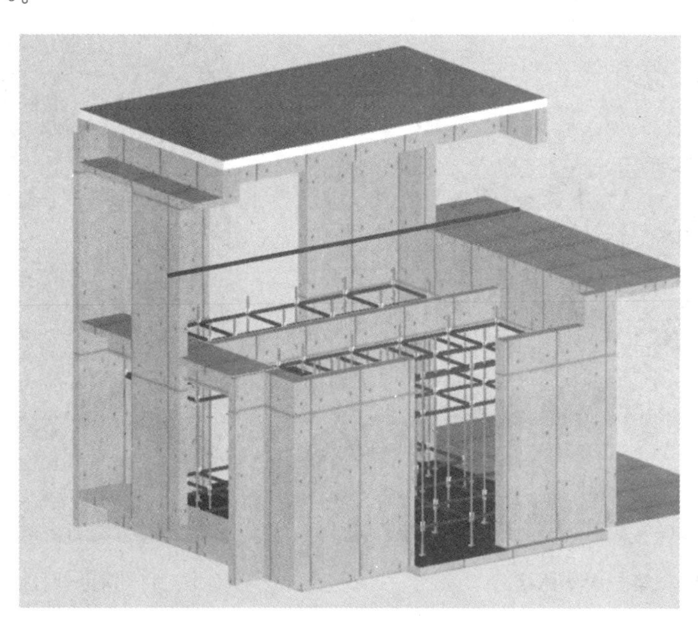

图 6　第一次架体搭设位置

② 平台板铺设。架体搭设完成后，在顶部满铺 400mm×3000mm×12mm 的压型钢板作为操作平台，压型钢板边缘伸出水平杆距离不应小于 250mm，短边搭接不应小于 250mm，长边搭接不应小于 100mm，沿剪力墙周边铺设宽度为 1.2m，见图 7。

（4）第四步：平层混凝土浇筑

平层混凝土浇筑即第一次混凝土浇筑，浇筑时利用压型钢板操作平台进行施工，铝模设计宜高出混凝土浇筑面。

以某工程为例：标准层高 5.4m，夹层浇筑高度为 2.770m。设计 50mm 底角＋2500mm 主板高度＋300mm 承接 K 板，总高度超出浇筑完成结构面 80mm，为便于二次倒板施工，承接 K 板由 100mmK 板＋200mm 接高板组成，二次浇筑时拆除上部 200mm 接高的部分，见图 8。

图 7　操作平台铺设

图 8　第一次混凝土浇筑

（5）第五步：夹层架体接高

平层混凝土浇筑完成后进行夹层架体接高，完成后进行架体验收，见图 9。

（6）第六步：夹层钢筋绑扎

架体验收合格后进行夹层墙柱钢筋绑扎，施工时借助外挂式操作平台降低作业难度，并严格按照高处作业要求做好防护措施，见图 10。

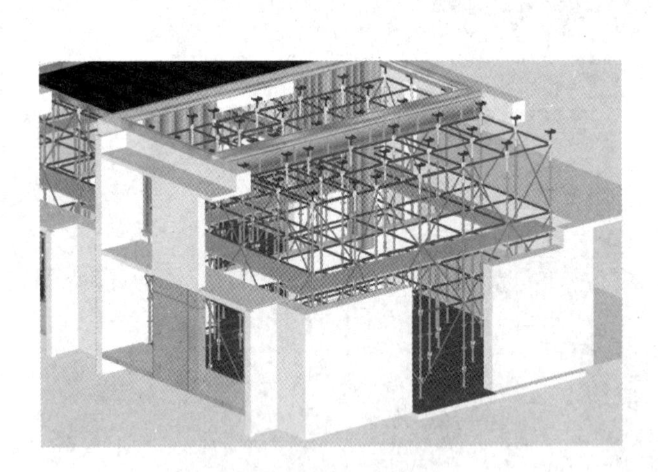

图 9　第二次架体接高

图 10　借助外挂式操作平台绑扎钢筋

（7）第七步：夹层铝木结合模板安装

① 模板安装。夹层墙板安装时拆除底角铝及 200mm 接高板，将标准板与承接 100mm K 板连接。在 40mm×40mm 方木上开 20mm 孔洞，间距小于等于 500mm，采用 8＃螺栓与铝模角模连接，将顶板木模板与方木进行固定，梁模板采用铝合金模板，见图 11～图 13。

② 模板加固。上部墙板、梁板加固除铝模自有加固体系外，支撑采用普通钢管借助盘扣架体进行支撑加固，满足垂直、平整度要求，支撑不少于 2 道，见图 14。

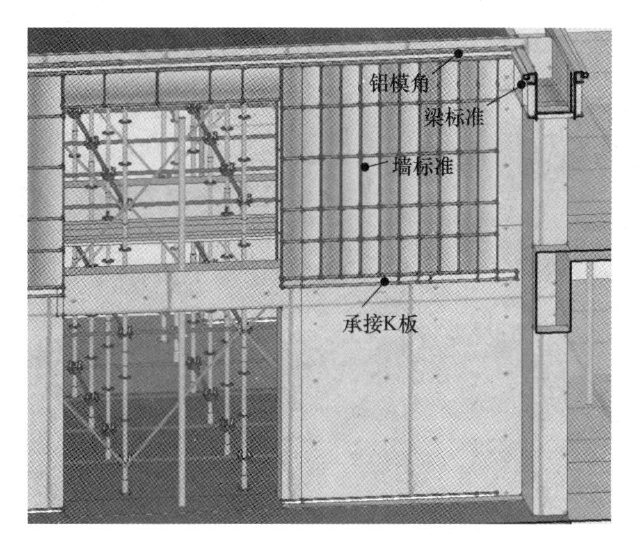

图 11 模板配板

图 12 铝木结合点技术措施

图 13 顶板铺设

(8) 第八步：顶板钢筋绑扎

顶板钢筋绑扎施工与常规结构施工无差异，满足设计及施工规范要求即可。

(9) 第九步：夹层、顶板混凝土浇筑

夹层、顶板混凝土浇筑，若采用传统布料杆进行施工，布料杆放置位置必须避开墙、梁模板 1m 范围，单独搭设加固架体。混凝土浇筑时应按照《混凝土结构工程施工规范》(GB 50666—2011) 相关要求进行施工。

图 14　第二次墙模板加固

9. 注意事项

层高大于等于 5m 的模板工程及支撑体系属于危险性较大分部分项工程，施工、验收应符合《危险性较大的分部分项工程安全管理办法》建质〔2018〕37 号相关要求。

10. 主要相关建设标准

（1）《混凝土结构通用规范》（GB 55008—2021）。
（2）《混凝土结构工程施工质量验收规范》（GB 50204—2015）。
（3）《混凝土结构工程施工规范》（GB 50666—2011）。
（4）《组合铝合金模板工程技术规程》（JGJ 386—2016）。
（5）《建筑工程施工质量验收统一标准》（GB 50300—2013）。

11. 相关知识产权

发明专利：“一种带有层间梁的高大空间剪力墙现浇结构体系铝木结合模板施工工法”，专利号：ZL202111096226.2。

现浇混凝土楼板高差部位钢板吊模施工工艺

1. 概述

混凝土楼板高差部位施工过程中，容易出现结构板标高偏差、阴角不平整、阳角破损等质量问题，为了有效解决以上问题，通过钢板加工制作，形成模块化、可拼装的L形钢板吊模构件，应用时仅需按部位安装固定，可大量减少人工制作，提高质量。

2. 关键词

钢板吊模、异型钢板、装配式、楼板高差。

3. 适用范围（适用场景）

适用于建筑工程现浇混凝土楼板高差不大于100mm的吊模施工。

4. 创新点

采用钢板制作L形钢板吊模，通过短边尺寸控制混凝土楼板高差，使混凝土初凝后形成垂直面，长边用于控制低跨混凝土在浇筑时向上溢出，用以保证低跨部位混凝土成型后的表面平整度。

5. 施工准备

1）技术准备

混凝土高差部位深化设计，根据结构降板的截面尺寸确定钢板吊模使用位置，编制专项施工方案，施工前向作业班组长和操作工人进行技术交底。

2）物资准备

根据深化图确定混凝土高差及使用范围，准备2mm钢板、铝膜拉片、销钉、销片、直径为14mm的通丝螺杆。

3）现场准备

将2mm钢板裁切并焊接成1000mm×100mm×H（混凝土降板高差值）的L形钢板模具，使用台钻在L形钢板1000mm×100mm面的中心部位开孔，孔径为ϕ16mm，并在其两端距离构件边缘8～10mm处焊接拉片。

6. 材料管理

见表1。

表1 主要材料表

序号	名称	规格	单位	备注
1	钢板	2mm	/	需根据高差加工短边长度
2	固定螺杆	ϕ14	个	根据现场布置范围确定固定点数量
3	铝膜拉片、销钉、销片	/	组	连接吊模组件

7. 工艺流程

见图1。

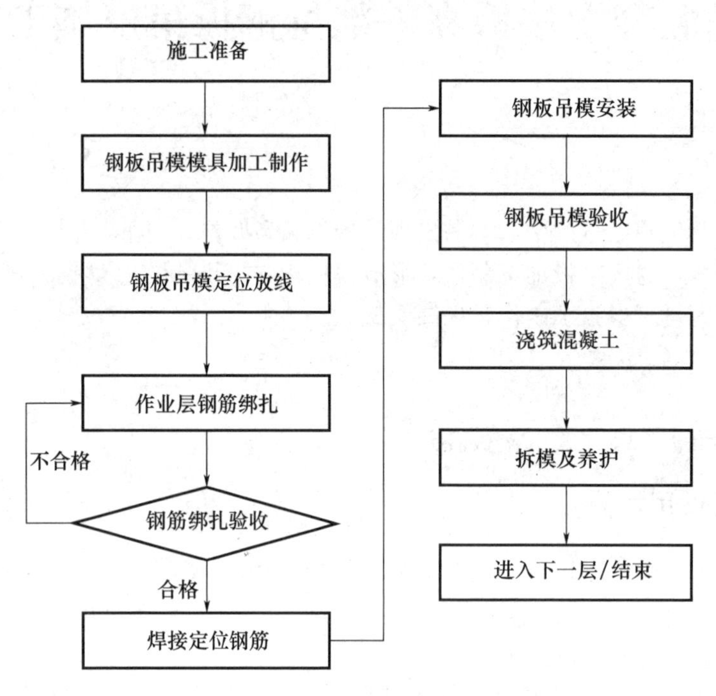

图1　工艺流程图

8. 操作步骤

第一步：钢板吊模模具加工制作。将2mm钢板裁切并焊接成L形钢板模具，使用台钻在L形钢板中心部位开孔，孔径为ϕ16mm，并在其两端焊接拉片，焊接质量符合规范要求，见图2～图3。

图2　钢板裁切图

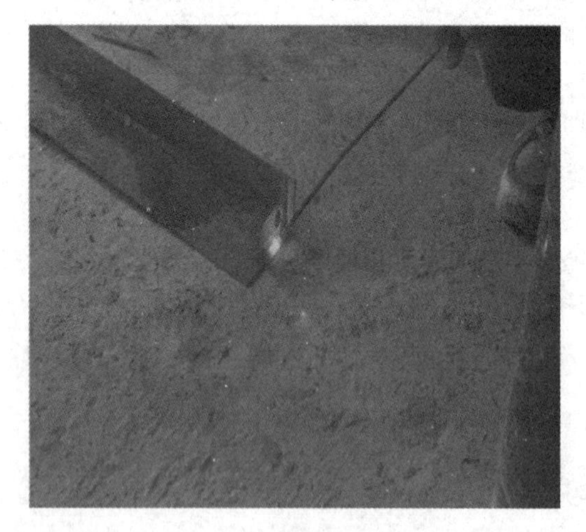

图3　拉片焊接

第二步：钢板吊模定位放线。依据定位轴线确定结构降板吊模位置，并根据结构标高控制吊模高度，允许偏差为±5mm。

第三步：作业层钢筋绑扎。钢筋绑扎需满足图纸、规范要求，绑扎完成后进行隐蔽工程验收，验收合格后进行下一道工序，见图4。

图 4　钢筋绑扎

第四步：焊接定位钢筋。根据控制轴线及标高焊接直径为 ϕ10mm 的定位钢筋，相邻定位钢筋间距为 400～600mm，焊接质量应符合相关规范要求，见图 5。

第五步：钢板吊模安装。将钢板吊模构件放置在定位钢筋上，使用销钉、销片组合模具形成整体。采用通丝螺杆将钢板吊模构件焊接于板面附加钢筋上，钢板吊模构件安装完成，见图 6～图 8。（注：多水房间宜将通丝螺杆改为止水螺杆）

图 5　焊接定位钢筋

图 6　吊模安装

图 7　通丝螺杆固定

图 8　吊模固定完成

第六步：浇筑混凝土。混凝土浇筑前，由项目试验员对出盘混凝土的坍落度、和易性等进行鉴定，混凝土的浇筑应与振捣配合进行，振动棒应垂直于混凝土表面并快插慢拔均匀振捣，当混凝土表面无明显塌陷、有水泥浆出现、不再冒气泡时，应结束该部位振捣，见图 9～图 10。

图 9　混凝土坍落度试验

图 10　浇筑混凝土

第七步：拆模及养护。混凝土强度达到 1.2MPa 时进行吊模拆除，吊模拆除时，应依次拆除螺母、销钉、销片，再将吊模由低跨斜向上提起，防止混凝土阳角破坏，吊模拆除后及时浇水养护，见图 11～图 12。

图 11　覆盖及浇水养护

图 12 高低差部位混凝土成型效果图

9. 注意事项

浇筑混凝土时，严格控制，避免振动棒直接接触钢板吊模。

10. 主要相关建设标准

（1）《混凝土结构工程施工质量验收规范》（GB 50204—2015）。
（2）《混凝土结构工程施工规范》（GB 50666—2011）。
（3）《建筑工程施工质量验收统一标准》（GB 50300—2013）。
（4）《钢筋焊接及验收规程》（JGJ 18—2012）。

11. 相关知识产权

（1）发明专利："一种现浇混凝土楼板高差部位钢板吊模施工方法"，专利号：ZL202211018655.2。

（2）论文：《现浇混凝土楼板高差部位钢板吊模施工方法》，《新视线· 建筑与电力》2022 年 13 期，稿件编号：JCJS2021-07-21。

钢筋直螺纹端头精准批量加工施工工艺

1. 概述

钢筋直螺纹连接技术因其具有施工速度较快、质量稳定可靠、节约工期、经济性较好的特点，在建筑工程施工中应用广泛。传统的钢筋直螺纹端头加工采用砂轮机或切断机进行切割，切割工效低、不安全因素多、切头质量难控制、无法集中管控，导致大量钢筋端头未切割就进行套丝，给钢筋直螺纹连接造成较大的质量隐患，为解决上述问题，改善钢筋直螺纹端头批量加工工艺，采用钢筋锯床进行切割，严禁使用砂轮切割机或切断机进行钢筋切割，钢筋直螺纹加工质量大幅度提升，效果显著。

2. 关键词

钢筋直螺纹、批量加工、切割。

3. 适用范围（适用场景）

主体施工阶段钢筋加工切割（所用钢筋规格主要为：6mm、8mm、10mm、12mm、14mm、16mm、18mm、20mm、22mm、25mm、28mm、32mm、36mm、40mm）。

4. 创新点

采用的是成品钢筋批量切割锯床，相比较原工艺中加工的锯床，操作简单，成捆钢筋可直接切割，采用外带的控制柜进行操作，安全性更高，钢筋上料台后全程采用机械自带的液压行走系统进行调整，单人就可操作，提高钢筋加工质量，节约人工费用。

5. 施工准备

1）技术准备

（1）对于进场原材进入施工现场的钢筋必须进行质量验收，经进场质量验收合格的钢筋方可在工程中使用。记录所有进场钢筋的批次、数量、种类，确保进场钢筋质量合格。

（2）所有下料单均须符合设计及施工规范要求，对设计中没有确定的部分，征求设计同意后，以设计为准或以《混凝土结构工程施工质量验收规范》（GB 50204—2015）及《混凝土结构施工图平面整体表示方法制图规则和结构详图》（22G101—1、22G101—2、22G101—3）等为准。下料单由钢筋工长审核确认后方可加工下料。

2）施工机具准备

成品切割锯床。

3）试验准备

按照钢筋进场料单做好钢筋原材取样送检准备工作，待送检合格后方可进行钢筋加工。

6. 工艺流程

见图1。

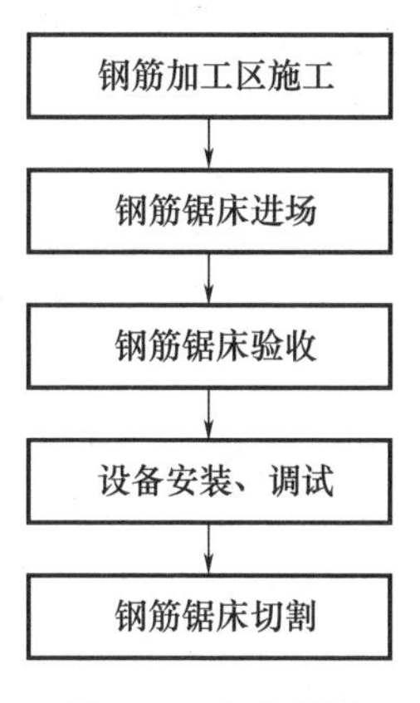

图 1　工艺流程图

7. 操作步骤

第一步：钢筋加工区施工。

按照项目施工平面布置图进行钢筋场地规划，钢筋加工区域规划完成后，按照钢筋加工区布置图进行测量放样，放样完成后进行场地平整，在加工区垫层浇筑前应按照钢筋加工区详细布置图进行放样，提前进行管线预埋，预埋完成后，方可进行混凝土垫层浇筑。

第二步：锯床进场。

锯床按照要求进场，进场前先将机械资料进行上报，待锯床进场后对照资料进行验收，机械验收合格后方可进场。

第三步：锯床设备安装、调试。

设备进场后，按照规划位置进行摆放，固定，同时安装锯床操作台，由专业电工进行通电操作，通电后进行设备调试，调试完成后由机械员进行验收，验收合格粘贴认证标签后，方可使用。

第四步：钢筋切割。

设备调试完成后，进行钢筋切割加工，锯床操作人员应指派专人进行操作，操作工需具备钢筋加工的知识及机械使用、保养的基础知识，确保钢筋加工精度及机械使用安全，见图 2。

图 2　钢筋切割图

8. 注意事项

（1）钢筋切割前需保证成捆钢筋无弯折，打包时钢筋顺直，否则会影响钢筋加工精度。

（2）钢筋加工前需对成捆钢筋进行调整，尽可能地使钢筋头长度一致，钢筋节约且加工精度高。

（3）机械在切割前应检查锯齿的状态，不得有缺牙等现象，否则在使用中锯条断裂会有伤人的风险。

9. 主要相关建设标准

(1)《混凝土结构工程施工质量验收规范》(GB 50204—2015)。
(2)《钢筋机械连接技术规程》(JGJ 107—2016)。

10. 相关知识产权

(1) 发明专利:"一种钢筋直螺纹批量加工设备及批量加工工艺",专利号:ZL201510232725.8。
(2) 实用新型专利:"钢筋直螺纹批量加工设备",专利号:ZL201520295862.1。
(3) 省级工法:钢筋直螺纹端头精准批量加工工法,工法编号:SXSJGF2015-040。

异形图案转换成 Revit 族构件操作指南

1. 概述

BIM 技术做精装修时，Revit 构件尤其在图案复杂、曲线样式多变等方面无法更好满足项目需要，可能要用到 3ds Max 中的模型，需要通过借助各种软件、技术辅助来实现异形模型的建立。本文通过项目应用，总结出将 DWG 格式（例如 3ds Max、Photoshop 等软件格式）异形三维模型转换为 Revit 族构件的应用过程，为专业技术人员提供一个思路，达到事半功倍的效果。

2. 关键词

Revit 族构件、三维模型、异形。

3. 适用范围

基于 BIM 技术平面拉伸形成的三维模型；精装修图案复杂、曲线样式多变等抽象或者异形物品。

4. 创新点

通过此办法的创新研发，异形图案转换成 Revit 族构件建模及渲染平均时间控制在 30 分钟内，效率高，实用性强。

5. 施工准备

1）技术准备

满足建模要求的电脑一台，安装 Revit 2016、Auto CAD、Adobe Photoshop、Autodesk 3ds Max 2016 软件（高版本也可），见表 1。

表 1　软硬件配置表

软件配置		
序号	名称及版本号	说明
1	Revit 2016	模型建立
2	Auto CAD 2014	节点图绘制
3	Autodesk 3ds Max 2016	模型建立
4	Adobe Photoshop	图片应用
硬件配置		
序号	名称及版本号	说明
1	电脑	配置满足建模要求
2	彩色打印机	效果检验

2）现场准备

与本工艺有关的相关设计图纸及装修样品。

6. 工艺流程

见图 1。

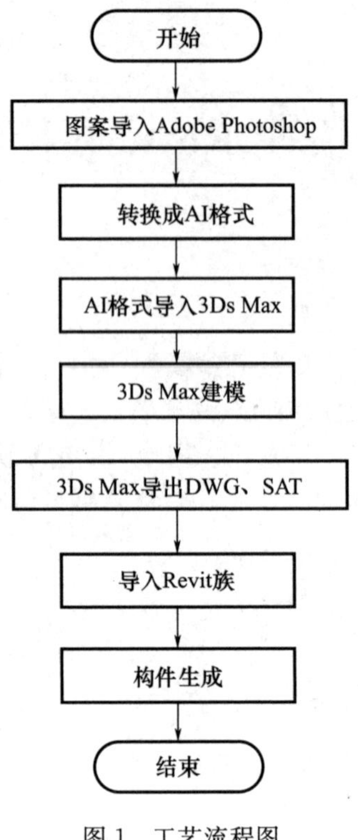

图 1　工艺流程图

7. 操作步骤

第一步：在 Photoshop 软件中打开壁纸样板，用魔棒工具抠出壁纸轮廓，见图 2～图 3。

图 2　壁纸样板

图 3　魔棒工具

生成工作通道，导出 AI 格式，命名“壁纸”，保存，见图 4～图 6。

图4　壁纸轮廓

图5　工作通道

图6　导出AI格式

第二步：在3Ds Max 2016软件中打开AI壁纸，见图7。

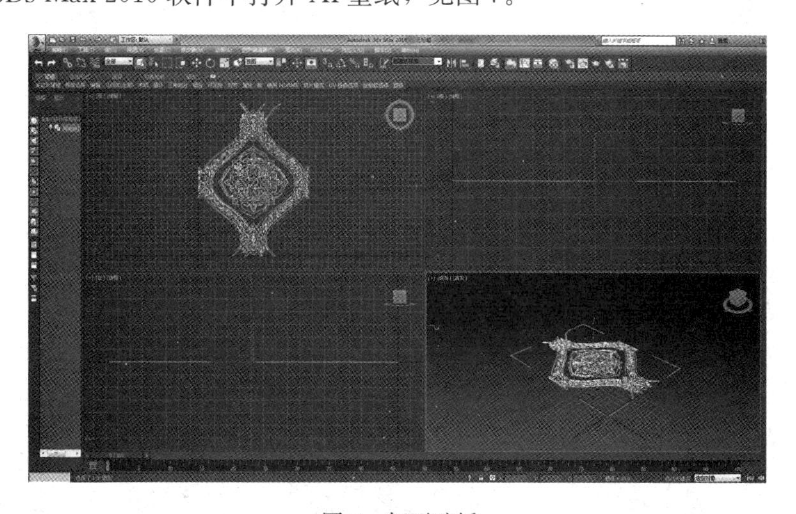

图7　打开壁纸

点选模型，右击，选择“附加”命令，见图8。

在“修改器列表”下拉列表里找到“挤出”命令，见图9。

在参数栏，“数量”输入“5.0”，三维效果生成，见图10。

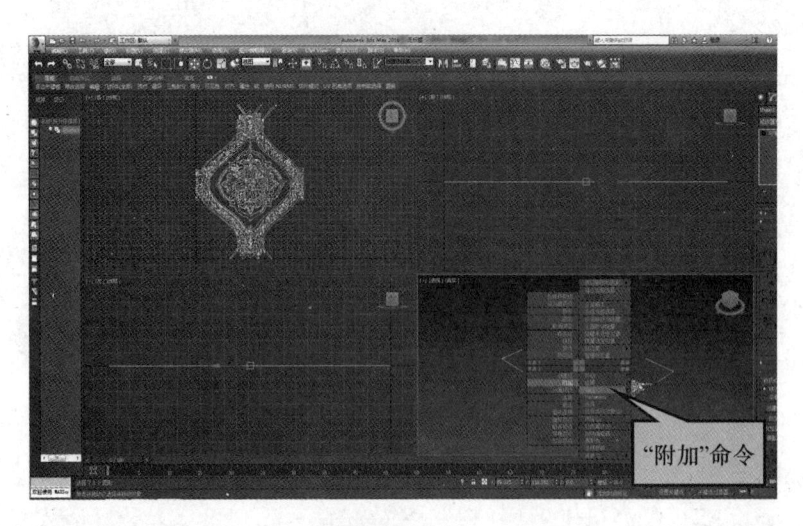

图 8　附加命令

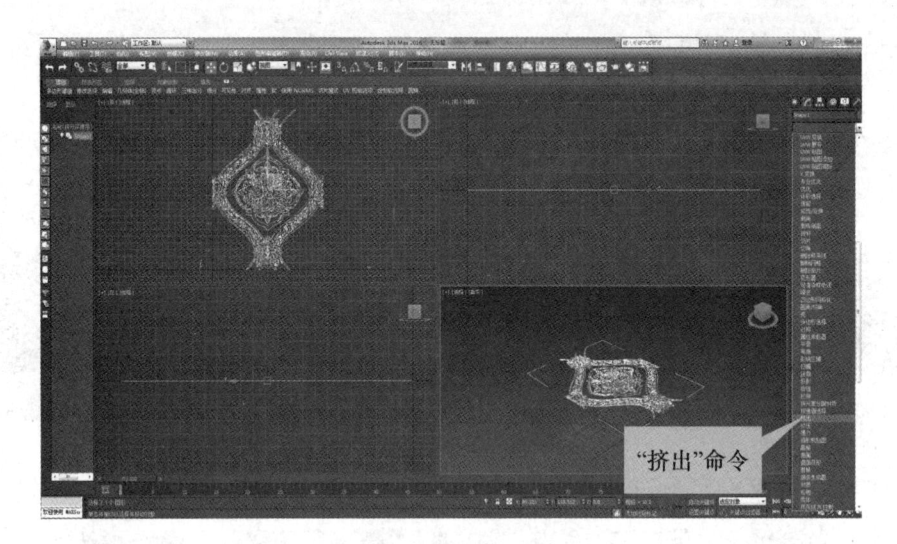

图 9　挤出命令

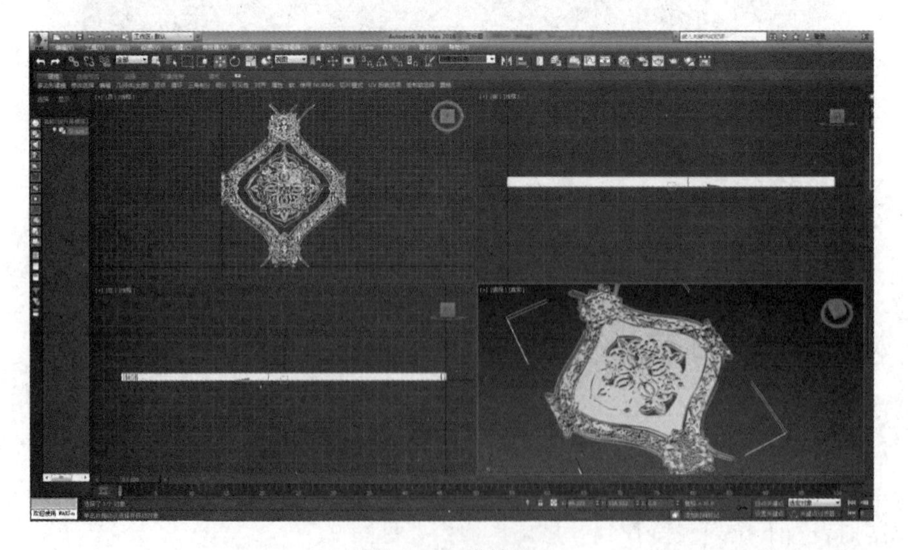

图 10　三维效果

将三维模型导出 DWG 或者 SAT 格式，以“壁纸三维”命名，见图 11～图 12。

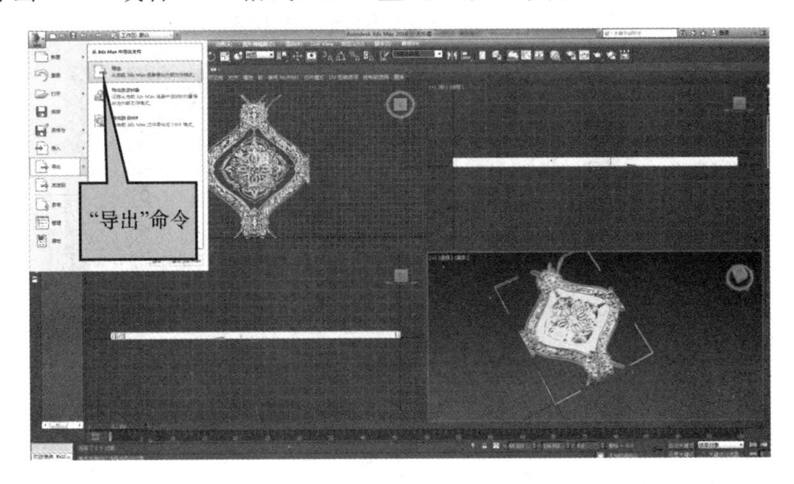

图 11　导出

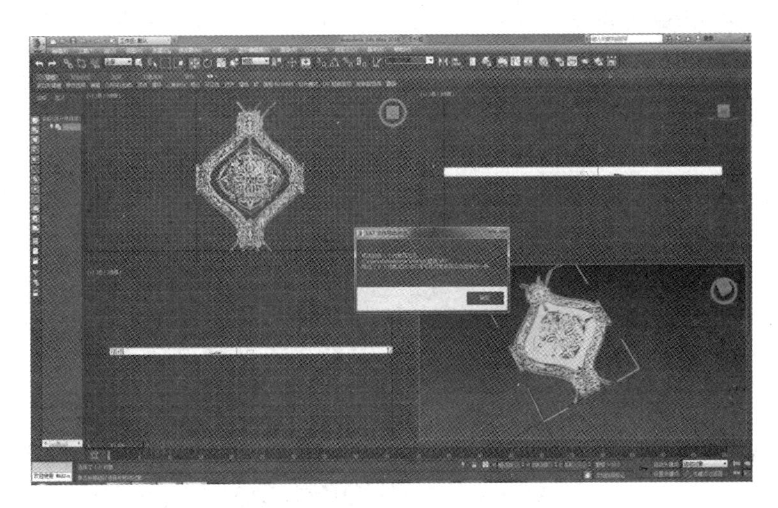

图 12　命名

第三步：打开 Revit 2016，族—新建—公制常规模型—打开，见图 13。

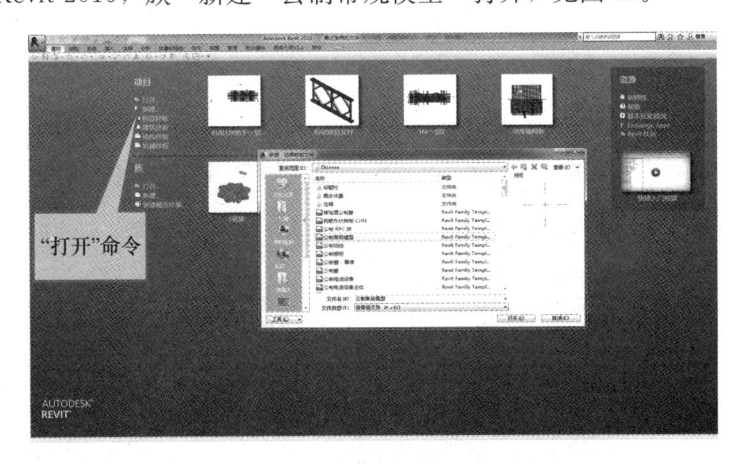

图 13　在 Revit 软件里打开

插入—导入 CAD，找到 DWG 或者 SAT 格式的文件，见图 14。

图 14　打开格式文件

导入单位选择“毫米”，其他默认，打开，见图 15。

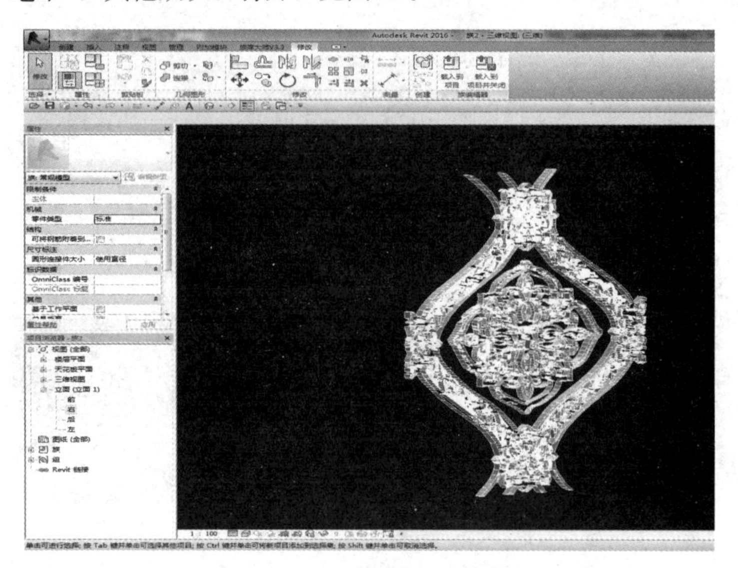

图 15　生成族构件

至此，族构件生成，通过阵列命令形成壁纸墙，保存，以“壁纸族”命名，见图 16。

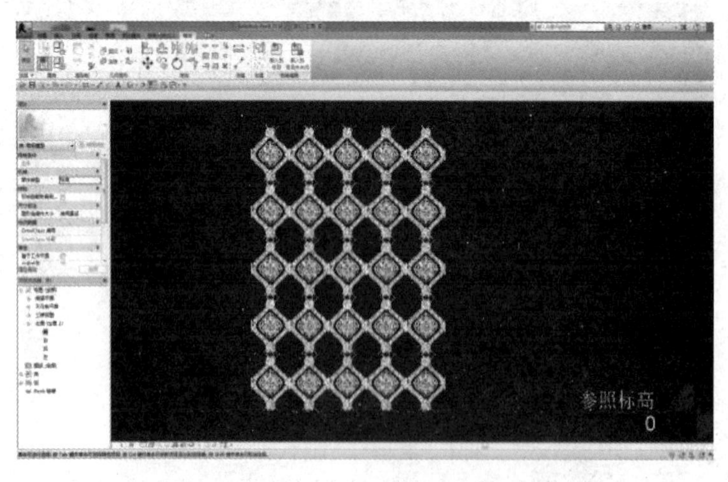

图 16　生成壁纸墙模型

第四步：渲染效果见图 17～图 18。

图 17　壁纸墙整体效果

图 18　细部放大

8. 注意事项

由于图片是基于平面拉伸形成的三维模型，因此扭曲异形（比如椎体）、变截面异形构建不适应此方法。

9. 相关知识产权

陕西省 2020 年工程建设优秀质量管理小组Ⅰ类成果：异形图案转换成 Revit 族构件新方法的研发，编号：2020020723。

新型钢背楞与锥型套管组合加固墙模板施工工艺

1. 概述

传统木模板、钢管扣件加固体系整体刚度不足，且内撑多采用水泥内撑，导致墙面平整度及洞口、阴阳角方正度不易控制；铝合金模板加固施工方便，但现场变更灵活性差。本工艺借鉴铝模板的内撑套管加固思路与新型钢背楞结合，通过实践，总结形成“新型钢背楞与锥型套管组合加固墙模板施工工艺”。该工艺杜绝了传统胀模、爆模、漏浆等问题，达到饰面及清水混凝土的要求，标准化程度高，安拆便捷灵活，可周转使用。

2. 关键词

新型钢背楞、铝模板、锥型套管、剪力墙结构。

3. 适用范围

适用于多层、高层的剪力墙结构工程。

4. 创新点

新型钢背楞与锥型套管组合加固墙模板施工工艺相比传统木模具有刚度大、组装方便快捷等优点，大幅度提高施工速率，保证施工质量；且模板加固材料均为可周转使用材料，周转效率高，有良好的社会经济效益，见图1。

图1　新型钢背楞与锥型套管组合加固墙模板效果图

5. 施工准备

1）技术准备

(1) 对建设单位提供的图纸及变更进行认真查阅，复核结构层高、板厚、梁的截面尺寸、降板尺寸及细部构造。

（2）依据图纸进行设计配模图，编制施工方案经审批通过后放样、加工。

（3）施工前由项目技术负责人组织方案交底，进一步明确工程的模板加固方法。

2）物资准备

（1）根据施工图及配模图与加工厂家进行沟通材料翻样，以“标准尺寸背楞最大化”原则为主，“异型背楞通用化”原则为辅，生成各种材料用量表。根据材料用量表进行标准背楞和异型背楞制作加工，并合理配置方钢背楞、ϕ12 通丝螺杆等配件，同时正确选择不同截面尺寸的锥型套管定位内撑，见图 2～图 5。

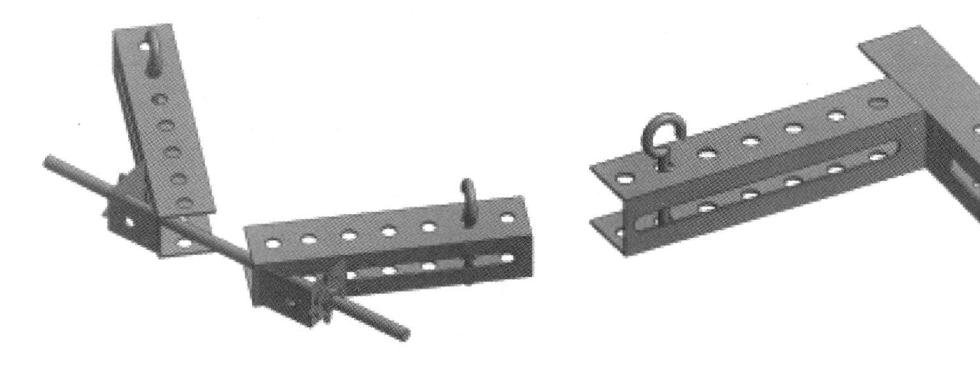

图 2　阳角定型锁具设计模型

图 3　阴角定型锁具设计模型

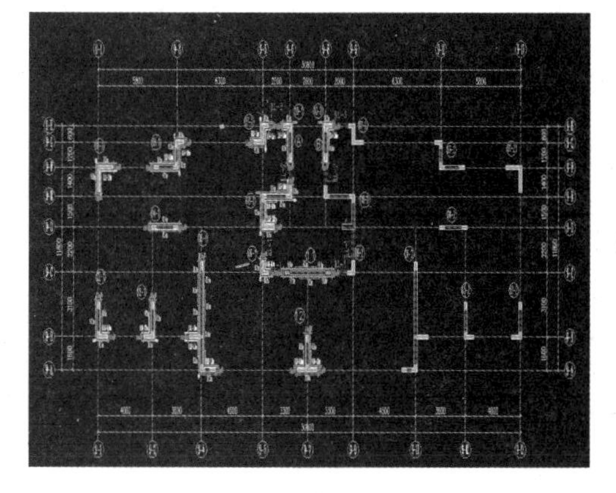

图 4　配模图

材料用量表

品种 墙段	理论长度	1延米理论重量	1	2	3	4	5	6	7	8	9	10	11	12	A	B	一道用量（根）	横向五道用量（根）	重量合计（kg）
0.6m	0.6	5.8	2	2	2	2	2	3	2	2	2	2	2	2			47	235	617.8
连接杆	1	1.5						2									6	30	45
0.6m横杠	0.6	4.4													1		9	1	2.64
0.9m横杠	0.9	4.4			1		1		1	1	1				5	5	6	50	199
1.2m横杠	1.2	4.4		1					1	1	1	1					12	60	314.8
1.5m横杠	1.5	4.4	1		2		1	3					2				14	71	468.6
1.8m横杠	1.8	4.4	1	1	1			1				1	2	3	1	1	17	66	661.12
1.9m横杠	1.9	4.4					1	1									2	10	86.6
2.1m横杠	2.1	4.4		1	1	2		1		1			2		4	4	12	65	628.32
2.4m横杠	2.4	4.4						1		2							10	50	528
2.6m横杠	3	4.4						1									2	10	132
洞口勾头	1	0.45	1	1	2	0	1	1	2	3	1	1	0	0	0	0	26	130	244
阴角插销	1	0.3	1	1	2	0	1	1	2	3	1	1	0	0	0	0	26	130	54.6
勾头螺栓	1	0.4	1	1	2	0	1	1	2	3	1	1	0	0	0	0	26	130	52

图 5　材料用料表

（2）将材料现场对照墙号按数发放，核对无误后送至对应墙号的施工现场。

3）现场准备

（1）施工现场合理布置钢背楞材料堆放场地。

（2）楼层测量放线完成，复核无误。

4）施工机械准备

（1）合理配置木工加工机具、设备。

（2）对进场的所有设备进行全面的检修保养，保证设备的正常运行。

6. 材料管理

新型钢背楞与锥型套管组合模板体系材料参数，见表 1。

表1 新型钢背楞与锥型套管组合模板体系材料参数表

序号	模板	镜面多层板
1	背楞	4cm×6cm 方钢
2	横杠	标准化钢背楞
3	对拉体系	ϕ12 通丝螺杆
4	截面控制内撑	锥型套管

主要测量工具见表2。

表2 主要测量工具表

序号	名称	用途
1	力矩扳手	加固螺母扭矩检查测量
2	5m 钢卷尺	截面尺寸测量
3	水准仪	水平度测量
4	5m 靠尺	用于垂直度、平整度测量

7. 工艺流程

见图6。

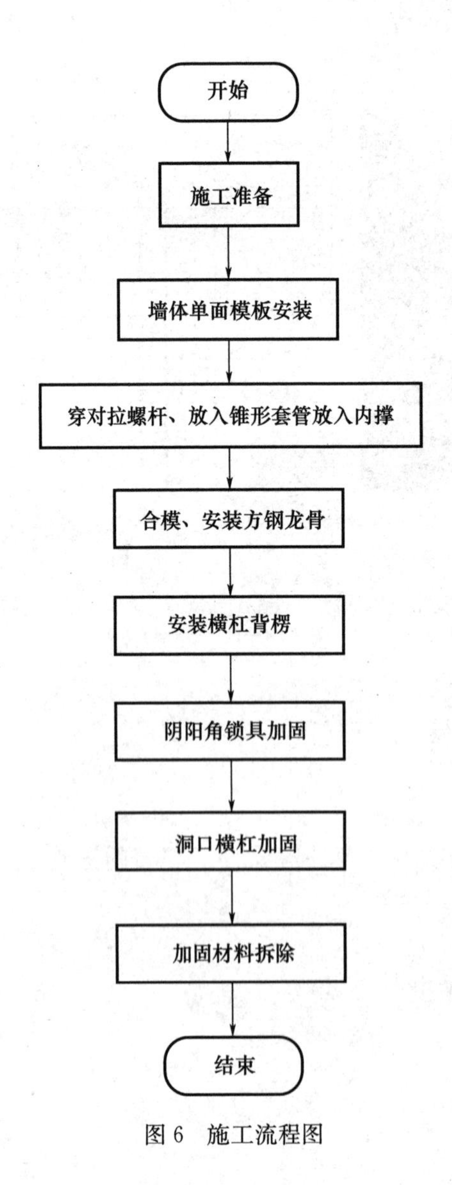

图6 施工流程图

8. 操作步骤

1）墙体单面模板安装

对已验收合格的墙柱进行单侧模板安装，墙模板采用13mm厚镜面多层板，模板拼缝处采用4cm×6cm方木连接固定，通过控制线调节模板位置，并在模板外侧设斜撑进行可靠支撑，避免模板倾覆。

2）穿对拉螺杆、放入锥型套管定位内撑

（1）对拉螺杆采用ϕ12通丝螺杆，竖向间距450mm（最大间距不应超过600mm），第一排对拉螺杆距模板边200mm，从模板一侧穿入对拉螺杆。

（2）将橡胶塞与锥形套管的小头进行连接，并套入螺杆上，采用可周转锥型套管与橡胶塞结合方式可增大内撑与墙模板的受力面，有效提高了墙面平整度的合格率，见图7～图8。

（3）外墙锥型套管大头应向外设置，可有效降低外墙渗漏隐患。

图7　锥型套管与橡胶塞进行拼装

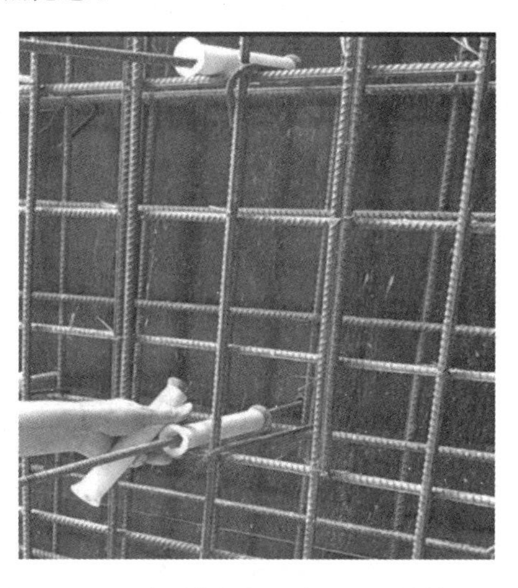

图8　穿对拉螺杆、放入锥型套管

3）合模、安装方管背楞

（1）模板外侧距地面600～800mm处钉100mm宽竹胶板带，与拼缝处的方木连接固定，便于方管安装，见图9～图10。

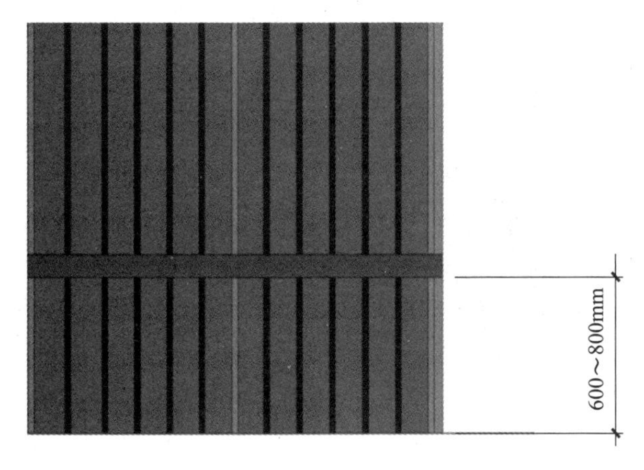

图9　竹胶板带与方木连接固定

图10　安装方管背楞

（2）双面合模后开始安装40mm×40mm方管背楞，方管背楞按照200mm的间距均匀布置；采用方管背楞避免传统方木材质软、易翘曲变形、背楞和方木接触不平、吃方木现象，提高模板整体刚度的同时，也提高了周转效率，节约木材。

4）横杠背楞安装

（1）钢背楞是由两根60mm×20mm内卷边C形冷弯型钢组装而成，壁厚2.75mm，重量轻（每米重量仅4.2kg，双钢管加固每米理论重量7.0kg），便于操作，加大与竖向背楞的受力面，克服自然涨模现象；横杠应自下而上安装，每道安装好后，适当紧固对拉螺栓螺母，待阴角锁具全部安装完成后统一对螺母进行紧固，相邻横杠的接头应相互错开布置，见图11～图12。

图11　墙体横杠

图12　横杠安装

（2）横杠背楞安装完成后采用U形直杠调节横杠长短保证横杠背楞的尺寸（伸缩长度0～150mm），U形直杠与横杠背楞采用插销从预留孔穿入连接固定，U形直杠处需由螺杆对拉加固，保证连接处龙骨的整体刚度，见图13～图14。

图13　U形直杠

图14　U形直杠安装

5）阴、阳角定型锁具安装

（1）阴角加固：阴角定型锁具由两根U形横杠90°焊接组成，用于阴角处水平方向加固；将阴角锁具套在两侧横杠上，十字环锁阴角木方，用插销将锁具和横杠进行连接并适当紧固螺栓。同时均匀紧固两侧的穿墙螺栓，使之受力均匀，保证角部方正，见图15～图16。

图 15　阴角定型锁具

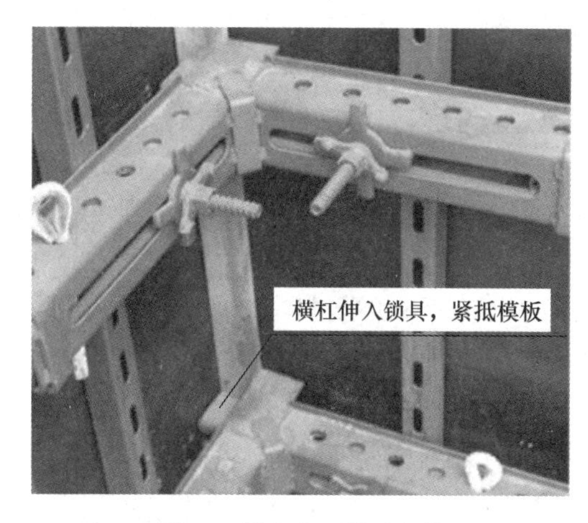

图 16　阴角定型锁具安装

（2）阳角加固：阳角定型锁具由 90°角铁焊接 U 形横杠预制孔位，均采取加固螺栓穿过阳角预制孔位，保证了阳角的 90°；将阳角锁具套在横杠端头并用插销连接，用螺杆从阳角两侧角铁预留孔洞中伸入并加垫片，两侧的螺栓同时紧固，使其受力均匀，阳角两侧横杠端头部位预留不小于 3cm 间隙，防止胀模，见图 17～图 18。

图 17　阴角定型锁具

图 18　阳角定型锁具安装

6）洞口横杠加固

拼装好横杠并紧固对拉螺栓后，开始洞口封边加固，用勾型螺栓钩住剪力墙横杠背楞定位孔，将洞口横杠背楞（定制洞口短背楞）用勾型螺栓拉紧，两边螺栓同时紧固，保证一条直线，避免洞口尺寸出现偏差，见图 19～图 20。

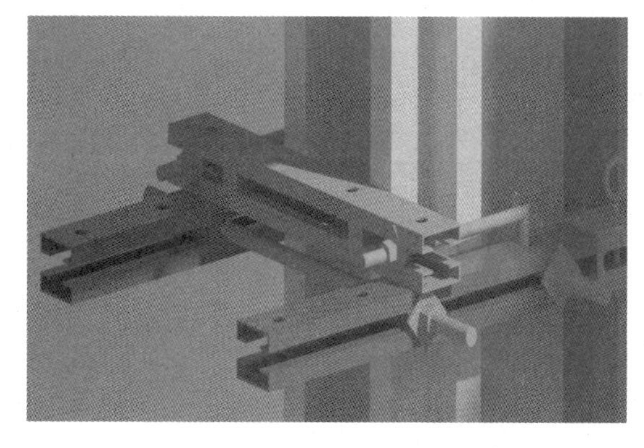

图 19　洞口横杠加固定型工具

图 20　洞口横杠加固

7）检查验收、浇筑混凝土

墙板加固完成后，对平整度、垂直度进行校验，对对拉螺栓紧固进行检查。浇筑混凝土时，派专人在浇筑过程中跟踪检查螺母的情况，如有松动应及时扭紧。

8）加固材料的拆除

在常温条件下，待剪力墙混凝土的强度达到 1N/mm^3 方可拆除模板，防止出现粘模及混凝土结构破坏的现象。

（1）拆除顺序：拆除洞口锁具—拆除阳角锁具—拆除阴角锁具—拆除横杠（由上至下）—锥型套管拆除。

（2）锥型套管拆除：模板拆除后，将小头的橡皮塞取出，采用特质定位内撑拆除器进行拆除，保证墙面无损坏，见图 21～图 22。

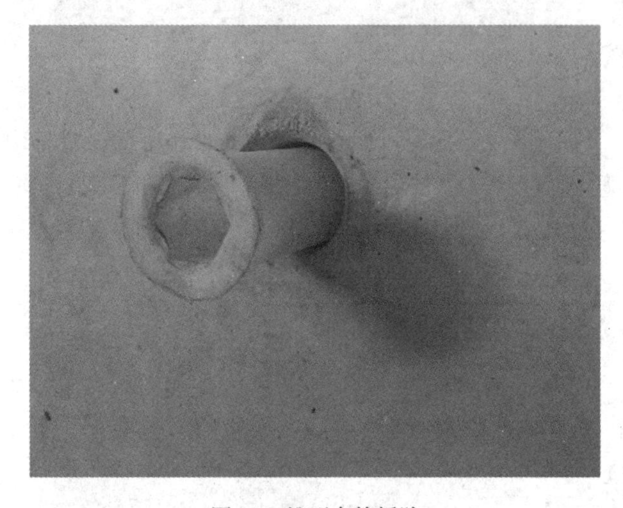

图 21　锥型套管拆除

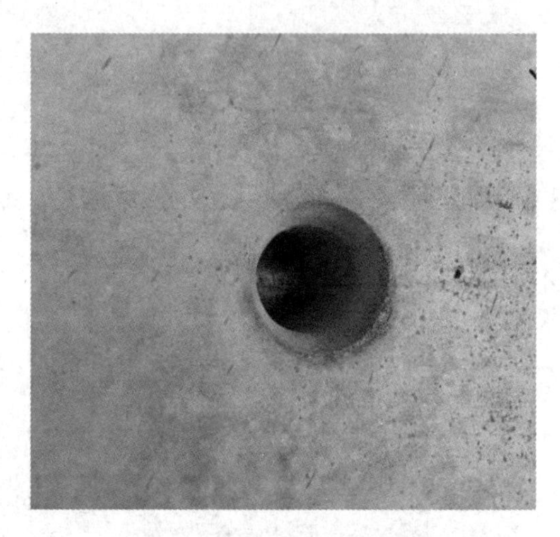

图 22　锥型套管拆除效果图

（3）模板加固材料的存放：拆除后的横杠及定型锁具材料按每道墙分类堆放，然后运往上一层对应的剪力墙安装施工；整栋楼施工完毕，材料拆除后整体分类堆放，做好防雨雪措施，再次周转使用。

9. 注意事项

（1）在施工前必须逐组进行安全技术交底，其交底内容针对性要强，并做好记录。

（2）加强雨季施工的防护措施，大风、大雨不得从事露天高空作业，施工人员应注意防滑、防雨、防火及用电防护，并做好相应的防护措施。

（3）拆除横杠时，应两至三人配合拆除，由高处传递下来，禁止高处抛下，以免产品损坏变形。

10. 主要相关建设标准

（1）《建筑施工安全技术统一规范》（GB 50870—2013）。

（2）《建筑施工安全检查标准》（JGJ 59—2011）。

11. 相关知识产权

省级工法：新型钢背楞与锥型套管组合加固墙模板施工工法，编号：SXSJGF2020-100。

钢筋桁架楼承板女儿墙施工工艺

1. 概述

针对主体结构类型为钢结构、女儿墙为混凝土结构的项目，钢结构安装不使用外脚手架，女儿墙外模板支撑困难。为解决以上问题，在保证安全性与使用功能的前提下，将原设计混凝土女儿墙优化为钢筋桁架楼承板女儿墙。该工艺操作简单，节省工期，保证施工质量，可提高装配率。

2. 关键词

女儿墙、楼承板、钢筋桁架。

3. 适用范围

该工艺适用于主体为钢结构，无外墙节点，且女儿墙为混凝土的结构。

4. 创新点

（1）该工艺所用材料通过工厂化加工，效率高、质量稳定。

（2）钢筋桁架楼承板通过镀锌钢板与桁架钢筋连接，组合受力，整体形成组合板，保证女儿墙在混凝土浇注过程中所需的刚度。

（3）在女儿墙顶部与底部采用 50mm×50mm×5mm 角钢通长焊接固定，竖向角钢采用 50mm×50mm×5mm，间距为 2m，保证混凝土浇筑时的平整度与垂直度。

5. 施工准备

1）技术准备

优化施工方案，绘制平面布置详图，受力计算合格后选用楼承板及桁架钢筋材料规格，确定桁架钢筋的位置及安装间距，见图 1。

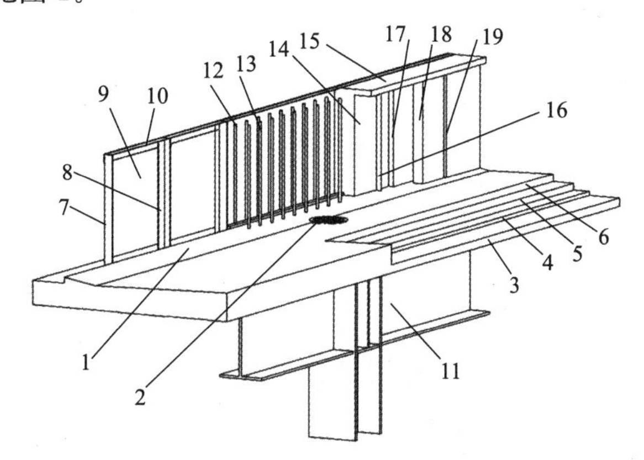

图 1　楼承板女儿墙结构示意图

1—斜屋面；2—雨水斗；3—屋面钢筋混凝土层；4—屋面防水层；5—屋面保温层；6—素混凝土层；7—第一角钢；8—第二角钢；9—楼承板；10—第三角钢；11—钢梁；12—外连接钢筋；13—内连接钢筋；14—钢筋混凝土墙体；15—混凝土压顶；16—墙体防水层；17—墙体保温层；18—砖墙；19—水泥砂浆层

2）物资准备

见表1。

表1 物资计划表

序号	材料名称	规格
1	封边角钢	50mm×50mm×5mm
2	镀锌钢板	0.5mm
3	下弦钢筋	ϕ10
4	上弦钢筋	ϕ10
5	燕尾丝	3mm×12mm
6	通丝螺杆	300mm×14mm
7	木模板	915mm×1830mm×15mm
8	方木	60mm×40mm×3m
9	钢管	2.5mm×48mm
10	柔性密封材料	/

3）现场准备

在施工前必须保证周边作业环境安全，临边防护完善，且主体钢结构安装完成。

6. 材料管理

（1）材料进场，要摆放整齐，挂好标识牌，专料专用，不能乱用，所有进场材料要有材料合格证。

（2）钢筋桁架楼承板应根据图纸安装的顺序，分板块成套摆放。

（3）楼承板存放场地应平整坚实，无积水。楼承板应按类、型号、安装顺序分区存放，楼承板底层垫枕应有足够的支承面，防止支点下沉。相同型号的楼承板叠放时，各层楼承板的支点应在同一垂直线上，防止构件被压坏和变形。

7. 工艺流程

见图2。

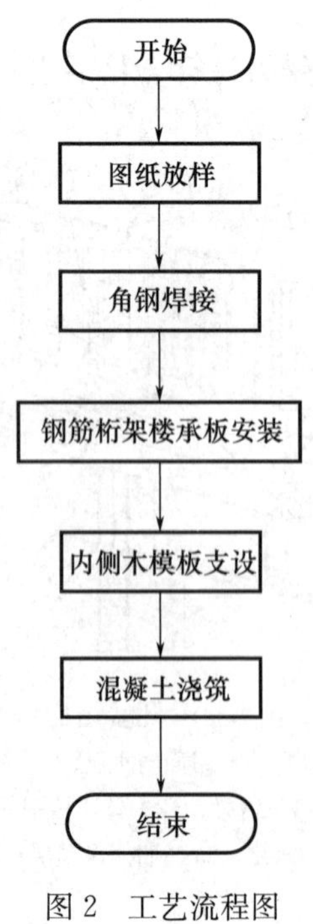

图2 工艺流程图

8. 操作步骤

第一步：图纸放样。为保证施工质量，钢筋桁架楼承板宽度设计为 590mm。

第二步：角钢焊接。将 50mm×50mm×5mm 角钢焊接于结构顶板楼承板封边板上，用线绳保证角钢顺直，焊接部位应经过防锈处理，完成后垂直度控制在 5mm 内，见图 3。

图 3 封边角钢焊接

第三步：楼承板安装。按照施工图纸排列顺序，将钢筋桁架楼承板用燕尾丝固定于角钢上，桁架楼承板搭接长度为 10mm，燕尾丝间距不宜大于 300mm，保证丝扣不外漏，桁架楼承板间缝隙用柔性材料填塞，见图 4。

图 4 钢筋桁架楼承板安装固定

第四步：内侧木模板支设。内侧模板采用 13mm 厚多层板，钢筋绑扎完成后根据排板图在桁架楼承板相应位置焊接螺杆，并开螺杆孔，螺杆焊接完成后安装模板并加固，校准垂直度与平整度，见图 5。

图 5　螺杆焊接及内侧木模板加固

9. 注意事项

（1）角钢冬季施工严格依据有关钢结构冬季施工规定执行，如出现负温天气，应采用搭设保温棚进行温度调节，保证焊接质量要求。

（2）楼承板正温制作，负温安装时，应根据环境温度的差异考虑构件收缩量，并在施工中采取调整偏差的技术措施。

（3）参加负温施工的电焊工应经过负温焊接工艺培训，考试合格，并取得相应的合格证书；负温下使用的钢材及有关连接材料须附质量证明证书，性能符合设计和产品标准的要求；负温下使用的焊条外露不得超过 2 小时，超过 2 小时应重新烘焙，焊条烘焙次数不超过 3 次。

（4）角钢下料时，应预留收缩余量，焊接收缩量和压缩变形量应与钢材在负温下产生的收缩变形量相协调。

10. 主要相关建设标准

（1）《钢结构设计标准》（GB 50017—2017）。

（2）《钢结构工程施工质量验收标准》（GB 50205—2020）。

（3）《钢结构焊接规范》（GB 50661—2011）。

（4）《钢结构制作与安装规程》（DG/TJ 08-216—2016）。

（5）《钢结构工程施工规范》（GB 50755—2012）。

（6）《建筑工程施工质量验收统一标准》（GB 50300—2013）。

（7）《压型金属板工程应用技术规范》（GB 50896—2013）。

11. 相关知识产权

实用新型专利：“一种楼承板女儿墙”，专利号：201920723060.4。

楼梯粉刷一次成优施工工艺

1. 概述

随着我国城市化建设不断推进，小高层、高层建筑不断增加，水泥砂浆粉刷楼梯使用广泛，但采用传统施工工艺粉刷的楼梯在使用过程中易出现不同程度的踏步防滑钢筋脱落、踏步阳角损坏、踢脚线出墙厚度不一致、滴水线不顺直等质量缺陷。为解决以上问题，采用自主加工并可周转使用的定型化钢模具，在楼梯粉刷面层二次压光后压制防滑槽代替传统的钢筋防滑条施工工艺，踏步阳角使用铜条进行加固，并在踢脚线、滴水线粉刷时用黑色 PVC 塑料条进行收口，整体美观大方、坚固耐用，滴水线粉刷实行“2＋1＋2”标准。该工艺施工简便、可操作性强，有效提升楼梯粉刷质量，具有良好的应用价值。

2. 关键词

定型化模具、PVC 收条、滴水线粉刷。

3. 适用范围

本工艺适用于采用水泥砂浆粉刷楼梯的工程。

4. 创新点

可周转使用的定型化钢模具，代替了钢筋防滑条施工工艺，减少了钢材的使用，降低施工难度，并通过铜条对踏步阳角进行加固，降低了工人踏步阳角收头工艺难度。通过各方面工艺改进，提升了楼梯整体施工质量，延长了使用年限，提升了住户的居住质量和满意度。

5. 施工准备

1）技术准备

（1）防滑槽模具设计

依据楼梯设计图纸，深化设计定型模具加工尺寸。确定选用 80mm×50mm 铝合金钢管作为主要载体，采用 2 根 5mm×5mm 的钢条居中锚固在钢管宽面，钢条长度小于钢管长度 14cm（两侧各留 7cm），两钢条净距为 20mm，第一道防滑条距离踏步边线为 30mm。把手和定位角铁按使用舒适尺寸定位、锚固，见图 1。

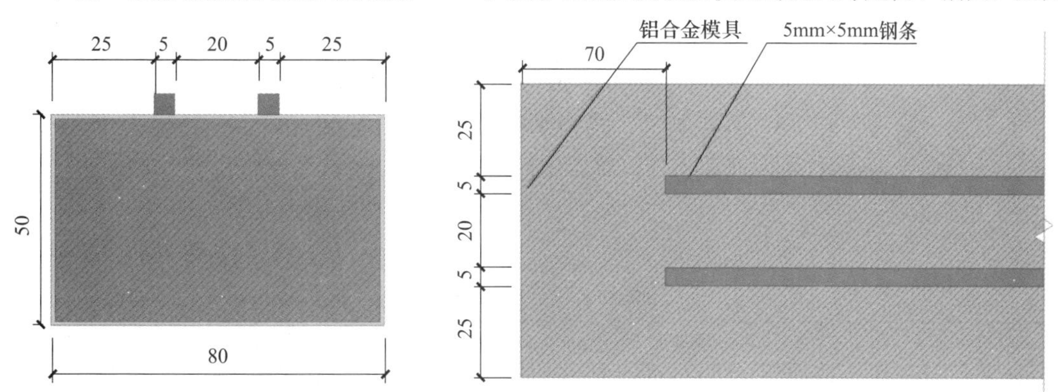

图 1　防滑槽模具安装示意图（单位：mm）

（2）滴水线深化设计

制定“2+1+2”滴水线粉刷标准。具体如下：将宽为1cm的U形PVC塑料条距梯板侧面2cm处进行粘贴，在U形PVC分隔条另一边2cm处粘贴L形PCV塑料条，分隔条在转角处切45°角后拼接，见图2。

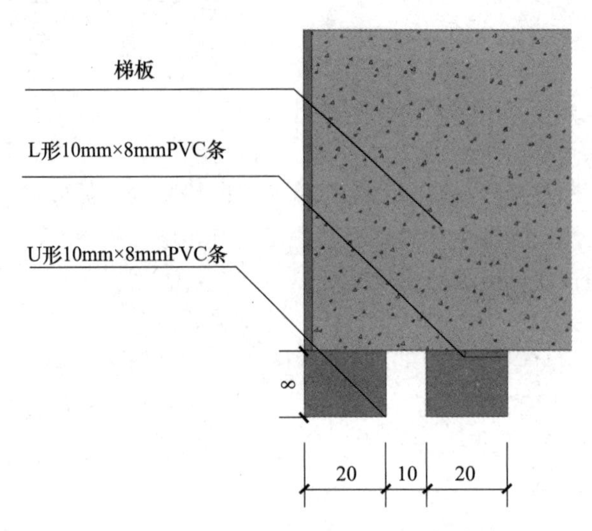

图2　分隔条定位示意图（单位：mm）

2）物资准备

（1）材料准备

普通硅酸盐水泥（强度等级不低于32.5）、中粗砂、铜条、PVC塑料条、钢条、定位角铁、聚乙烯醇、界面剂。

（2）防滑槽模具制作

依据深化设计图要求，准备模具制作组件，其中钢管壁厚不小于2mm，表面平整无凹陷，端口裁切平整无毛刺。钢条应顺直，无弯曲。各组件安装应牢固，无松动，见图3。

图3　防滑槽模具组件及模具实体图

3）现场准备

休息平台及墙面已弹好+50cm控制线，踢脚线粉刷准备工作已完成，墙面粉刷至50线下40cm停止，弹踢脚线上口控制线（50线下38cm），然后用靠尺沿控制线裁切平齐。

4）施工机具准备

见表1。

表1　工具设备应用表

序号	名称	规格	单位
1	薄壁钢管	90mm×50mm×2mm	个
2	钢条	5mm×5mm	根

续表

序号	名称	规格	单位
3	把手	/	个
4	定位角铁	40mm×40mm	根
5	自攻丝	/	个
6	红外线投线仪	/	台
7	墨斗	/	个
8	扫帚	/	把
9	扁铲	/	把
10	铅笔	/	根
11	钢卷尺	5m	把
12	手 钻	/	台

6. 材料管理

见表2。

表2　材料管理应用表

序号	材料名称	规格
1	普通硅酸盐水泥	32.5
2	中粗砂	级配良好
3	聚乙烯醇	/
4	界面剂	/
5	水泥	尧柏
6	U形 PVC 塑料条	10mm×8mm
7	L形 PVC 塑料条	10mm×8mm
8	铜条	3mm×20mm

7. 工艺流程

见图4。

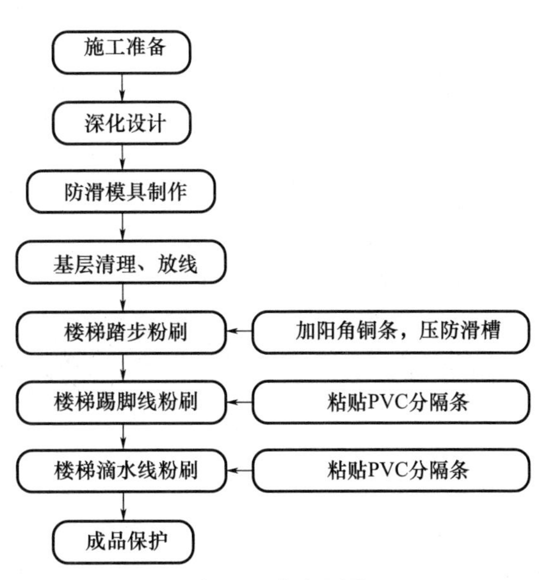

图4　工艺流程图

8. 操作步骤

1）基层清理、放线

使用扁铲和扫帚将楼梯面层全数清理，对质量缺陷处进行錾除和修补。根据建筑 50cm 线确定休息平台、踏步面和踢脚线粉刷成活高度，并对楼梯间方正度进行复核，确保踢脚线出墙厚度一致，见图 5～图 6。

图 5　基层清理

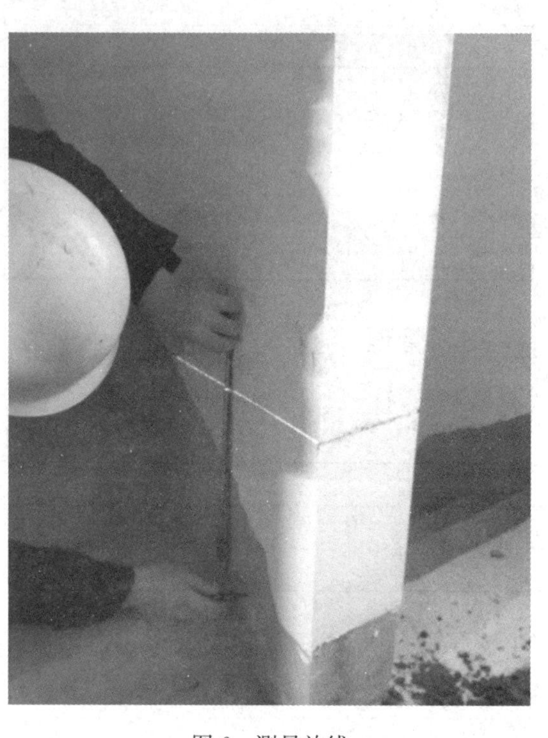

图 6　测量放线

2）楼梯踏步粉刷

（1）在基层表面刷涂由聚乙烯醇和界面剂混合液调配的素水泥浆一道，并随刷随铺设基层水泥砂浆，见图 7。

图 7　基层刷素水泥浆

（2）施工楼梯梯段面层时，先粉刷踏步立面面层至成活标高，然后摊铺踏步平面首层砂浆，并在阳角处制作出斜向下 45°铜条（3mm×20mm）贴合面，嵌入铜条，然后摊铺面层砂浆。铜条外露部分上平即为踏步成活标高，见图 8。

图 8　压入铜条

(3) 用木抹从左到右均匀抹压面层砂浆，保证密实，然后用刮杆刮平并使用红外线复查平整度。

(4) 均匀撒 1∶1 干水泥砂混合物于面层上，并用铁抹子进行第一遍压光，压光时方向应一致。待水泥砂浆初凝后进行第二遍压光。

(5) 第二遍收光完成后将塑料薄膜铺在踏步外沿处，将压槽模具定位角铁紧靠踏步立面，垂直轻压，直至完全贴合，见图 9～图 10。

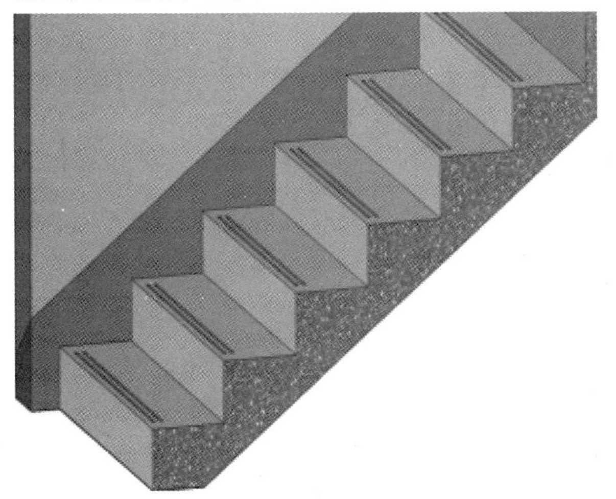

图 9　踏步防滑槽示意图

图 10　用模具压制防滑槽

(6) 在水泥砂浆终凝前完成第三遍压光收面，见图 11～图 14。

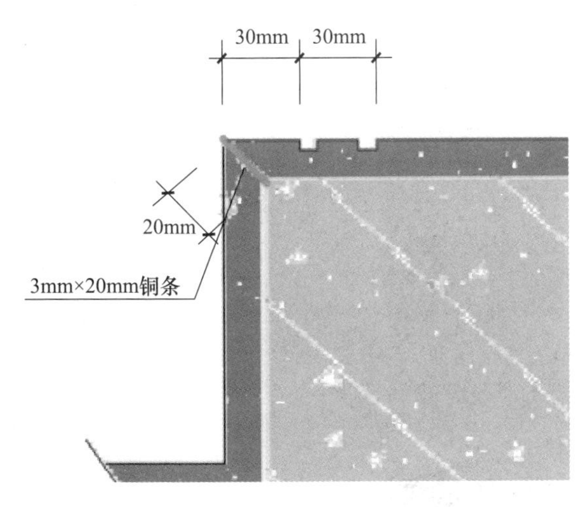

图 11　踏步阳角铜条安装示意图

图 12　踏步阳角铜条安装实例

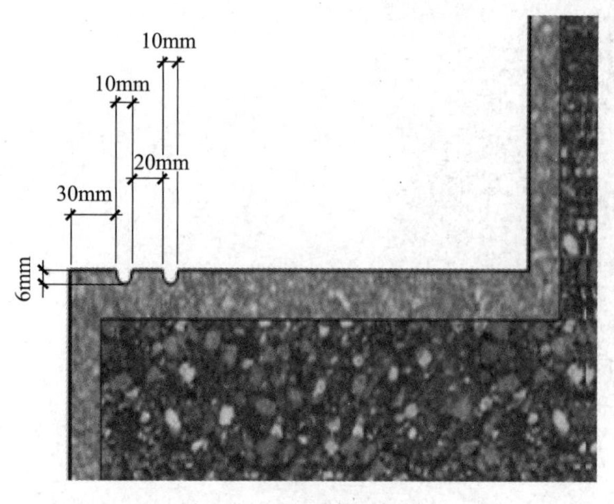

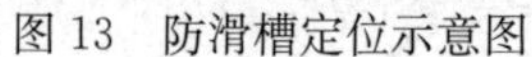
图 13　防滑槽定位示意图

图 14　楼梯踏步防滑槽实例

3）楼梯踢脚线粉刷

（1）依据踢脚线上口控制墨线，用水泥胶浆将 L 形 PVC 塑料条以短边朝外、长边向下的方式粘贴在墨线下方。踢脚线出墙厚度控制在 8mm，高度为成活地面以上 120mm，分隔条在转角处 45°切角后拼接，最后用线绳检查塑料分隔条的平整度和顺直度，见图 15～图 16。

（2）塑料分隔条贴好后，基层刮黏合剂一道。黏合剂干燥前抹面层砂浆，面层砂浆成活面与分隔条短边端面平齐。砂浆面层先用木抹搓平，并在砂浆初凝前用铁抹压光，见图 17。

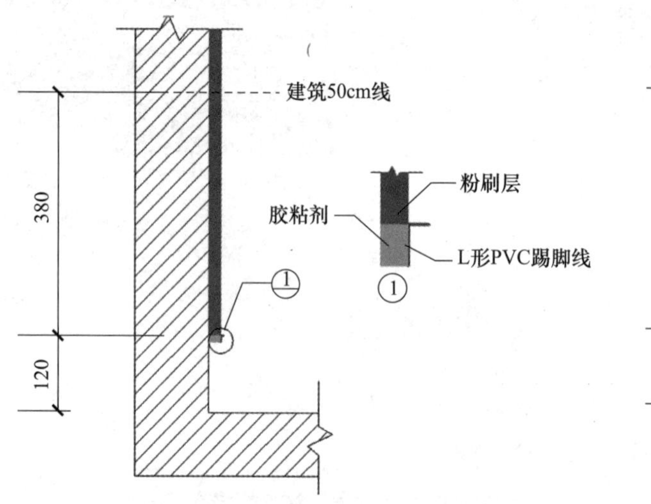

图 15　粘贴 L 形 PVC 分割条示意（单位：mm）

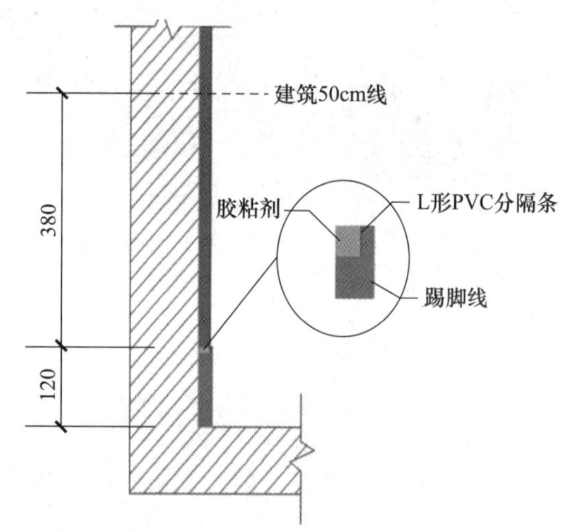

图 16　踢脚线面层粉刷示意图（单位：mm）

图 17　踢脚线成活实例图

4）楼梯滴水线粉刷（针对“之”字形楼梯）

（1）在楼梯梯板及休息平台下根据“2+1+2”的标准弹出控制墨线，并用素水泥将L形PVC分隔条和U形PVC分隔条沿墨线粘贴。粘贴时拉线绳检查，以控制滴水线出板厚度及上平高度，滴水线厚度控制在8mm。

（2）在滴水线范围内均匀涂刷黏合剂一道，在黏合剂干燥前抹面层砂浆。面层砂浆应先用木抹搓平，待砂浆初凝前用铁抹压光。压光时应方向一致，确保颜色、纹理均匀，见图18。

图18　滴水线粉刷样板

9. 注意事项

（1）楼梯粉刷施工完成后1周内禁止人员进入。

（2）楼梯粉刷施工完成后用棉毡进行覆盖，并洒水养护1周。

10. 主要相关建设标准

（1）《建筑装饰装修工程质量验收标准》（GB 50210—2018）。

（2）《建筑设计防火规范》（GB 50016—2014）。

（3）《预拌砂浆》（GB/T 25181—2019）。

11. 相关知识产权

省级工法：楼梯粉刷一次成优施工工法，工法编号：SXSJGF2017-093。

高空型钢悬挑模架支撑施工工艺

1. 概述

本工艺为高空型钢悬挑模架支撑体系，主要解决一些高空大跨度悬挑结构的施工技术难题。通过采用不同规格的型钢按照一定的设计构造，使其成稳定的、受力合理的单榀三角桁架，经过吊装拼接，形成跨度长、承重大的悬挑模架支撑平台，提高质量工效，保障施工安全。

2. 关键词

高空大跨度悬挑结构、型钢悬挑、“Y”字形斜撑。

3. 适用范围（适用场景）

本工艺适用于悬挑结构下方需同步穿插作业，且结构悬挑高度大于10m或二层及以上结构施工。

4. 施工准备

1）技术准备

施工前，熟悉设计图纸及相关技术规范，结合结构设计特点，初步设计悬挑模架示意图，并要求结构深化设计师进行项目内部技术讨论，选定相应材料和结构技术参数，运用PKPM钢结构设计软件进行受力验算，通过后编制专项施工方案。

组织相关专业施工人员（特殊工种）进行安全技术交底；电焊工必须持证上岗，必要时采取技能工考核认证。

2）物资准备

按照设计及施工方案，采购或租赁相应数量和规格的材料，以满足现场施工需要。

3）现场准备

根据施工进度，提前策划二次制作时加工与堆放场地的布置，待具备条件后及时组织材料和队伍进场。

4）施工机具准备

（1）起重机械设备：塔吊、汽车吊。

（2）电焊机、二保焊等。

5）试验准备

（1）对型钢原材进行抽样检验试验。

（2）对焊接作业的型钢进行焊缝探伤检测，确保符合质量要求。

（3）及时组织相关人员对支撑体系进行预压检查。

6）作业条件准备

（1）作业环境满足现场电焊施工。无不良天气或易燃易爆等危险品存在。

（2）操作应穿工作服、绝缘鞋，戴电焊手套、防护面罩等安全防护用品。

（3）作业现场必须设有消防设备，并办理三级动火令等审批手续。

5. 材料管理

见表1。

（1）钢材选用 Q235B 钢，其屈服强度 $f_y \geqslant 235N/m^2$。钢材的抗拉强度实测值与屈服强度实测值的比值不应大于 1.2；钢材应有明显的屈服台阶，且伸长率应大于 20%；钢材应有良好的可焊性和合格的冲击韧性；钢材的化学成分和力学性能应符合《低合金高强度结构钢》（GB/T 1591）及有关标准的要求，对焊接工程应具有含碳量的合格保证。

（2）焊材：E43 型焊条用于 Q235 钢，应符合《非合金钢及细晶粒钢焊条》（GB/T 5117）的规定；选择的焊条型号应与主体金属强度相匹配。

表 1　材料应用表

序号	材料名称	技术参数、规格要求
1	钢横梁（平直段处）：H 型钢	150mm×150mm×7mm×10mm
2	钢横梁（阴阳角处）：H 型钢	200mm×200mm×8mm×12mm
3	斜撑：H 型钢	150mm×150mm×7mm×10mm
4	钢联梁：工字钢	140mm×80mm×5.5mm
5	斜腹杆：14b 槽钢	140mm×60mm×8mm
6	预埋钢板 1	350mm×350mm×20mm
7	预埋钢板 2	300mm×300mm×20mm

6. 工艺流程

见图 1。

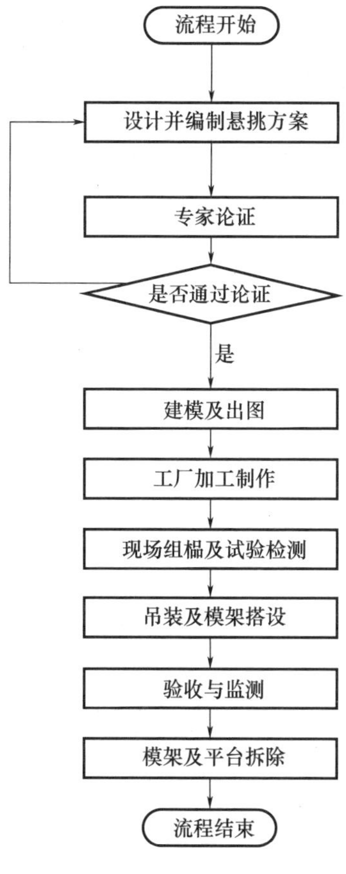

图 1　工艺流程图

7. 操作步骤

第一步：设计并编制悬挑方案，见图 2～图 5。

根据结构设计图纸，首先绘制出模板支撑的排架图，并确定型钢悬挑梁间距。遇到框架梁可适当调整水平位置，使型钢悬挑梁距其底部，确保支撑体系受力合理。

编制作业指导书和方案交底，并向作业人员进行安全技术交底。

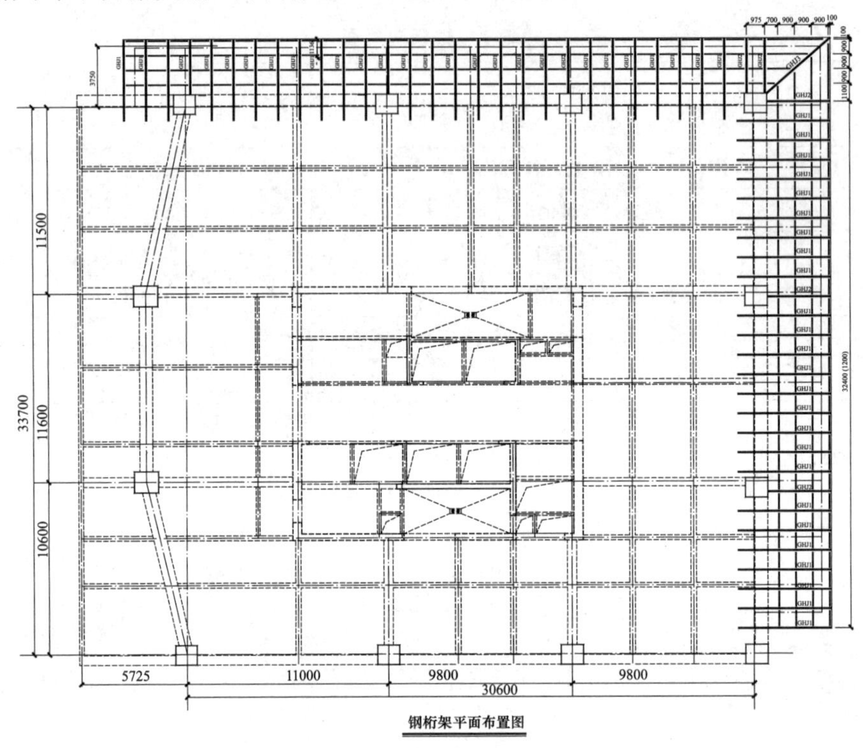

图 2　悬挑钢梁平面排版图（单位：mm）

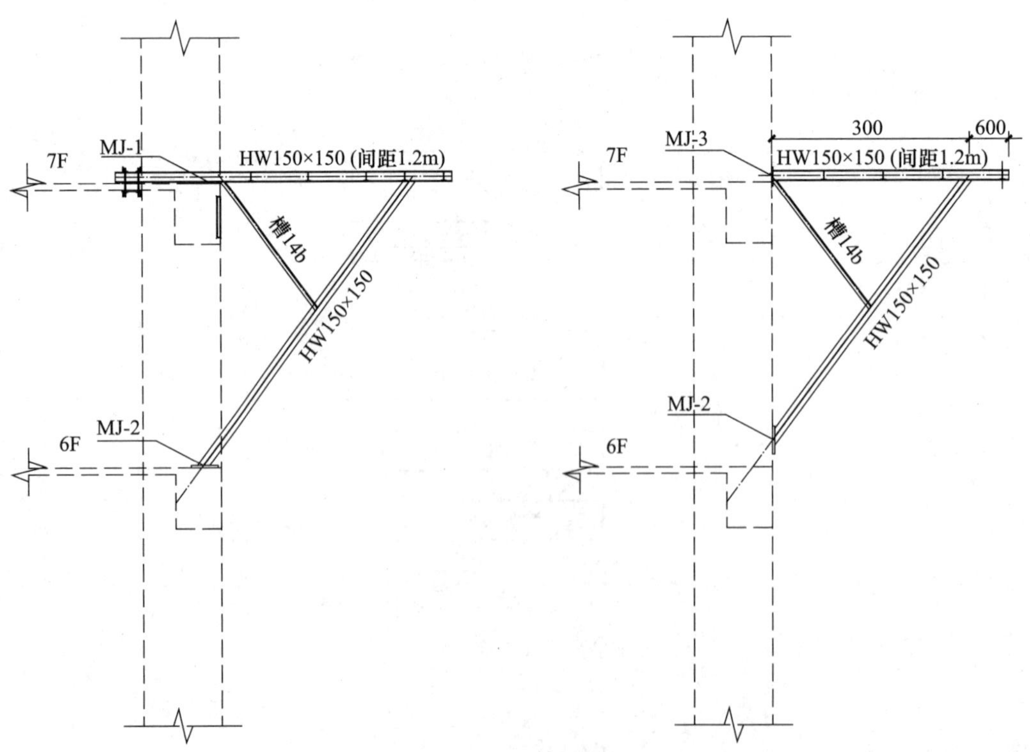

图 3　悬挑钢梁安装加固图（单位：mm）

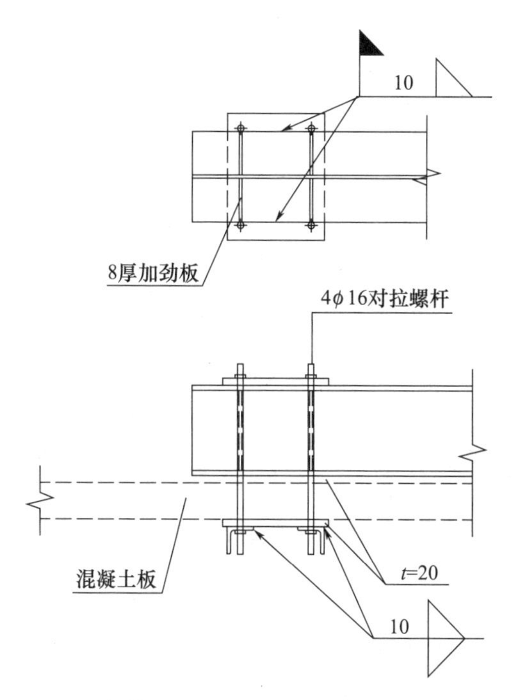

图 4　钢横梁与结构连接示意（单位：mm）

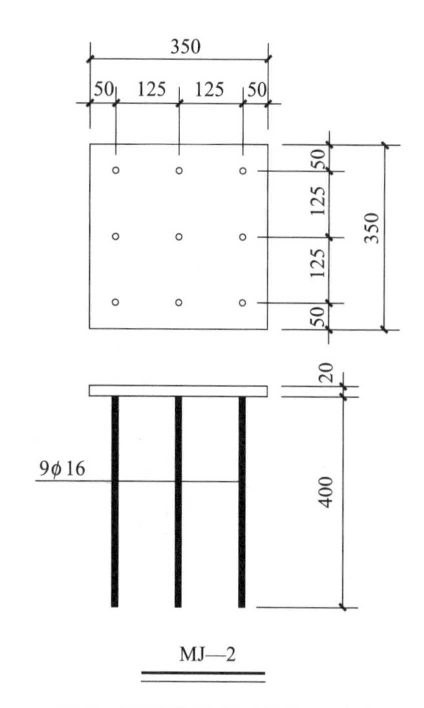

图 5　预埋件示意（单位：mm）

第二步：专家论证。

邀请相关领域专家及设计院结构工程师对方案进行论证，结合专家意见完善方案内容并做好安全技术保证措施，见图 6～图 7。

图 6　专家论证

图 7　现场查看注意事项

第三步：建模及下料。

运用 Tekla 软件根据排架图建立 BIM 三维模型，并自动生成设计图纸，便于精准下料，制作钢横梁、钢联梁、斜腹杆、斜撑等半成品材料，见图 8。

第四步：预埋件安装。

在施工至结构悬挑层下 3 层主体时，预埋“Y”字形斜撑地脚钢板；在施工至结构悬挑层下 2 层时，预埋钢横梁锚固端钢板和高强螺杆（穿 PVC 管保护），见图 9～图 10。

第五步：工厂内加工、制作。

根据模型设计图纸，先将结构主体平直段的所有钢平台及“Y”字斜撑加工制作完成，其中钢平台由 2 根型钢与两者之间的 4 根工字钢组焊，“Y”字形斜撑由两根型钢组焊。其他构件如阴阳角处的钢横梁、斜撑及部分钢联梁等运至现场进行二次组榀，见图 11～图 12。

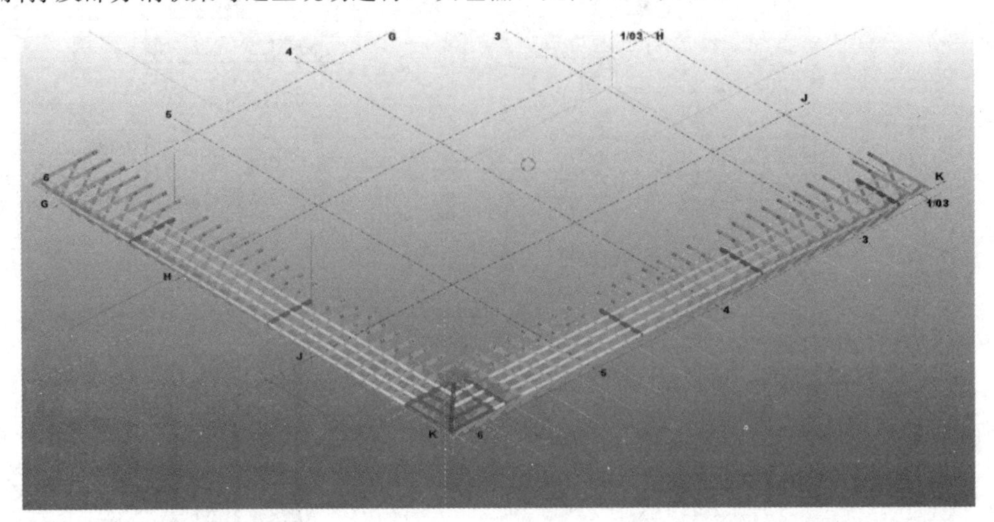

图 8　Tekla 建模

图 9　预埋件安装

图 10　锚固端预埋高强螺杆

图 11　原材工厂加工

图 12　钢平台工厂制作

第六步：现场组榀及焊缝探伤。

将进入施工现场的钢平台与“Y”字形斜撑进行二次拼接组榀，加工制成双榀型钢悬挑支撑平台，完成后进行探伤检测，合格后标记及吊装，见图 13～图 14。

图 13　钢平台的二次组拼

图 14　焊缝探伤

第七步：钢平台吊装与模架搭设。

吊装前采用 BIM 软件找出平台质心，吊装时采用吊带对成型后的钢平台进行捆绑吊装，并依次安装到位。

吊装时，利用激光投线仪对安装高度进行精平调整，然后分别对钢横梁锚固端进行焊接和螺栓连接，最后解绳进行下一吊装，直至所有钢平台完成吊装，见图 15～图 16。阴阳角悬挑支撑应放至最后单榀吊装。

图 15　悬挑钢梁吊装

图 16　悬挑钢梁焊接安装

用钢联梁将所有吊装完成的钢平台依次焊接连接，形成整体支撑平台，见图 17～图 18。

图 17　钢联梁制作

图 18　钢联梁连接

模架搭设前，对钢平台进行水平安全防护。搭设时模架底座采用顶托倒扣至钢横梁上，形成卡箍，然后按照盘扣式钢管脚手架操作规范要求进行后续搭设施工，完成高空型钢悬挑模架支撑的施工，见图 19～图 20。

图 19　锚固端螺栓连接

图 20　满堂架底部支设

第八步：验收与监测。

型钢悬挑支撑平台吊装及焊接完成后，进行作业面的焊缝探伤，确保符合一级焊缝质量要求，见图 21。

模架搭设前，对型钢悬挑支撑平台进行首次沉降观测，并在后续施工时每搭设一层监测一次沉降变形情况，见图 22。在模板铺设、钢筋绑扎前后均进行一次观测，混凝土浇筑时全程监测，确保沉降量符合施工方案要求。合格标准：沉降量≤5mm。

图 21　作业面焊缝探伤

图 22　沉降变形观测

第九步：模架及平台拆除。

当混凝土达到设计强度后方可逐步进行模架和悬挑平台的拆除：逐层拆除平台上部模架，设施料由室内电梯转运下楼。采用气割拆除“Y”字形斜撑底部与预埋件焊接部位，并拆除悬挑平台内端部对拉螺杆。

借助塔吊（或汽车吊）采用吊带捆绑悬挑平台外端部（设吊环），然后气割拆除平台层根部与主体预埋件焊接部位。待拆除所有与主体预埋件相连节点后，利用牵引绳系住平台内端调整平衡，待吊物稳定后吊运至地面，直至完成所有平台的拆除工作，见图 23～图 24。

图 23　拆除前安全技术交底

图 24　吊卸钢平台

8. 主要相关建设标准

1）主要标准、规范、图集

（1）《建筑结构荷载规范》（GB 50009—2012）。

（2）《钢结构设计标准》（GB 50017—2017）。

（3）《混凝土结构设计规范》（GB 50010—2010）。

（4）《建筑结构可靠性设计统一标准》（GB 50068—2018）。

（5）《钢结构高强度螺栓连接技术规程》（JGJ 82—2011）。

（6）《钢结构焊接规范》（GB 50661—2011）。

（7）《建筑机械使用安全技术规程》（JGJ 33—2012）。

（8）《钢结构工程施工质量验收标准》（GB 50205—2020）。

（9）《施工现场临时用电安全技术规范（附条文说明）》（JGJ 46—2005）。

2）主要强制性条文

（1）钢结构焊接工程用钢材及焊接材料应符合设计文件的要求，并应具有钢厂和焊接材料厂出具的产品质量证明书或检验报告，其化学成分、力学性能和其他质量要求应符合国家现行有关标准的规定。

（2）承受动载需经疲劳验收时，严禁使用塞焊、槽焊、电渣焊和气电立焊接头。

（3）施工单位首次采用的钢材、焊接材料、焊接方法、接头形式、焊接位置、焊后热处理制度以及焊接工艺参数、预热和后热措施等各种参数的组合条件，应在钢结构构件制作及安装施工之前进行焊接工艺评定。

9. 相关知识产权

（1）实用新型专利："一种高空型钢悬挑模架支撑平台"，专利号：ZL202221719822.1。

（2）企业级工法：高空型钢悬挑模架支撑施工工法，工法编号：SWJQB-GF-202213。

（3）论文：《高空大跨度悬挑模架支撑体系设计研究》，《家园・建筑与设计》2022 年 7 期。

（4）论文：《高空大悬挑架构的模架设计与施工》，《中国建筑业（年鉴）》2022 年 24 期。

老旧小区外墙水平线条施工工艺

1. 概述

为解决外墙线条积水渗漏质量通病问题，在老旧小区改造项目中，探讨解决住宅外墙线条渗漏水的原因，结合设计计算及施工关键控制点，深化施工工艺流程及加强技术措施，研制新型自排水菱形线条，将多道工序在工厂一次预制成型，降低现场施工难度。有效解决外墙水平线条渗漏问题，避免外墙线条顶部二次找坡及滴水线粘贴，节约成本的同时，提高施工质量。

2. 关键词

外墙防渗漏、集成化加工。

3. 适用范围

适用于老旧小区改造外墙水平非承重装饰线条的施工。

4. 创新点

为解决老旧小区改造项目外墙水平装饰线条积水导致外墙渗漏问题，将原有外墙保温水平装饰线条（截面尺寸为：100mm×100mm），通过建模与实践结合，深化设计，研发新型自排水菱形线条，截面尺寸为：1200mm×170mm×80mm，顶部及底部带11%坡度。同时，优化线条固定方式，从根本上解决外墙水平装饰线条积水问题，避免线条下部滴水不到位造成返水而引起外墙的渗漏，见图1～图2。

本工艺改变老旧小区改造项目原设计传统线条结构形式，进行二次线条深化设计，构件采用工厂定型化批量生产，规格统一，施工便捷，减少二次抹面工序，节能减排，提高施工效率，成型效果好。

本工艺具有优化工期、减少施工难度、操作简单、工艺集成、一次成型的特点。

图1　原线条设计形式

图2　实际原线条施工样式

首次设计线条顶部坡度为4°，线条里外高差7mm，理论上满足普通面层排水坡度要求，但由于保温线条厂家加工的误差性，不可避免地使实际加工的线条坡度未达到预期值，实际测试排水效率不足。通过5次样品加工以及现场放样比对，最终确定线条顶部坡度为11°，里外高差20mm，满足现场排水需要，见图3～图6。

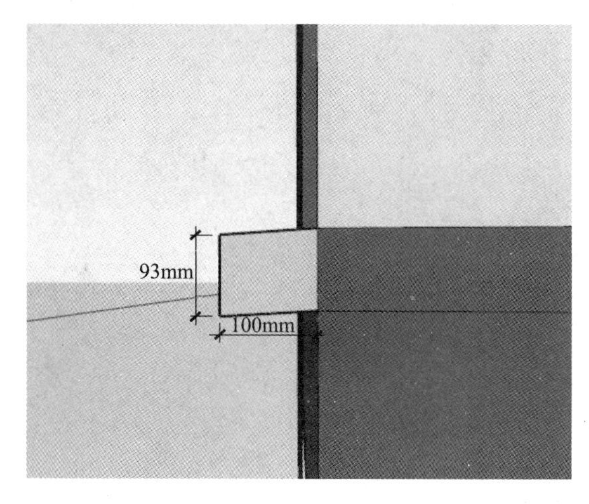

图3　首次线条设计样式

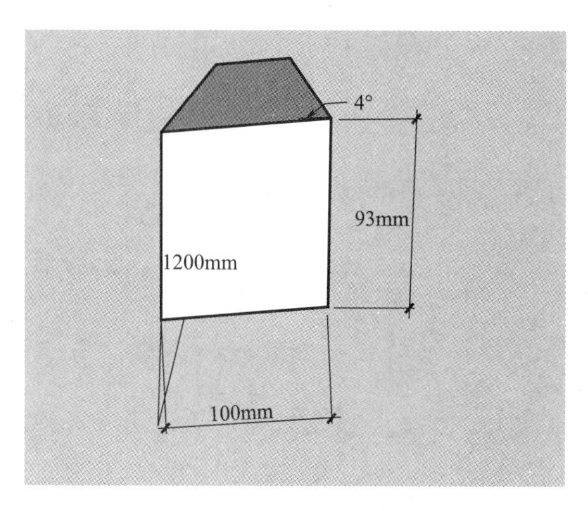

图4　首次线条设计详图

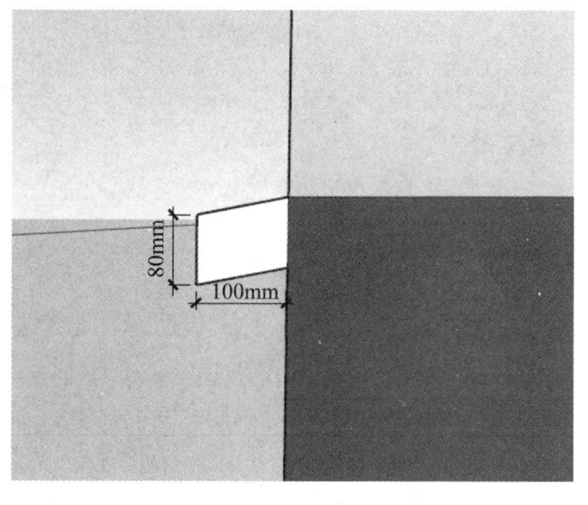

图5　二次线条设计样式

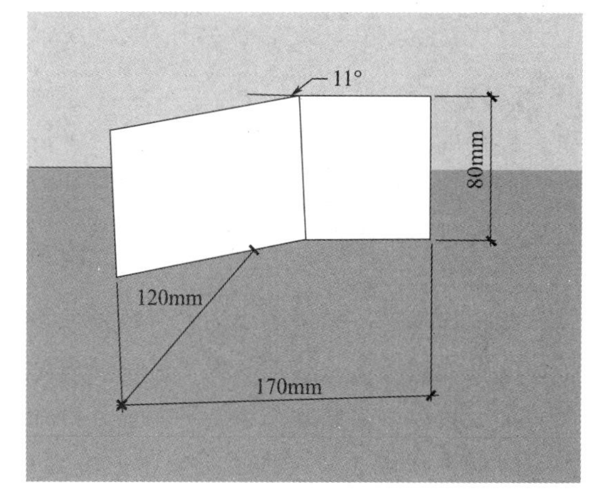

图6　二次线条设计详图

5. 施工准备

1）技术准备

（1）配备经验丰富的作业人员，材料按计划提前进场，施工机具、用具配备齐全有效。

（2）在线条结构施工前，组织管理人员、操作人员学习自排式保温线条结构的施工工艺、施工重点、难点以及施工质量等技术，确保现场施工质量。

（3）开工前应根据施工图纸及现场情况，确定加工数量，做好加工和安装方案策划。

2）线条结构设计

（1）根据设计图纸与厂家沟通，优化线条结构，对比方案，确定线条形式。

（2）外墙保温线条与滴水线加工尺寸要充分考虑结构施工、线条加工以及安装等偏差积累、拼接缝宽度等因素影响，应适当考虑一定的加工坡度预留量。经现场样板施工效果，确定最终线条加工坡度，图7保温装饰线条3的顶面与保温板2的外侧面之间的钝角夹角为97°～103°；保温装饰线条3的底面与保温板 2 的外侧面之间的锐角夹角为 77°～83°。

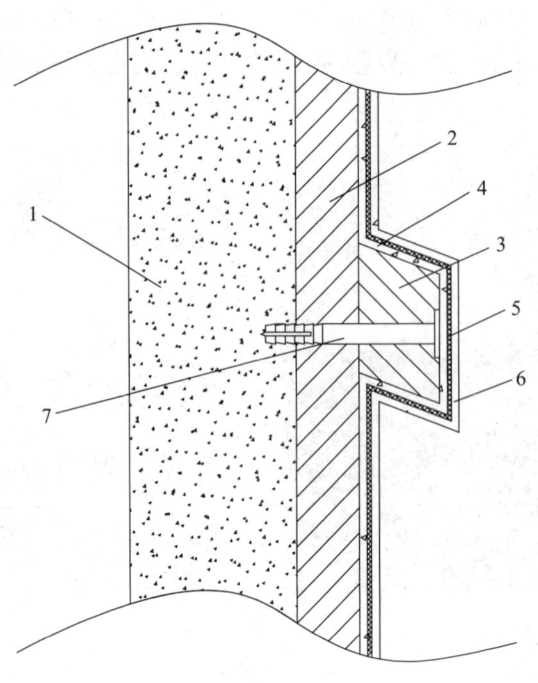

图 7　线条设计效果

1—结构墙体；2—外墙保温；3—自排式线条；4—抗裂砂浆；5—网格布；6—二道抗裂砂浆；7—保温钉

3）线条样板加工

（1）根据确定线条形式，绘制加工图，进行线条样板加工。

（2）初步加工线条进行现场样板施工，并报建设单位、监理单位进行样板做法确认，确定线条结构效果后，安排定型加工。

4）定型加工

（1）依据线条设计图纸提交加工订单，保温装饰线条采用合格的块材在工厂利用专用数控切割机械加工，线条找坡及滴水线用数控机械一次雕刻成型，经验收合格，运至施工现场。

（2）加工订单中除必须图示清楚保温装饰线条结构形式、长度、坡度、滴水线坡度外，还应标明材质要求、加工数量、验收标准等要求，应经项目技术负责人审核签字后方可开始加工，见图 8～图 9。

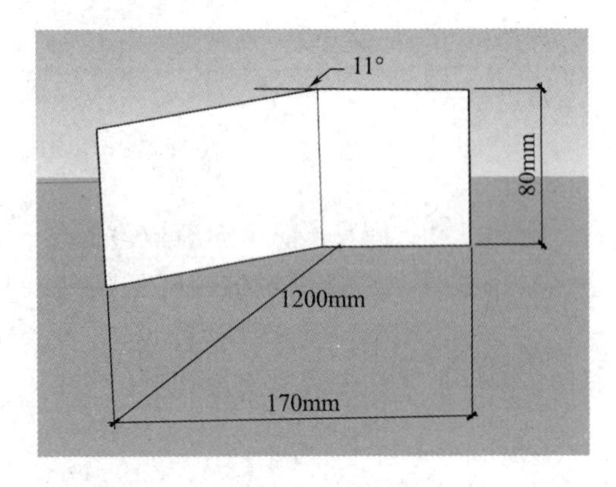

图 8　线条截面图

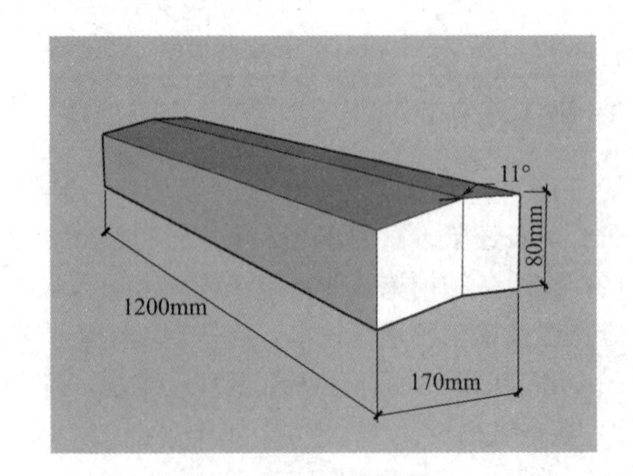

图 9　线条三维图

（3）线条进场后，对其外形加工尺寸及顶部坡度、滴水线坡度进行检查，对于不符合要求的线条单元要求返回工厂重新加工，见图 10～图 11。

（4）贮运时严禁接触明火，不得重压猛摔，以免变形，施工环境温度应为－5～35℃。

图10　线条加工

图11　线条加工制作成型

6. 材料管理

见表1。

（1）自排式外墙线条所使用的原材料宜采用同一厂家成套供应的产品，并经有资质的检测机构检测合格，系统所有组成材料应彼此相容并具有稳定性，其系统性能指标应符合设计要求。

（2）自排式外墙线条应采用成品EPS泡沫块材切割加工，其物理机械性能必须达到《绝热用模塑聚苯乙烯泡沫塑料》（GB/T 10801.1—2021）中第Ⅱ类以上，表观密度宜为20～22kg/m²、防火等级应达到B1级以上技术指标的产品，其他性能指标符合《外墙外保温工程技术标准》（JGJ 144）表4.0.11的规定。

（3）胶粘剂和抹面胶浆的性能指标应分别符合《模塑聚苯板薄抹灰外墙外保温系统材料》（GB/T 29906—2013）表4和表7的规定。

（4）玻纤网宜选用单位面积质量不少于160g/m²、网孔中心距应为4～6mm的耐碱玻纤网，其主要指标应符合《模塑聚苯板薄抹灰外墙外保温系统材料》（GB/T 29906—2013）表4的规定。

（5）锚固件宜选用螺杆及其配套内膨胀螺栓（长度不小于220mm）。

表1　设备工具表

序号	名称	规格/型号	用途
1	手持式电动搅拌器	TJA-20	用于胶粘剂和抹面胶浆的搅拌
2	手持式角磨机	KD02-100	用于镀锌通丝螺杆切割
3	灰桶	0.25mm×0.2mm×0.16mm	用于胶粘剂和抹面胶浆的盛装
4	冲击钻	GBH2-22RE	用于锚固件结构打孔和钻眼
5	手锯	40cm	用于现场零星外窗线条切割
6	美工刀	一把	外窗装饰线条切割和网格布裁切
7	木锉（粗砂纸）	FLYING	用于石墨聚苯板线条表面打磨
8	扳手	375mm×46mm	用于锚固件紧固
9	铁抹	240mm×100mm×0.6mm	用于外窗线条粘接和抹面
10	水平尺	S243B	外窗线条安装时水平度检查
11	靠尺	JZC-D	外窗线条安装时垂直度检查
12	塞尺	楔形塞尺	垂直度、水平度偏差检验

7. 工艺流程

见图 12。

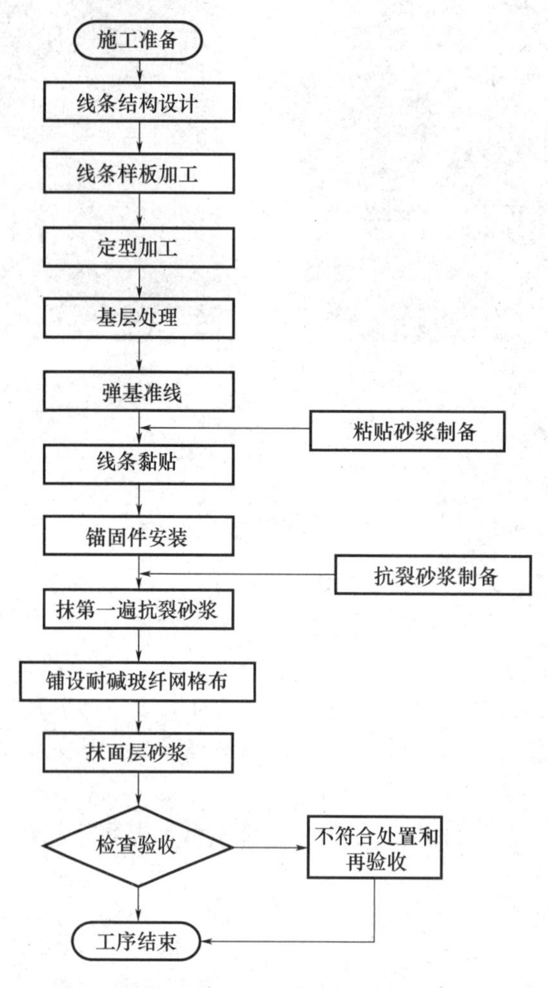

图 12　自排式外墙装饰线条施工工艺流程图

8. 操作步骤

1）基层处理

（1）施工前应彻底清除基层墙体表面浮灰、油污、脱模剂、空鼓及风化物等，如墙体基层平整度不够，应用 1∶3 防水水泥砂浆整体找平，保证基面平整度偏差不超过 4mm，并按照《建筑装饰装修工程质量验收标准》（GB 50210—2018）中关于一般抹灰工程的质量要求进行验收合格后方可进行下一道工序。

（2）施工前，外门窗洞口应通过验收，洞口尺寸、位置应符合设计要求并验收合格，门窗框或辅框应安装完毕，并需做防水处理。伸出墙面的消防梯、水落管、各种进户管线和空调器等的预埋件、连接件应安装完毕，并预留出外保温层的厚度。

2）弹基准线

根据设计图纸中外墙水平装饰线条安装的起始位置，沿建筑物周边在墙面弹放水平向安装控制线。要求楼体四面墙体平整度偏差小于 4mm，并在施工前沿水平线预贴标准块，见图 13。

3）自排式水平线条粘贴

（1）自排式水平线条安装顺序为楼体阳角开始，向另一侧阳角安装，线条转角部位切割 45°角。

图 13　墙面控制线放样

（2）自排式水平线条与保温板接缝处采用薄涂满粘法，拼接处均匀挤压，黏贴随贴随勾缝，线条拼缝与保温板不能形成通缝。

（3）自排式水平线条背面用黏结砂浆满涂，涂抹厚度不小于 10～15mm，按照控制线位置黏贴在基层上，通过用橡皮锤轻敲、揉压使装饰线条黏贴密实，黏结砂浆压实厚度控制在 3～5mm，随用靠尺和水平尺检查平整度并进行适当调整，然后用锚固件进行固定。

（4）线条拼接缝隙不大于 2mm，线条间高差不得大于 1.5mm，用水平尺及靠尺进行检查。

4）锚固件安装

（1）使用电钻在线条上处打孔，安装锚固钉时先用冲击力小但频率大的冲击钻旋转钻孔，采用穿透式安装，保温板孔径与基层孔径相同，将锚栓旋入钻孔内。厂家必须出具使用说明及其检测报告，锚固钉的数量、型号、锚固深度必须满足产品说明的规定。

（2）锚固件具体安装数量：采用带圆盘（直径 50mm，长度 220mm）的敲击式尼龙胀钉进行锚固，每个线条安装 3 个锚固件。两侧锚固件距离线条边为 100mm，中间锚固件间距 500mm。

（3）安装后的锚固件应与保温板相平或略微嵌入，不能引起线条翘曲，见图 14。

图 14　线条施工效果

5）抹面砂浆及网格布施工

抗裂砂浆应按从上到下，从左到右的顺序抹灰，由两人配合，一人在墙面抹 3～4mm 厚、900mm

宽左右的抗裂砂浆，接着另一人将耐碱玻纤网用抹子压入抗裂砂浆内，使耐碱玻纤网完全压入抗裂砂浆内且处于距抗裂砂浆表面1/3位置（面层凝固后以露出隐格为宜），相邻网格布之间搭接10cm，同时与翻包网进行搭接，减少应力集中。抹面砂浆切忌不停揉搓，以免形成空鼓，见图15。

图15　挂网施工

6）抗裂砂浆面层

（1）在保温层施工完成3～7d且质量验收合格后，抹3～4mm厚抗裂砂浆。

（2）抗裂砂浆的配置要求。

将5份（重量比）干混砂浆倒入干净的塑料桶，加入1份净水，应边加水边搅拌，然后用手持式电动搅拌器搅拌5分钟，直到搅拌均匀，且稠度适中为止；将配置的粘结剂静置5分钟，再搅拌即可使用，配置好的粘结剂宜在1小时内用完；专用粘结剂的配置只准许加入净水，不得加入其他添加物（剂）。

（3）自排式水平线条黏贴结束后，视气候条件24～48h后，进行抹面砂浆的施工。施工前用2m靠尺在线条平面上检查平整度，对凸出的部位应刮平并清理碎屑后，方可进行抹面砂浆的施工，见图16。

图16　抹面砂浆施工

9. 注意事项

（1）主控项目

自排式外墙线条系统主要组成材料的品种、规格、技术性能指标应符合本工法和相关规范的规定，进场时应对其下列性能进行见证取样送检复验，见表2。

表2　线条系统主要组成材料复验项目

项次	材料	复验项目
1	EPS聚苯板块材	密度，导热系数，抗拉强度，尺寸稳定性
2	胶粘剂、抹面胶浆	干燥状态和浸水48h拉伸黏结强度
3	耐碱玻纤网	拉伸断裂强力，拉伸断裂强力保留率

自排式外墙线条必须与基层黏结面积不得少于80%，要求黏结牢固、无松动和虚黏现象。

抹面胶浆与外窗装饰线条必须黏结牢固，无脱层、空鼓，面层无爆灰和裂缝。

（2）一般项目

耐碱网格布压贴密实，与挑板、基层交接处的翻包和拼缝处附加以及相互搭接宽度符合本工法规定，要求黏贴无空鼓、皱褶、翘曲、外露等现象。

允许偏差项目和检验方法见表3～表6。

表3　自排式外墙线条加工尺寸允许偏差和检验方法

项次	项目	允许偏差（mm）	检查方法
1	厚度	2	钢尺检查
2	长度	2	钢尺检查
3	宽度	1.5	钢尺检查
4	上下坡度	11°	角度尺检查

表4　基层表面质量允许偏差和检验方法

项次	项目	允许偏差（mm）	检查方法
1	表面平整度	4	用2m靠尺及塞尺检查

表5　自排式外墙线条安装允许偏差和检验方法

项次	项目	允许偏差（mm）	检验方法
1	线角水平度	2	用1m水平尺和钢直尺检查
2	拼缝宽度	2	用钢直尺检查
3	拼缝错台	1.5	用钢直尺和塞尺检查

表6　自排式外墙线条抹面允许偏差和检验方法

项次	项目	允许偏差（mm）	检验方法
1	表面平整度	3	用2m靠尺和塞尺检查
2	阴阳角方正	3	用直角检测尺检查
3	线角水平度	3	拉5m线（不足时拉通线）和钢直尺检查

（3）其他控制项

自排式外墙线条加工和安装前，应对作业人员进行技术交底和实操培训。

各类作业机具、工具应检验合格，各种计量和检测器具应经过具有相应资质的单位检测或校核，并在有效期内使用。

应预先在现场进行实体样板施工，经建设、设计、监理和施工单位等各方面确认后，方可大面积施工。

自排式外墙线条施工应对基层处理、黏结、锚固件安装和增强网铺设等工序进行隐蔽验收，并留有相应的文字验收记录。

冬季施工前后24h内环境温度不得低于5℃，风力不大于5级；夏季施工过程中避免阳光直射，可在外架悬挂遮阳布；大雨天气不得施工防止雨水冲刷黏结面。

10. 主要相关建设标准

(1)《外墙外保温建筑构造》(10J121)。

(2)《UVS保温装饰复合板外墙保温系统图集》(陕2012TJ018)。

(3)《外墙外保温工程技术标准》(JGJ 144—2019)。

(4)《绝热用模塑聚苯乙烯泡沫塑料（EPS)》(GB/T 10801.1—2021)。

《建筑节能工程施工质量验收标准》(GB 50411—2019)。

11. 相关知识产权

(1) 实用新型专利："自排水式建筑外墙保温装饰线条"，专利号：ZL202121459937.7。

(2) 企业级工法：自排式外迁装饰线条结构施工功法，工法编号：SWJQB-GF-202214。

外墙复合保温一体板施工工艺

1. 概述

常规外墙保温层是主体结构施工完成后，再进行外保温施工，施工周期长，对安装水平要求高，且存在局部起皮、脱落的质量隐患。本工艺采用复合保温一体板代替常规岩棉板、挤塑聚苯板、泡沫板等，复合保温一体板在工厂流水线一次复合成型，保温层与主体结构同步施工，根据施工需要可灵活裁切。复合保温一体板由内向外构造做法为：5mm 厚聚合物砂浆＋80mm 厚的 B1 级挤塑聚苯板＋25mm 厚聚合物砂浆，板材抗压强度值 160MPa，各构造层黏接紧密，与现浇混凝土 100％接触，黏接更加牢固，不易开裂、脱落，延长了保温层的使用寿命。

2. 关键词

复合保温、一体板、一次成型。

3. 适用范围

适用于有外保温的剪力墙结构工程。

4. 创新点

复合保温一体板代替了剪力墙外侧木模板，采用对拉螺杆＋竖向钢背楞＋水平定型组合钢背楞的加固体系，保温一体板与剪力墙混凝土 100％黏结，增强了保温板的黏结性、牢固性。

5. 施工准备

1）技术准备

（1）熟悉设计图纸及施工验收规范，掌握复合保温一体板的具体技术要求。

（2）编制专项施工方案，制定技术措施。

（3）图纸优化，确定复合保温一体板的排板图。

（4）进行技术交底。

2）物资准备

（1）复合保温一体板为工厂化加工，根据项目层高，确定规格，出厂检验报告和现场复试报告合格。

（2）锚固件材质为硬质塑料，规格为 ϕ12mm，长 180mm ，圆盘 ϕ60mm，出厂检验报告合格。

（3）水泥撑棍、保护层垫块、对拉螺杆为常规材料，均符合规范要求。

3）现场准备

（1）根据平面布置图，确定临时道路、木工堆放场地及复合保温一体裁切场地，并硬化处理，做好排水措施。

（2）塔吊检测合格，吊装机具准备到位。

4）试验准备

复合保温一体板的尺寸和板面平整度均符合规范要求。进场的复合保温一体板按批次进行复检，检测合格后方可使用。

5）作业条件准备

（1）模板位置线及控制线已测设完成，并经验收合格。

（2）钢筋绑扎完成并验收合格。

（3）按照排板图对复合保温一体板裁切完成，分类堆放，并做好对应标记。

6. 材料管理

（1）严格按照排板图进行裁切，宽度≥200mm 的板材应在构造柱、防水坎台处进行利用，减少材料损耗。

（2）原材料及半成品进行集中分类堆放、覆盖，避免暴晒和雨淋。

7. 工艺流程

见图 1。

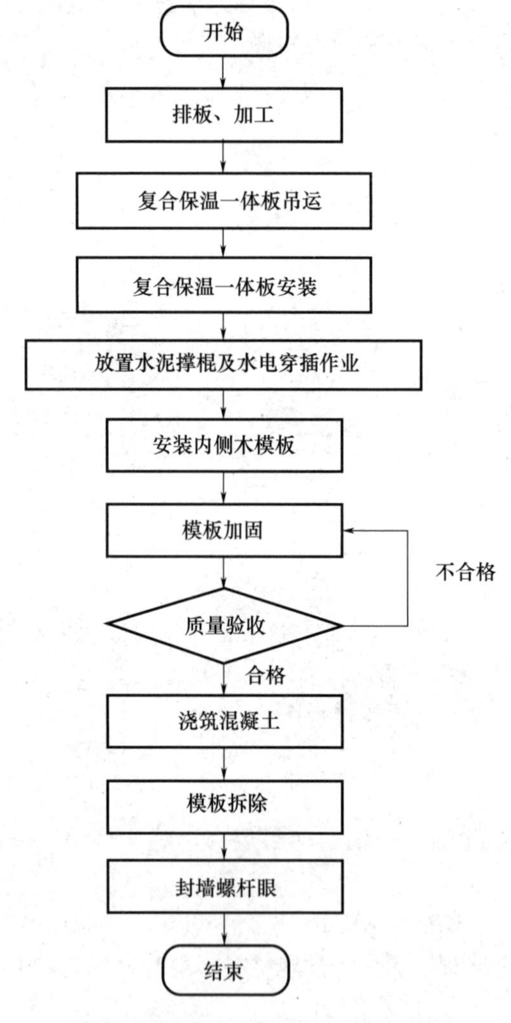

图 1　复合保温一体板施工工艺流程图

8. 操作步骤

第一步：排板、加工。依据外墙结构尺寸和洞口位置，提前优化排版（复合保温一体板裁板优化图见图 2），由现场专人裁切，按照规范间距钻孔（锚固件），且孔中心距板边缘不应小于 100mm。裁切完成的板块按照部位编号分类，集中堆放，并做好标识。

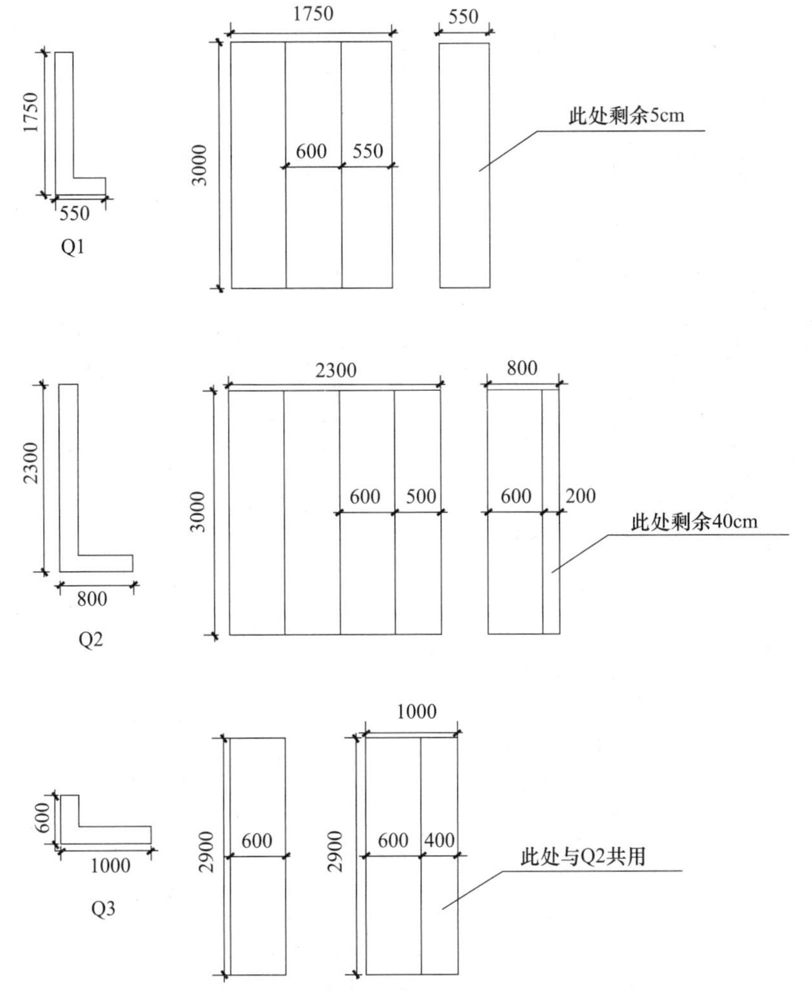

图 2　复合保温一体板裁板优化图（单位：mm）

第二步：复合保温一体板的吊运。根据排板图将复合保温一体板依次吊运至作业面，下垫方木，吊装过程做好成品保护措施，见图 3。

图 3　复合保温一体板吊运

第三步：复合保温一体板安装。复合保温一体板起吊前安装锚固件（长 180mm、直径 12mm、塑料盘 ϕ60mm），锚固件在剪力墙内的有效锚固长度不小于 60mm，门窗洞口处根据洞口大小适当增设锚固件。从外墙的大角部位开始安装复合保温一体板，沿顺时针方向依次安装就位。调整垂直度，上下层的复合保温一体板在阳角部位相互错槎安装，拼缝处缝宽不应大于 2mm，见图 4～图 6。

图 4　安装锚固件

图 5　一体板安装就位

图 6　临时固定复合保温一体板

第四步：放置水泥撑棍及水电穿插作业。在剪力墙水平钢筋上放置水泥撑棍，数量要求不少于 4 块/m^2，水平钢筋外侧安装保护层垫块，数量要求不少于 5 个/m^2。并穿插进行线管、接线盒等水电预埋工作，见图 7～图 8。

图 7　水泥撑棍布置

图 8　水电穿插作业

第五步：内侧木模板安装。按照与外侧复合保温一体板相同的安装顺序，依次安装内侧木模板，见图 9。

图 9　内侧木模板安装

第六步：模板加固。先内后外依次加固模板，横向主龙骨采用定型组合钢背楞，主龙骨间距不大于 450mm，竖向次龙骨方钢管，间距不大于 300mm，采用 ϕ14mm 对拉螺杆穿 PVC 套管固定，水平和竖向间距均不大于 450mm。逐一紧固对拉螺栓，并将模板平整度和垂直度偏差控制在允许偏差范围内（连接对拉螺杆见图 10，安装、加固模板见图 11）。

图 10　连接对拉螺杆

图 11　安装、加固模板

第七步：混凝土浇筑。混凝土浇筑前，先将剪力墙底部的木屑、垃圾等杂物清理干净，并洒水润湿。分层分段浇筑混凝土，做到“不过振、不漏振”，保证混凝土振捣密实，见图12。

图12　浇筑混凝土

第八步：模板拆除。混凝土强度达到1.2MPa后拆除模板，按顺序拆除对拉螺杆、水平组合钢背楞及竖向钢背楞、木模板，材料集中分类堆放，见图13～图14。

图13　拆除模板

图14　拆除后实体

第九步：螺杆眼封堵。螺杆眼采用1：2掺膨胀剂的水泥砂浆封堵密实，并在其表面涂刷直径100mm、厚1.5mm的聚氨酯防水涂料，见图15。

图15　封堵螺杆眼

9. 注意事项

1）操作过程中注意事项

（1）保温一体板安装垂直度、平整度要求控制在3mm范围内。

（2）专用裁切机由专业电工接电，专人操作，并规范佩戴劳保防护用品。

（3）材料转运过程中，按照尺寸大小分开吊运，禁止混吊。

（4）对施工人员做好技术及安全交底工作，专业技术人员和安全员必须做好现场指导和安全巡视检查工作，确保施工安全措施到位。

（5）定期排查安全隐患，严禁违章指挥、冒险作业。

（6）施工现场的设备应保证良好，不得带故障运行。

（7）复合保温一体板周围不得进行电焊作业，避免点燃复合保温一体板。

2）雨季、高温季等环境下的特殊措施

（1）雨天不得进行复合保温一体板安装，原材和半成品存放于防护棚下，避免被雨水淋湿。

（2）已安装好的复合保温一体板，采用塑料薄膜将保温板上表面进行覆盖，避免雨水浸入保温层内，影响保温板的保温效果。

10. 主要相关建设标准

1）主要标准、规范、图集

（1）《建筑工程施工质量验收统一标准》（GB 50300—2013）。

（2）《混凝土结构工程施工质量验收规范》（GB 50204—2015）。

（3）《建筑节能工程施工质量验收标准》（GB 50411—2019）。

（4）《外墙保温复合板通用技术要求》（JG/T 480—2015）。

（5）《外墙外保温工程技术标准》（JGJ 144—2019）。

（6）《复合保温板结构一体化系统应用技术规程》（DB64/T 1539—2020）。

（7）《严寒和寒冷地区居住建筑节能设计标准》（JGJ 26—2018）。

2）主要强制性条文

（1）保温隔热材料的厚度不得低于设计要求。

检验方法：观察、尺量检查；核查设计图纸及质量证明文件。

（2）连接件数量、位置、锚固深度符合设计。

检验方法：观察、尺量检查；核查设计图纸及质量证明文件。

（3）组成复合保温一体板的材料、配件应进行进场验收且形成相应的验收记录。各种材料和配件的质量证明文件与相关技术资料应齐全，并应符合设计要求和国家现行有关标准的规定。

检验方法：观察、尺量检查；核查质量证明文件。

（4）复合保温一体板的安装位置应正确，接缝应严密；复合保温一体板固定牢固，在浇筑混凝土过程中不应移位、变形；复合保温一体板表面应采取界面处理措施，与混凝土黏结应牢固。

检验方法：观察、尺量检查；核查隐蔽工程验收记录。

11. 相关知识产权

（1）实用新型专利：“一种外墙复合保温与结构一体板”，专利号：ZL202222432716.1。

（2）企业级工法：外墙复合保温与结构一体板安装和加固施工工法，工法编号：SXSJGFD2022-004。

（3）QC成果：提高外墙保温与结构一体板安装一次合格率，成果编号：2022050272。

装配式建筑现浇叠合板板带施工工艺

1. 概述

随着装配式建筑越来越多，预制构件安装后的缝隙控制问题越来越普遍，尤其是叠合板之间混凝土现浇板带底部凸出板底的问题尤为严重。现浇叠合板板带施工工艺，叠合板板带预埋内丝套筒支模加固体系，有效解决叠合板之间混凝土现浇板带底部凸出板底的质量通病问题。

2. 关键词

装配式建筑、叠合板、现浇板带、免支撑。

3. 适用范围（适用场景）

本工艺适用于装配整体剪力墙/框架结构现浇叠合板板带施工；适用于装配整体剪力墙现浇区域模板加固施工。

4. 创新点

装配式建筑现浇叠合板板带施工工艺的主要原理是借鉴吊洞施工技术，利用叠合板自身预埋内丝套筒与丝杆机械连接，上部进行拉结受力，实现模板免支撑体系加固施工。避免传统支撑体系因与现浇板带受力不均匀而出现渗漏及虚边现象。

5. 材料管理

见表1～3。

表1　材料

序号	名称	用途
1	预制叠合板	用于预制安装主要构件
2	ϕ14mm 通丝螺杆	用于现浇叠合板带模板内丝套筒安装加固
3	双面海绵胶带	用于现浇叠合板带边缘粘贴防止漏浆
4	吊钩、吊环	用于叠合板起吊用
5	15mm 镜面多层板	用于双向叠合板现浇板带模板安装
6	40mm×60mm 方木	用于双向叠合板现浇板带模板拼缝处主背楞安装
7	钢背楞	用于双向叠合板支撑体系主背楞安装

表2　设备工具

序号	名称	用途
1	6013 塔吊	用于预制叠合板卸车，安装
2	平板车	用于预制叠合板运输

续表

序号	名称	用途
3	ϕ20 开孔器	用于模板开孔
4	电动扳手	用于丝杆螺母加固
5	圆盘锯	用于模板加工
6	水准仪	用于叠合板现浇板带标高测设
7	墨斗	用于叠合板安装定位弹线

表 3　人员配备

序号	名称	作业范围
1	吊装人员	配合机械设备吊装
2	安装人员	叠合板校正、安装
3	木工人员	现浇板带模板加固
4	信号手	指挥吊装设备
5	引导员	机械设备移动引导、区域管制

6. 工艺流程

1）构件生产过程

见图 1。

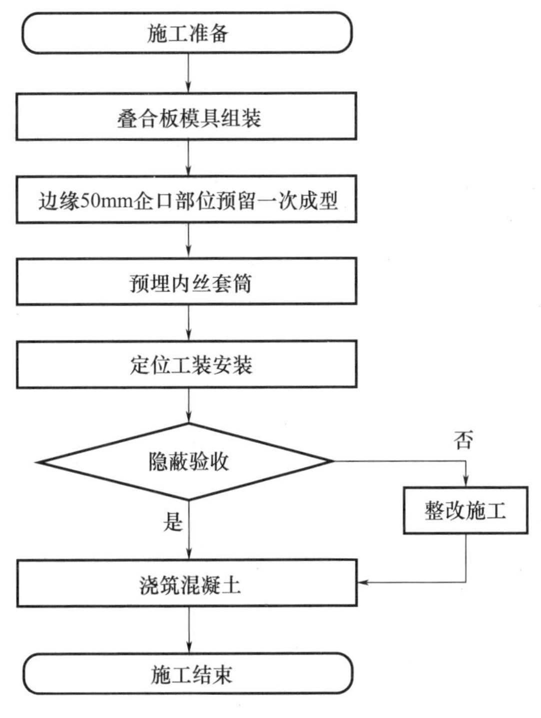

图 1　构件生产过程图

2）现场施工过程

见图2。

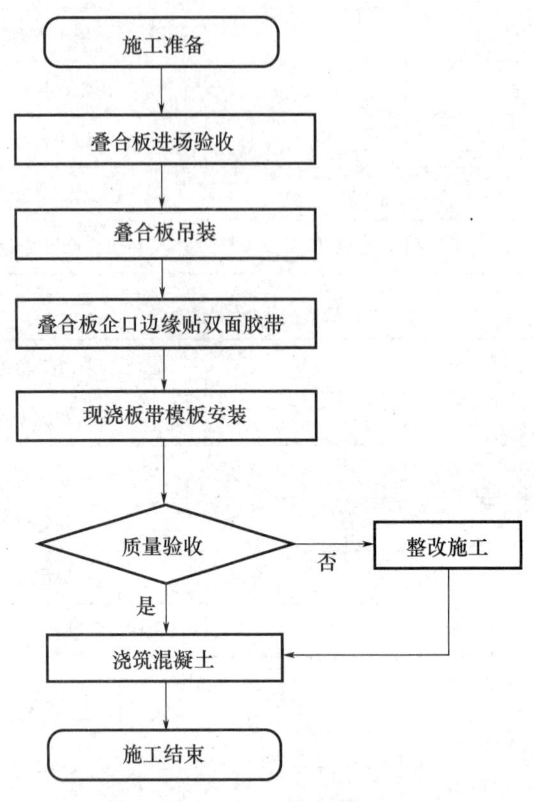

图2　现场施工过程图

7. 操作步骤

第一步：工艺集成化。

施工吊装图纸及叠合板工艺图纸深化设计，确定企口预留及内丝套筒预埋位置。

叠合板内预埋 ϕ14 内置内丝套筒，叠合板底部边缘留置 20mm 宽、3mm 深企口，内置内丝套筒距叠合板两端边缘 100mm，依次 600mm 间距进行排布，见图3～图5。

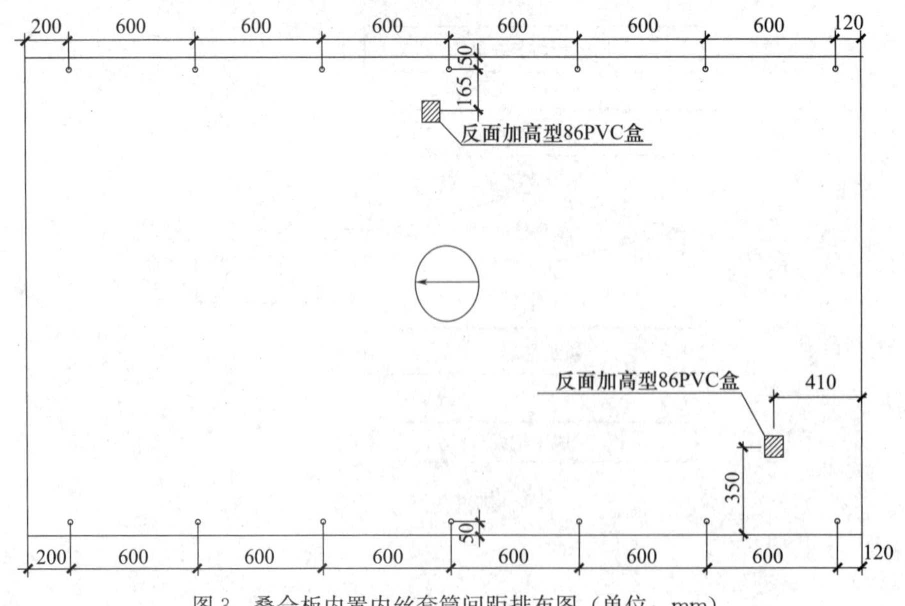

图3　叠合板内置内丝套筒间距排布图（单位：mm）

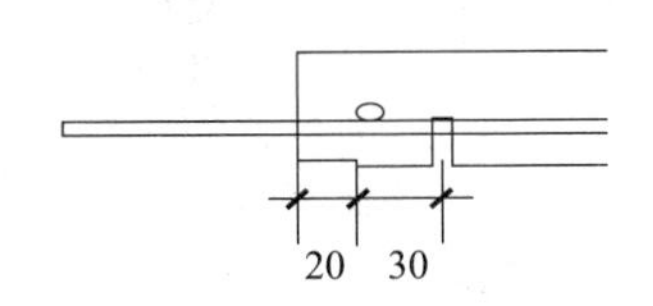

图 4　叠合板企口预留、内丝套筒预埋图纸（单位：mm）

图 5　叠合板企口预留、内丝套筒预埋模拟图纸

第二步：工厂化加工。

预制叠合板工艺图纸审核确定后进行模具设计及生产，叠合板边缘企口随模具一次成型，确保预埋内丝套筒位置精准，在固定台车面采用工装进行整体定位，避免在浇筑混凝土过程中移位。

叠合板生产模具企口随模板一次预留成型，内丝套筒预埋采用工装准确定位，确保内置内丝套筒顺直及尺寸精确，见图 6。

图 6　叠合板内丝套筒预埋

第三步：装配式施工。

利用 ϕ14 螺杆、山型卡、15mm 厚镜面多层板、40mm×60mm 方木、矩管和钢背楞横杠进行支设加固，见图 7～图 9。

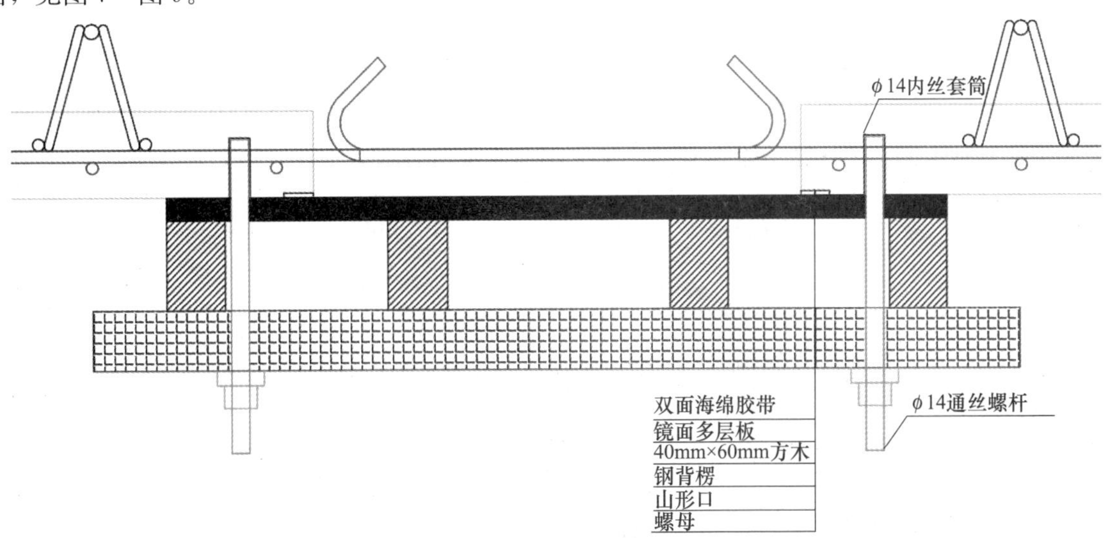

图 7　现浇叠合板带加固施工图

图 8　现浇叠合板带现场实体加固

图 9　现浇叠合板带成型效果

预制部品构件之间的现浇区域拼缝处理，预制构件提前进行施工深化设计，在预制叠合板进行预埋 ϕ14 内丝套筒及 20mm 宽、3mm 深企口，施工现场现浇带贴双面胶＋采用丝杆＋钢背楞模板加固，实现免支撑体系，整体上部加固避免板带渗漏虚边现象。

8. 注意事项

1）质量控制要点

进行构件制作、吊装作业、安装作业、校正、加固等作业前，应先进行作业人员技术交底及专项培训教育。

构件生产、吊装、安装、校正所使用机具、检测仪器等应经过具有相应资质的单位检测或校核，并在有效期内使用。

预制构件施工前，应选择有代表性单元进行试安装，应根据安装与检测结果确定吊装与安装施工方案，经确认后方可进行现场大面积施工。

叠合板安装前应依据施工图纸在叠合板边缘弹设 10mm 控制边线，构件底部应黏贴双面胶海绵条。构件安装校正时，叠合板吊装完成，成排通线顺直，确保现浇板带区域设计尺寸，内丝套筒内需检查，避免杂物封堵。

构件安装、现浇板带加固验收应及时做好施工技术交底、构件吊装、构件安装、现浇板带加固、质量验收等文字记录。

2）安全管理要求

每天施工开始前应对施工作业人员进行班前教育，高空作业时必须佩戴五点式安全带，并双钩双挂。

在吊装作业范围内，采用警示路锥围挡，并派专人负责吊装区域巡视，以防非作业人员在吊装区域内随意走动。

对于吊装设备、安装设备、吊具等要定期派专人进行检查，发现问题要及时维修或者更换设备、吊具等。

施工时严禁上下左右交叉作业。

遇到雨、雪、大风天气及夜间视线不佳时，不得进行作业。

3）绿色施工控制措施

合理安排工序，采用合理的、先进的安装工艺措施，提前做好构件运输规划，尽可能地避免在施工过程中设备、人员闲置。

预制构件等产品要堆放平整，在安装过程中要轻起轻落避免造成构件破损，减少对构件的二次处理。

4）环境因素控制措施

施工作业面保持整洁，不应将垃圾随意抛洒、乱弃，做到文明施工，工完场清。

现场使用的材料，尽量使用环保标志产品，施工时应保证通风良好，作业人员应佩戴防护口罩。使用后，随时将其封存于专存库房内。

5）危险源控制措施

进入施工现场应戴好安全帽。高空作业时，应系好安全带。

使用电动机械时，必须设漏电保护器，应一机一闸。

起重吊装设备应定期进行维护保养，进行安全检查。

9. 主要相关建设标准

1）主要标准、规范、图集

（1）《混凝土结构工程施工质量验收规范》（GB 50204—2015）。

（2）《建筑工程施工质量验收统一标准》（GB 50300—2013）。

（3）《装配式混凝土剪力墙结构住宅施工工艺图解》（16G906）。

（4）《装配式混凝土结构技术规程》（JGJ 1—2014）。

（5）《建筑施工安全技术统一规范》（GB 50870—2013）。

（6）《施工现场临时用电安全技术规范》（JGJ 46—2005）。

（7）《建筑施工安全检查标准》（JGJ 59—2011）。

（8）《施工现场机械设备检查技术规范》（JGJ 160—2016）。

（9）《建筑机械使用安全技术规程》（JGJ 33—2012）。

（10）《建筑施工起重吊装工程安全技术规范》（JGJ 276—2012）。

2）主要强制性条文

质量验收标准：

（1）主控项目

预制叠合板进厂验收质量应符合《混凝土结构工程施工质量验收规范》（GB 50204—2015）的相关标准规定和设计要求。

检查数量：全数检查。

检验方法：质量证明文件或质量验收记录。

预制叠合板上的预埋件、预留插筋、预埋管线等的规格和数量以及预留孔、预留洞的数量应符合设计要求。

检查数量：全数检查。

检验方法：观察。

（2）一般项目

见表4～表5。

表4　预制构件预埋件偏差及检验方法

项目		允许偏差（mm）	检验方式
预埋件	预埋内丝套筒中心线位置	2	尺量检查
	预埋内丝套筒与混凝土面平面高差	0，−5	
企口	中心线位置	5	
	长度、宽度、深度	±5	

叠合板安装施工后，预制构件位置、尺寸偏差及检验方法应符合《混凝土结构工程施工质量验收规范》（GB 50204—2015）规定。

检查数量：按楼层、结构缝或施工段划分检验批，在同一检验批内对叠合板应抽查构件数量为10%，且不应少于3件。

表5　预制叠合板安装位置尺寸允许偏差及检验方法

项目	允许偏差（mm）	检验方法
轴线位置	8	经纬仪及尺寸
标高	±5	水准仪或拉线、尺量
垂直度	5	经纬仪或吊线、尺量
倾斜度	5	经纬仪或吊线、尺量
相邻构件平整度	5	2m靠尺和塞尺量测
构件接缝宽度	±5	尺量

10. 相关知识产权

省级工法：现浇板带模板安装，工法编号：SXSJGF2021-017。

新型水泥压力板胎膜施工工艺

1. 概述

传统砖砌胎膜施工工序多（砌筑、粉刷、圆弧等）、工期长、费用高、易起砂且二次抹阴角圆弧易空鼓，严重制约施工现场进度。本工艺采用BIM技术创建模型，模板排版裁剪，集中加工角铁，减少板材浪费；四周阳角角铁燕尾丝连接；上口燕尾丝＋废角铁锚固。此工艺免砌筑、抹灰施工，提高施工进度，安装便捷，效率快。避免起砂、空鼓等质量问题，一次成优，节约成本。

2. 关键词

水泥压力板、角铁、铆钉。

3. 适用范围（适用场景）

本工艺适用于下柱承台胎膜施工。

4. 创新点

下柱承台采用水泥压力板，阳角角铁连接，角铁与压力板采用25mm燕尾丝固定，2400mm×60mm×40mm方木进行内加固；上口70mm燕尾丝＋废角铁锚入车库垫层内；周边砂石回填浇筑混凝土垫层。整体质量感观效果好，减少多数工序穿插。

5. 材料管理

见表1～表2。

表1　材料

序号	名称	用途
1	水泥压力板（1830mm×915mm×12mm）	用于下柱承台安装主要构件
2	角铁（30mm×30mm）	用于水泥压力板拼装
3	燕尾丝（30mm、70mm）	用于水泥压力板与角铁连接
4	方木（2400mm×60mm×40mm）	用于水泥压力板内支撑

表2　设备工具

序号	名称	用途
1	手枪钻	用于水泥压力板拼装
2	圆盘锯	用于方木加工
3	水准仪	用于下柱承台标高测设
4	墨斗	用于下柱承台安装定位弹线

6. 工艺流程

见图1。

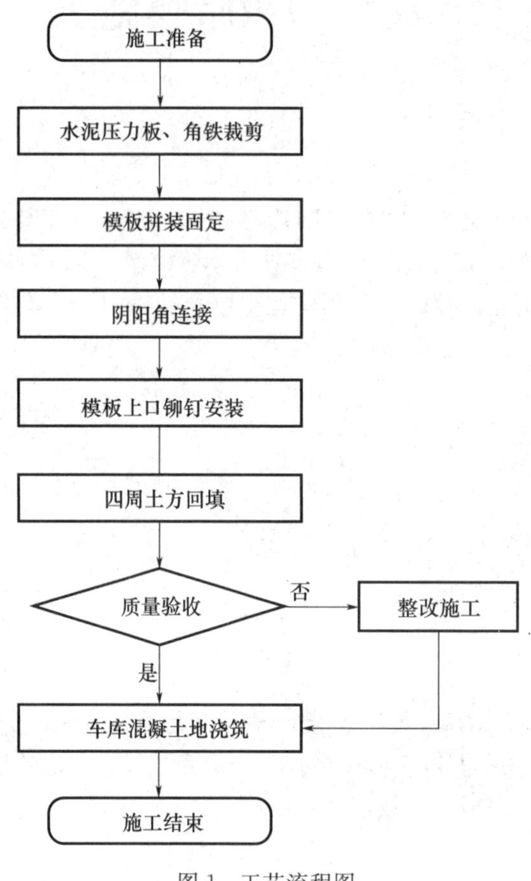

图1　工艺流程图

7. 操作步骤

第一步：水泥压力板、角铁裁剪。现场设置专用的加工棚，采用集中加工，见图2～图3。

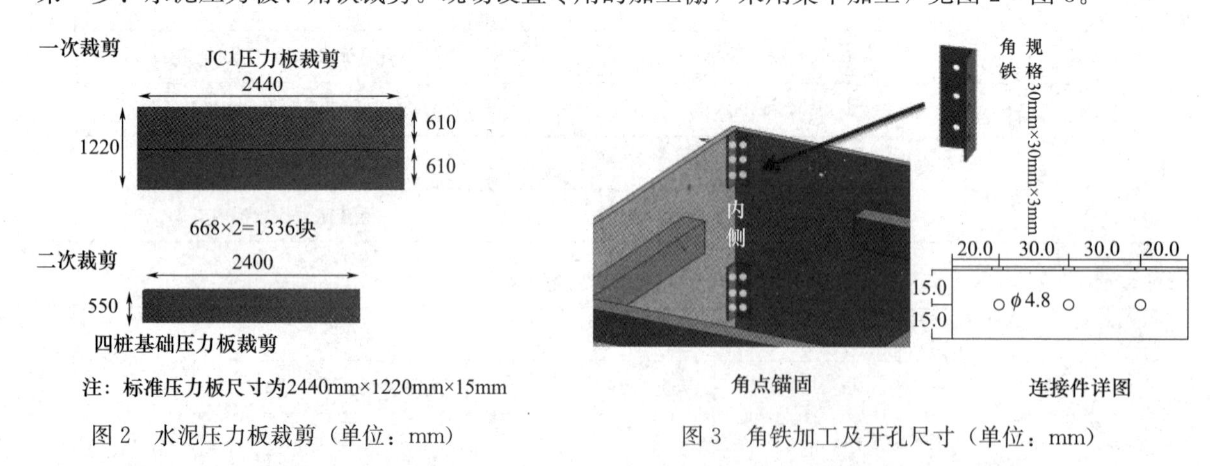

图2　水泥压力板裁剪（单位：mm）　　图3　角铁加工及开孔尺寸（单位：mm）

第二步：模板拼装固定。根据三维绘制好的设计工艺图以及板材、连接件规格，内支撑固定及间隔尺寸的排布，见图4～图5。

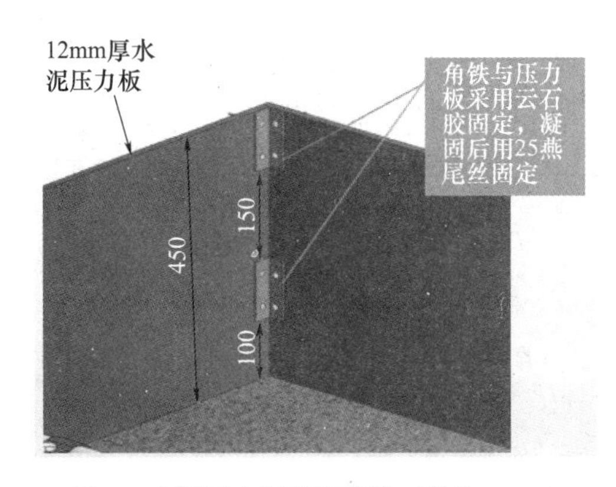

图4 水泥压力板胎膜拼装（单位：mm）

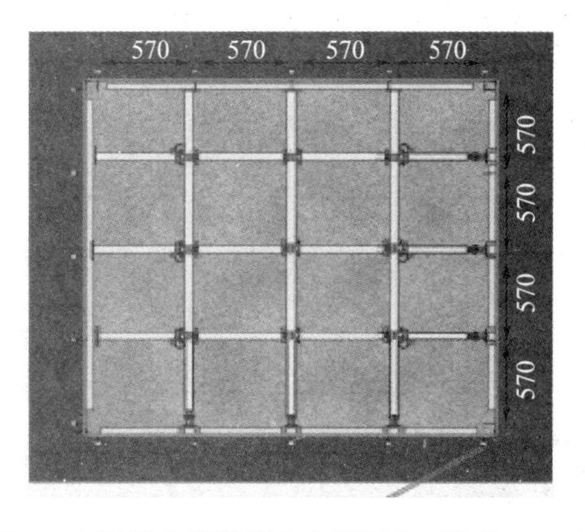

图5 水泥压力板胎膜内支撑固定（单位：mm）

第三步：阴阳角连接。角铁与压力板先采用云石胶固定，再采用30mm燕尾丝固定。

第四步：模板上口铆钉安装。从模板上口下50mm，横向铆钉起始距离200mm，其余间距500mm，自攻丝前段连接废角铁锚固，见图6。

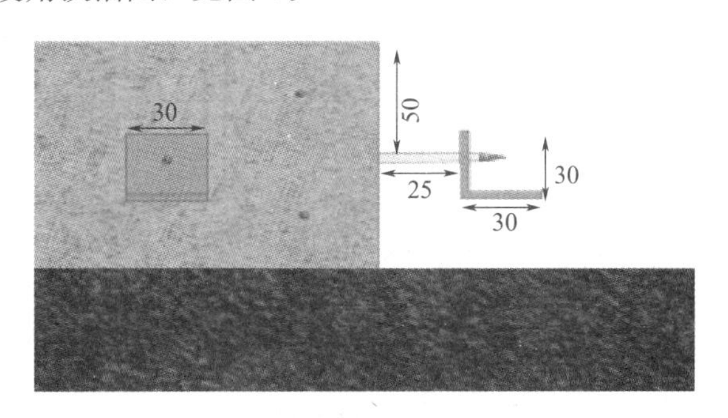

图6 上口铆钉细部做法要求（单位：mm）

第五步：四周土方回填。水泥压力板就位后，应调校四角标高。待调校后回填垫层周圈，厚度为15cm，人工夯实同上，分三次回填完成。

第六步：车库混凝土浇筑。浇筑前应先对接触主体部分进行湿润处理，浇筑后振捣密实，收面保证上口平整，见图7。

图7 现场成型效果

8. 相关知识产权

(1) 实用新型专利："一种新型水泥压力板胎膜施工工艺"，专利号：202320653370.X。

(2) 省级 QC 一类成果：一种新型水泥压力板胎膜施工工艺，成果编号：20211508。

叠合板吊装梁钢筋绑扎顺序施工工艺

1. 概述

随着装配式建筑越来越多，预制构件安装后的缝隙控制问题越来越普遍。尤其是叠合板与现浇梁之间钢筋碰撞问题尤为严重。本工艺就叠合板吊装梁钢筋绑扎顺序施工工艺，通过现浇梁钢筋先后绑扎顺序及吊装工序流程有效解决叠合板与现浇梁之间钢筋碰撞的技术难点问题。

2. 关键词

装配式建筑、叠合板、梁钢筋绑扎顺序、架高。

3. 适用范围（适用场景）

本工艺适用于装配整体剪力墙结构叠合板施工、装配式建筑叠合板施工。

4. 创新点

本工艺对梁钢筋先绑与后绑进行排布细化，从而提高施工效率，减少施工难度。

5. 材料管理

见表1～表3。

表1　材料

序号	名称	用途
1	预制叠合板	用于预制安装主要构件
2	“工”型梁架高工具	用于现浇梁钢筋架高

表2　设备工具

序号	名称	用途
1	6013塔吊	用于预制叠合板卸车，安装
2	平板车	用于预制叠合板运输
3	切断机	用于“工”型梁架高工具加工
4	电焊机	用于“工”型梁架高工具加工

表3　人员配备

序号	名称	作业范围
1	吊装人员	配合机械设备吊装
2	安装人员	叠合板校正、安装
3	钢筋工人员	现浇梁钢筋绑扎及架高
4	信号手	指挥吊装设备
5	引导员	机械设备移动引导、区域管制

6. 工艺流程

见图 1。

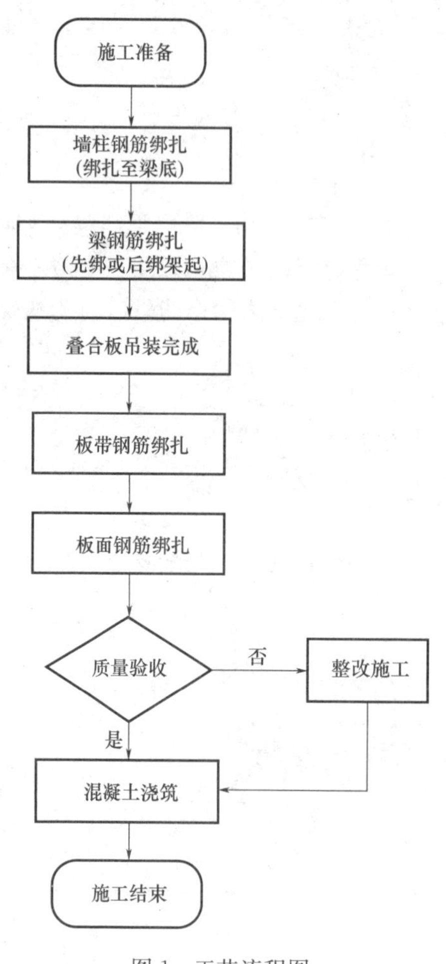

图 1　工艺流程图

7. 操作步骤

第一步：施工准备。根据现场施工要求编制出可实施方案，在施工前期对作业人员进行详细的技术交底。

第二步：墙柱钢筋绑扎。根据图纸楼层标高，推算出墙柱箍筋的绑扎位置，将墙柱箍筋绑扎至梁底部，上部两套箍筋进行架起绑扎固定，见图 2～图 3。

图 2　墙柱钢筋绑扎

图 3　箍筋水平钢筋绑扎至板底

第三步：梁钢筋绑扎。根据梁钢筋绑扎先后顺序，对梁钢筋进行绑扎，架起梁高三分之二处，梁腰筋及二排加筋放入梁底，待叠合板吊装完成后腰筋及二排加筋绑扎到位，外围梁钢筋待叠合板吊装完成后再进行绑扎，见图 4。

图 4　梁钢筋绑扎完成架起梁高三分之二

第四步：叠合板吊装完成后，对墙柱及梁箍筋移位破坏进行微调修整，见图 5。

图 5　梁箍筋调整

第五步：叠合板吊装及板带钢筋绑扎。待叠合板吊装修整完成后，对叠合板板带处按图纸间距要求进行钢筋绑扎，见图 6～图 7。

图 6　叠合板吊装

图 7　板带钢筋绑扎

第六步：叠合板板面钢筋绑扎。为防止钢筋高出板厚，应根据桁架钢筋的方向对板面钢筋进行调整绑扎，见图 8。

图 8　叠合板板面钢筋绑扎

8. 注意事项

（1）保证项目

钢筋的品种、质量及使用的钢板，必须符合设计要求和有关标准规定。钢筋表面必须清洁，带有颗粒状或片状老锈，经除锈后仍有麻点的钢筋，严禁按原规格使用；钢筋的规格、形状、尺寸、数量、间距、锚固长度、接头设置，必须符合设计要求和施工规范的规定。

（2）基本项目

钢筋绑扎缺扣、松扣的数量不超过应绑扣数的 10%，且不得集中。

钢筋弯钩的朝向应正确，绑扎接头位置及搭接长度应符合施工规范规定，搭接长度均不小于规定值。

根据设计图纸检查钢筋的型号、直径、根数、间距是否正确，特别要注意检查负筋的位置。

定位钢筋要定位标准、到位，外露部位要打磨平，且端头须刷防锈漆。

钢筋绑扎时，不准用单向扣，并注意绑扎扣端头要朝向构件内，以防今后在混凝土面产生锈蚀。

（3）允许偏差

钢筋工程安装允许偏差及检查方法，见表 4。

表 4　钢筋工程安装允许偏差及检查方法

<table>
<tr><th colspan="2">项　目</th><th>允许偏差值（mm）</th><th>检查方法</th></tr>
<tr><td rowspan="2">绑扎钢筋网</td><td>长、宽</td><td>±10</td><td>钢尺检查</td></tr>
<tr><td>网眼尺寸</td><td>±20</td><td>钢尺量连续三档，取最大值</td></tr>
<tr><td rowspan="2">绑扎钢筋骨架</td><td>宽、高</td><td>±5</td><td rowspan="2">钢尺检查</td></tr>
<tr><td>长</td><td>±10</td></tr>
<tr><td rowspan="3">受力主筋</td><td>间距</td><td>±10</td><td rowspan="2">钢尺两端、中间各一点，取最大值</td></tr>
<tr><td>排距</td><td>±5</td></tr>
<tr><td>弯起点位置</td><td>15</td><td>钢尺检查</td></tr>
<tr><td colspan="2">绑扎箍筋、横向钢筋间距</td><td>±20</td><td>钢尺量连续三档，取最大值</td></tr>
<tr><td rowspan="3">保护层厚度</td><td>基础</td><td>±5</td><td rowspan="3">钢尺检查</td></tr>
<tr><td>柱、梁</td><td>±3</td></tr>
<tr><td>板、墙、壳</td><td>±3</td></tr>
</table>

续表

项　　目		允许偏差值（mm）	检查方法
梁、板受力钢筋搭接锚固长度	入支座、节点搭接	+10、−5	钢尺检查
	入支座、节点锚固	±5	
预埋件	中心线位置	5	钢尺检查
	水平高差	+3，0	钢尺和塞尺检查

9. 主要相关建设标准

(1)《混凝土结构工程施工质量验收规范》(GB 50204—2015)。

(2)《建筑工程施工质量验收统一标准》(GB 50300—2013)。

装配式建筑“三明治”预制剪力墙施工工艺

1. 概述

随着我国经济快速发展，国家大力推行装配式建筑，预制装配式构件的应用越来越广泛，相对传统外墙施工，其施工效率低、质量差、且大多数施工时高空临边，安全隐患较大。三明治墙体是把保温材料夹在两层混凝土之间，增加了保温材料寿命，同时杜绝了火灾风险，具有长期效益，在国外已经有超过60年的应用历史。装配式建筑“三明治”预制剪力墙施工工艺，通过加工厂一次预制成形，成品构件运输至施工现场再垂直吊装、安装与连接；加快施工进度、保证工程质量，有良好的经济及社会效益。

2. 关键词

装配式建筑、“三明治”预制剪力墙、套筒灌浆、小直径直螺纹套筒。

3. 适用范围（适用场景）

本工艺适用于装配式混凝土剪力墙结构的外墙剪力墙施工。

4. 创新点

通过设计确定构件规格尺寸，形成标准构件，再通过不同种类的标准构件进行多样化组合，在墙板生产时，把内叶墙、保温板、外叶墙、装饰层集成在一起的多层复合构造形式，装饰层和预制构件一体完成。通过工厂预制达到外墙一次安装成型，大规模应用装配式外墙板，既能缩短工期，又节能环保，利用装配式建筑施工方法，达到节能减排、质量高、速度快的施工要求。

5. 材料管理

见表1～表3。

表1　材料

序号	名称	用途
1	预制剪力墙“三明治”墙板	用于预制安装主要构件
2	灌浆料	用于墙板套筒与预留钢筋连接
3	斜支撑	用于墙板调节垂直度
4	钢丝绳	用于墙板起吊用
5	吊环	用于墙板起吊时和钢丝绳连接
6	泡沫棒	用于墙板和墙板之间外部拼缝的填塞
7	硅酮耐候胶	用于墙板和墙板之间拼缝处打胶
8	高强塑料垫片	用于墙板控制标高
9	撬杠	用于墙板微调位置

表 2　设备工具

序号	名称	用途
1	7530 塔吊	用于预制墙板卸车，安装
2	平板车	用于墙板运输
3	电焊机	用于连接件与主体预埋焊接
4	水准仪	用于墙板标高测设
5	墨斗	用于墙板安装定位弹线
6	力矩扳手	用于现浇加强区域与连接钢筋安装紧固
7	钢丝绳	用于外墙挂板吊装转运

图 3　人员配备

序号	名称	作业范围
1	司索工	配合机械设备吊装
2	装配工	墙板校正、连接
3	装配工	墙板拼缝处打胶
4	信号手	指挥吊装设备
5	引导员	机械设备移动引导、区域管制
6	灌浆工	用于墙板套筒与预留钢筋连接、底部连接

6. 工艺流程

见图 1。

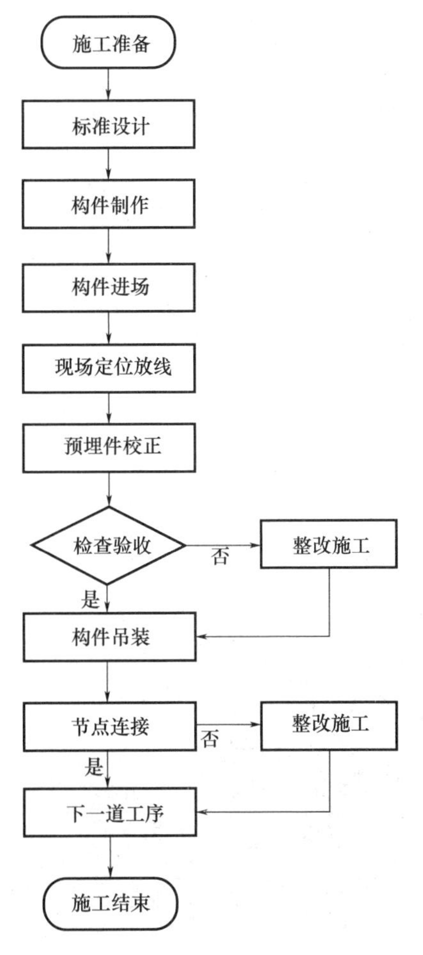

图 1　工艺流程图

7. 操作步骤

第一步：标准化设计。

施工图设计需考虑工业化生产，通过标准化模数进行标准化设计，通过合理的节点连接方式进行多样化组合，最终形成多样化及个性化的建筑单体。方案设计坚持“少规格，多组合”原则，满足结构及使用功能前提下，尽量统一轴距、层高，以减少构件规格，减少模具摊销，降低施工难度。其关键点在于标准化设计，充分考虑预制构件制作工厂化，施工节点简易化。提高工效，减少污染，见图 2～图 4。

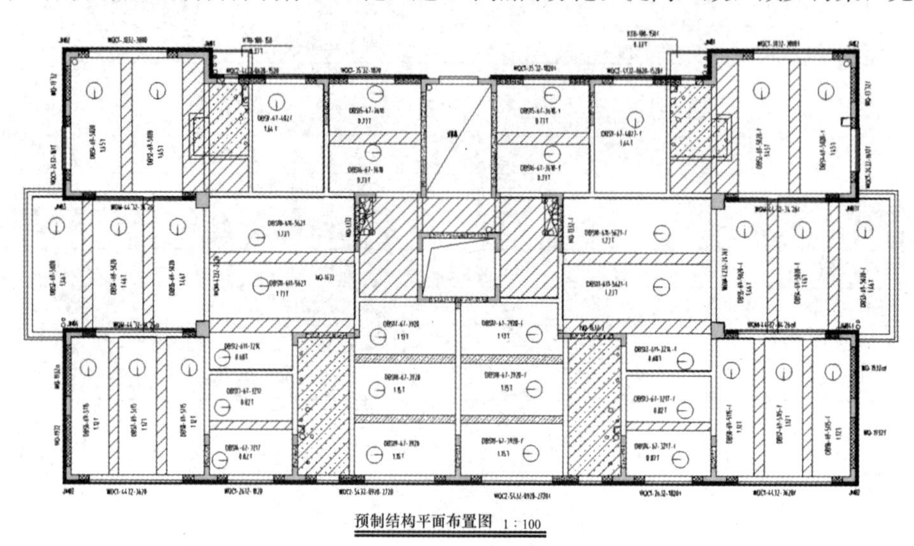

图 2　预制构件拼装平面图

构件类型	预制数量	预制方量	现浇方量	预制率
预制剪力墙 (外墙)	24	147.12	14.66	71%
预制剪力墙 (内墙)	4	4.48		
预制叠合板	36	25.76	59.28	
预制楼梯	2	3.67		
单层构件合计	66	181.03	73.94	

图 3　预制构件清单

图 4　“三明治”预制剪力墙实际应用效果

预制剪力墙：精装修点位＋悬挑架预埋件＋施工需预留预埋件＋窗企口一次成型。

三明治墙板按照设计要求，考虑现场施工、水电预埋、后期装修，施工与设计、制作密切配合。预制剪力墙中有预留箍筋位置原设计为螺栓孔，为避免出现外墙渗漏现象，深化后为预埋内丝套筒。由于该项目精装修交付，叠合板管线较多，导致现浇板大于原设计 70mm 厚度，优化原则尽量将叠合板需走的管线移至预制剪力墙内。水暖井、电井内支架预埋丝杆一次到位避免二次打孔，见图 5～图 6。

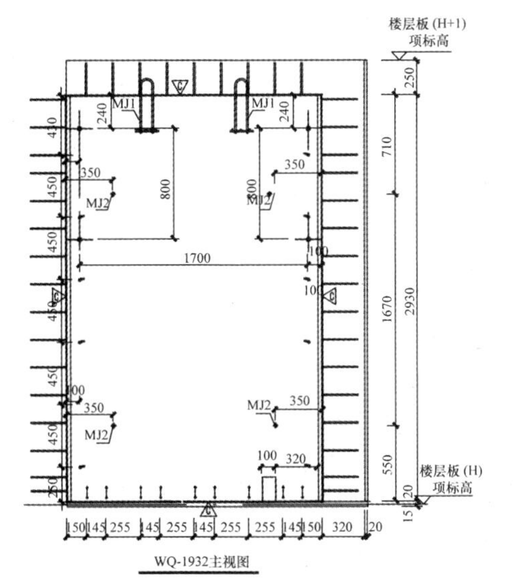

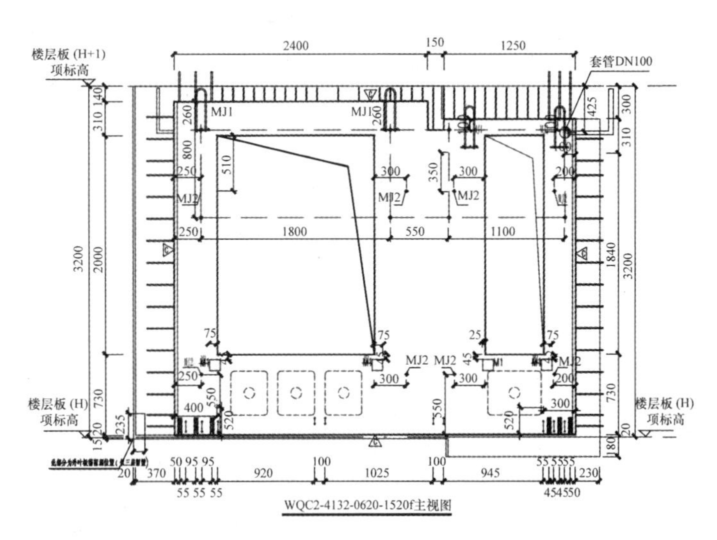

图 5 预制剪力墙设计深化图（单位：mm）

第二步："三明治"墙板制作。

"三明治"墙板加工制作在预制厂完成，经过钢筋制作绑扎，固定模台安装后混凝土浇筑一次成型，采用"固定胎膜蒸汽养护"。"三明治"墙板生产采用水平制作法，周边及沿口埋件较多，结构复杂，考虑其特殊性，除顶部预埋 2 个吊装吊点外，在构件内的半灌浆套筒预埋内丝（模板、斜支撑安装），见图 7～图 10。

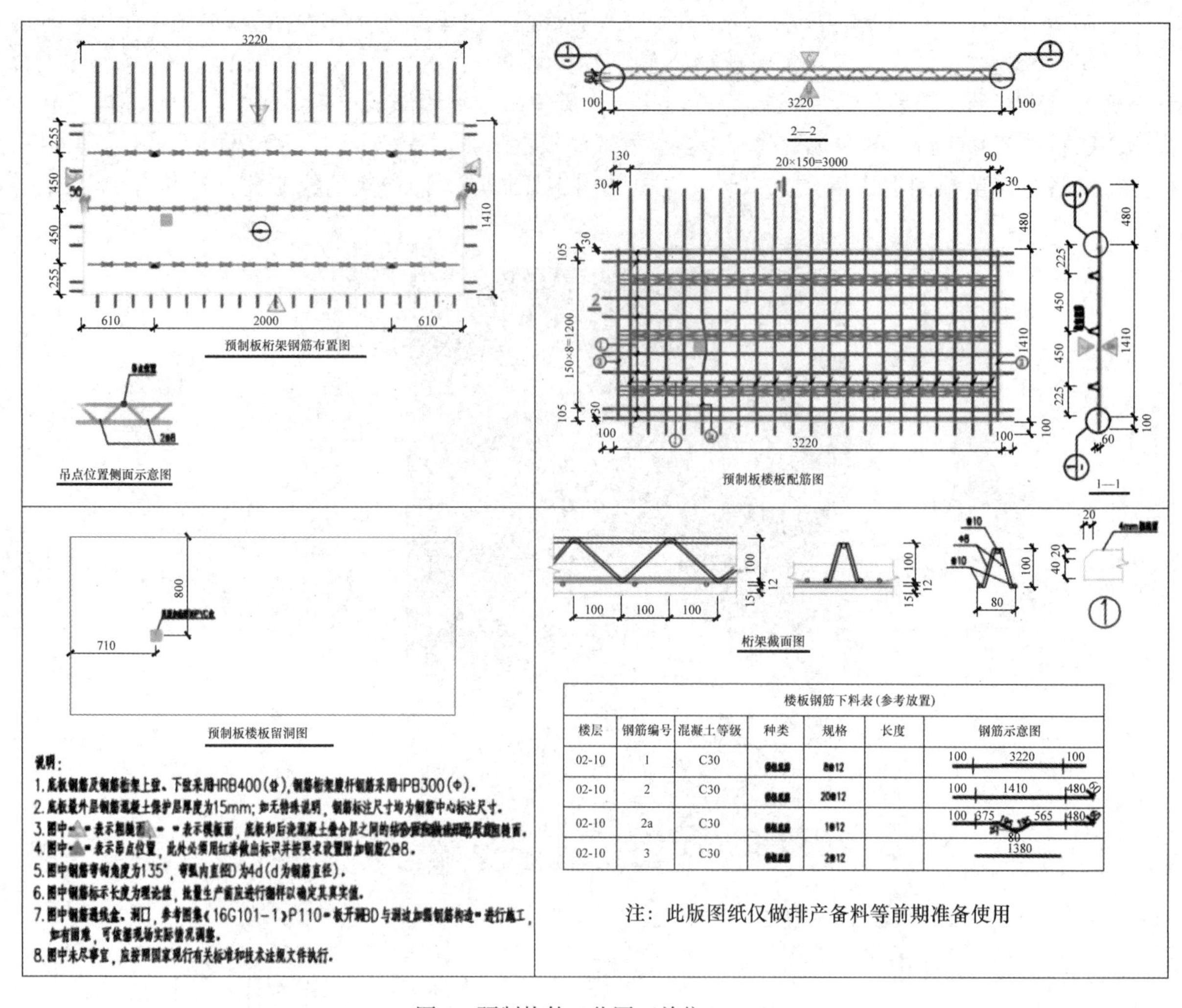

楼板钢筋下料表(参考放置)

楼层	钢筋编号	混凝土等级	种类	规格	长度	钢筋示意图
02-10	1	C30	[illegible]	8Φ12		100 3220 100
02-10	2	C30	[illegible]	20Φ12		100 1410 480
02-10	2a	C30	[illegible]	1Φ12		100 375 565 480 80
02-10	3	C30	[illegible]	2Φ12		1380

图 6　预制构件工艺图（单位：mm）

构件养护：预制构件蒸汽养护时，宜在常温下静停 2～6h，升温、降温速度不应超过 20℃/h，最高养护温度不宜超过 70℃，预制构件出池温度与环境温度的差值不宜超过 25℃。

构件吊运：预制构件脱模起吊时，预制构件的混凝土立方体抗压强度应满足设计要求，且不应小于 15N/mm^3。

模具清理、组装　置筋预埋　第一次浇捣　放置挤塑板

第二次浇捣　后处理、养护　脱模吊装　成品存放

图 7　制作过程

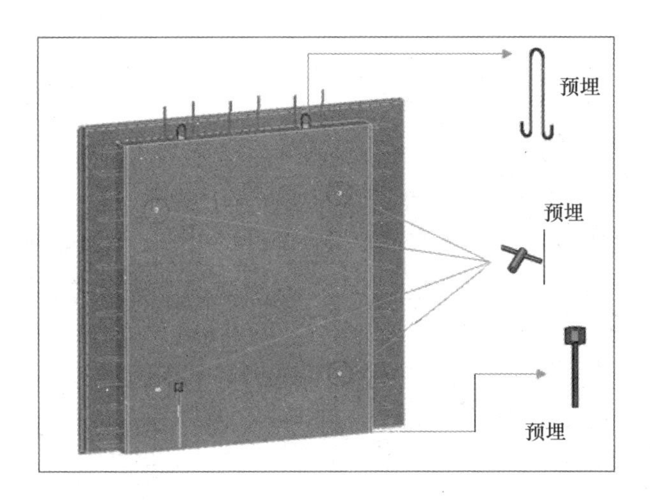

图 8　吊点设置

图 9　墙板联排插架就位

图 10　墙板堆放

第三步："三明治"墙板进场。

"三明治"墙板在加工厂制作成型后通过平板车运输至施工现场，墙板经过截面尺寸、预埋件位置、表面感观质量验收合格后方可用于现场安装，见图 11。

图 11　"三明治"墙板验收

第四步："三明治"墙板安装。

构件采用机械设备转运吊装前应提前规划好堆放或安装区域，底部垫好枕木，转运时钢丝绳与构件的水平角不大于60°，不小于45°，见图12。吊装区域内进行区域管制，配置信号手、引导员、司索工。

图12　设置构件堆放区

吊装前在楼层外侧上定位放线，设置墙板安装边线、200mm控制线、斜支撑点位线，墨线弹出墙板平面定位点及墙板安装校正控制线，楼层外围柱弹设水平标高控制线。墙板吊装就位后，根据构件与结构边缘的控制线进行微调，与相邻构件之间预留20mm间隙，保证墙板安装定位准确，见图13～图16。

图13　钢筋校正

图14　墙体放线

图15　斜支撑点位放线

图16　标高复核

墙板水平位置校正后，使用吊线锤、靠尺配合斜支撑对构件的垂直度进行校正，确保垂直，防止构件倾倒，保证安全性。墙板安装顺序遵循先外墙后内墙，依次交圈安装的原则，见图 17～图 24。

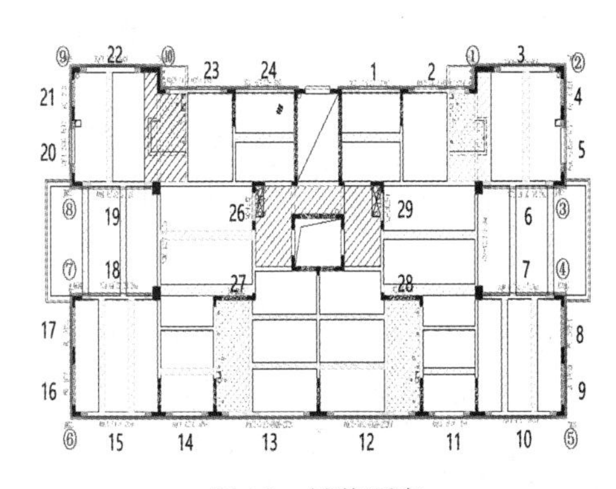

图 17　吊装顺序

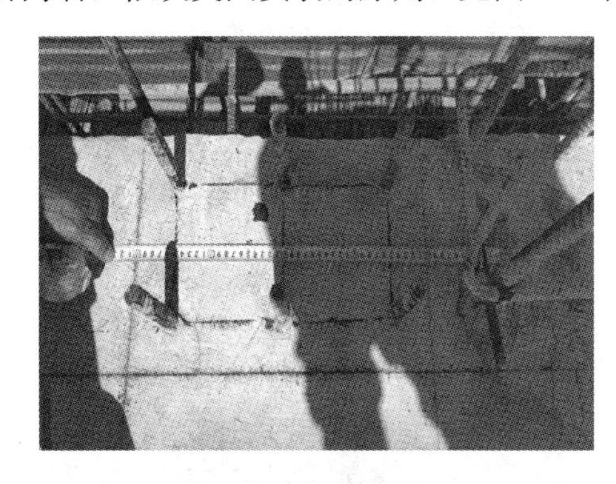

图 18　连接钢筋复核

图 19　斜支撑连接件安装

图 20　灌浆区分仓

图 21　垫板标高复核

图 22　剪力墙吊装

图 23　临时支撑

图 24　剪力墙校正

第五步：节点连接。

墙板安装采用半灌浆套筒连接，即构件底部预留插筋与半灌浆套筒安装定位后，通过 CGMJM-VI 高强灌浆料灌浆连接。相邻构件之间预留 20mm 缝隙，内部填充“气密条”“PE 发泡棒”，最外层采用外页板专用密封胶进行密封处理。

墙板安装前应依据结构板面标高控制线，复核预埋钢筋外露高度满足标高要求，超高部分进行切割打磨处理。墙板灌浆区域分仓密封，确保气密性。构件吊装完成后，进行标高与垂直校正，根部灌浆区进行分仓密封，见图 25。

图 25　墙板根部分仓与封仓处理

待封仓料达到强度后，进行灌浆处理。灌浆全过程施工记录要完整并留置配套影像资料，灌浆前应测定灌浆料的流动度，保证灌浆顺利。灌浆过程从下口注入，随着其余套筒出浆孔浆液流出，及时用配套橡胶塞封堵，持压 30s 后再封堵下口，见图 26～图 29。

图 26　测试流动度

图 27　留置试块

图 28　压力注浆

图 29　留置影像资料

现浇加强部位处理。墙板现浇加强区域底部预留 $\phi12 \geqslant 100$mm 钢筋，采用特制 $\phi12$ 直螺纹套筒连接。此部分先安装墙板后进行箍筋绑扎，然后插入竖向钢筋进行套筒连接栓连接，力矩扳手紧固检查，经检查验收后进行完成加强区域钢筋绑扎，见图 30。

图 30　现浇加强预留钢筋留置与连接

预制剪力墙“三明治”墙板外页板墙缝节点处理。预制墙板作为保障性住房外墙，为抵抗环境条件和地质变化引起的热胀冷缩现象，安装过程中常预留有施工拼缝，拼缝一般采用建筑密封胶进行嵌填，起到修饰和密封防水的作用。相邻构件施工拼缝处先用“PE 发泡棒”填充，外页板外侧拼缝采用专用“硅酮耐候胶”，“耐候胶”填塞缝隙与外页板外表面平齐，见图 31。

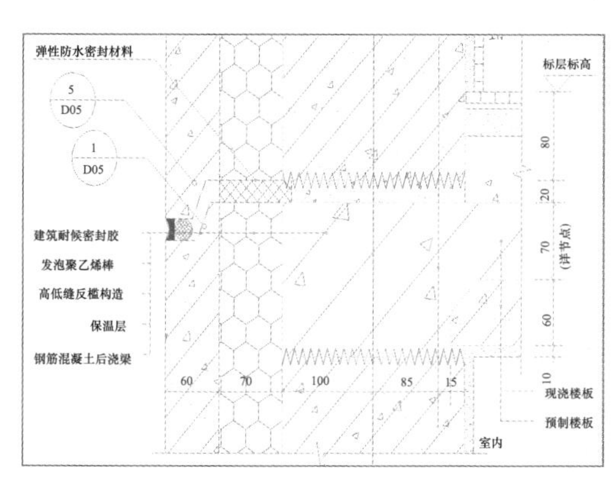

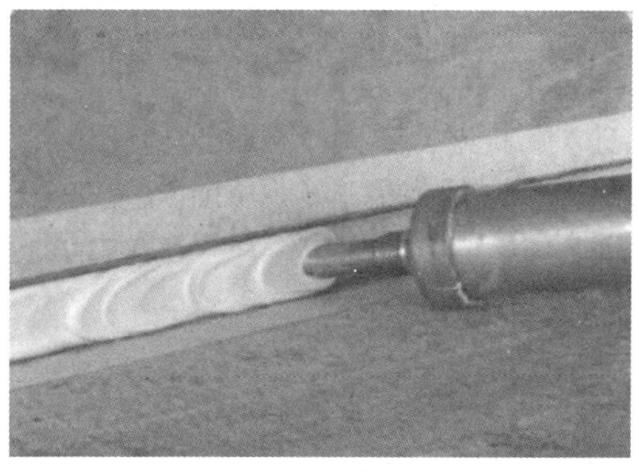

图 31　构件拼缝节点处理（单位：mm）

第六步：合模验收。

墙板安装完成后用检测仪器检查构件安装垂直度、相邻构建平整度及节点连接质量，经验收合格后，方可进行下道工序施工。

8. 注意事项

1）质量控制要点

（1）进行构件制作、吊装作业、安装作业、校正、灌浆等作业前，应先进行作业人员技术交底及专项培训教育。

（2）构件生产、吊装、安装校正所使用机具、检测仪器等应经过具有相应资质的单位检测或校核并在有效期内使用。

（3）预制构件施工前，应选择有代表性单元进行试安装，应根据安装与检测结果确定吊装与安装施工方案，经确认后方可进行现场大面积施工。

（4）“三明治”预制剪力墙安装前应依据安装面上部定位控制线检查承插钢筋点位置及垫块标高，

合理设置分仓；构件安装校正时，单个水平垂直，成排通线顺直；连接钢筋应用力矩扳手检查。

（5）构件安装、验收应及时做好施工技术交底、构件吊装、构件安装、质量验收等文字记录。

2）安全管理要求

（1）每天施工开始前应对施工作业人员进行班前教育，高空作业时必须佩戴五点式安全带，并双钩双挂。

（2）在吊装作业范围内，采用警示路锥围挡，并派专人负责吊装区域巡视，以防非作业人员在吊装区域内随意走动。

（3）对于吊装设备、安装设备、吊具等要定期派专人进行检查，发现问题要及时维修或者更换设备、吊具等。

（4）施工时严禁上下左右交叉作业。

（5）遇到雨、雪、大风天气及夜间视线不佳时，不得进行作业。

3）绿色施工控制措施

（1）合理安排工序，采用合理的、先进的安装工艺措施，提前做好构件运输规划，尽可能地避免在施工过程中设备、人员闲置。

（2）预制构件等产品要堆放平整，在安装过程中要轻起轻落避免造成构件破损，减少对构件的二次处理。

4）环境因素控制措施

（1）施工作业面保持整洁，不应将垃圾随意抛洒、乱弃，做到文明施工，工完场清。

（2）现场使用的材料，尽量使用环保标志产品，施工时应保证通风良好，作业人员应佩戴防护口罩。使用后，随时将其封存于专存库房内。

5）危险源控制措施

（1）进入施工现场应戴好安全帽。高空作业时，应系好安全带。

（2）使用电动机械时，必须设漏电保护器，应一机一闸。

（3）起重吊装设备应定期进行维护保养，进行安全检查。

9. 主要相关建设标准

1）主要标准、规范、图集

（1）《混凝土结构工程施工质量验收规范》（GB 50204—2015）。

（2）《钢筋机械连接技术规程》（JGJ 107—2016）。

（3）《装配式混凝土结构技术规程》（JGJ 1—2014）。

（4）《混凝土结构工程施工规范》（GB 50666—2011）。

（5）《钢筋套筒灌浆连接应用技术规程》（JGJ 355—2015）。

（6）《建筑施工安全技术统一规范》（GB 50870—2013）。

（7）《施工现场临时用电安全技术规范》（JGJ 46—2005）。

（8）《建筑施工安全检查标准》（JGJ 59—2011）。

（9）《施工现场机械设备检查技术规范》（JGJ 160—2016）。

（10）《建筑机械使用安全技术规程》（JGJ 33—2012）。

（11）《建筑施工起重吊装工程安全技术规范》（JGJ 276—2012）。

2）主要强制性条文

质量验收标准

（1）主控项目

“三明治”预制剪力墙进厂验收质量应符合《混凝土结构工程施工质量验收规范》（GB 50204—2015）的相关标准规定和设计要求。

检查数量：全数检查。

检验方法：质量证明文件或质量验收记录。

“三明治”预制剪力墙外观质量不应有严重质量缺陷，且不应有影响结构性能和安装、使用功能的尺寸偏差。

检查数量：全数检查。

检验方法：观察、尺量；检查处理记录。

“三明治”预制剪力墙上的预埋件、预留插筋、预埋管线等的规格和数量以及预留孔、预留洞的数量应符合设计要求。

检查数量：全数检查。

检验方法：观察。

“三明治”预制剪力墙钢筋套筒接头灌浆试件强度应符合设计要求及国家现行行业标准《钢筋套筒灌浆连接应用技术规程》（JGJ 355）。

检查数量：按照国家标准《钢筋套筒灌浆连接应用技术规程》（JGJ 355）的规定确定。

检验方法：检查质量证明文件、灌浆记录及相关检验报告。

“三明治”预制剪力墙装配式结构预制构件连接接缝处防水材料应符合设计要求，并具有合格证、厂家检测报告及进场复试报告。

检查数量：全数检查。

检验方法：检查出厂合格证及相关质量证明文件。

（2）一般项目

见表4～表5。

“三明治”预制剪力墙尺寸偏差及检验方法应符合《混凝土结构工程施工质量验收规范》（GB 50204—2015）规定。

检查数量：同一类型构件，不超过100个为一批，每批应抽查构件数量的5%，且不应少于3个。

表4　“三明治”预制剪力墙尺寸允许偏差及检验方法

项目		允许偏差（mm）	检验方法
长度		±4	尺量
宽度、高（厚）度		±3	
表面平整度		3	2m靠尺和塞尺量测
预埋件	预埋板中心线位置	5	尺量
	预埋件与混凝土面平面高差	0，−5	
	预埋螺栓	2	
	预埋套筒、螺母中心线位置	2	
	预埋套筒、螺母与混凝土面平面高差	±5	

“三明治”预制剪力墙安装施工后，预制构件位置、尺寸偏差及检验方法应符合《混凝土结构工程施工质量验收规范》（GB 50204—2015）规定。

检查数量：按楼层、结构缝或施工段划分检验批，在同一检验批内对女儿墙应抽查构件数量为10%，且不应少于3件。

表5　“三明治”预制剪力墙安装位置尺寸允许偏差及检验方法

项目	允许偏差（mm）	检验方法
轴线位置	8	经纬仪及尺寸
标高	±5	水准仪或拉线、尺量

续表

项目	允许偏差（mm）	检验方法
垂直度	5	经纬仪或吊线、尺量
倾斜度	5	经纬仪或吊线、尺量
相邻构件平整度	5	2m 靠尺和塞尺量测
构件接缝宽度	±5	尺量